i

为了人与书的相遇

回归家庭？

家庭、事业与难以实现的平等

SHANI ORGAD

HEADING HOME:
MOTHERHOOD, WORK,
AND THE FAILED PROMISE OF EQUALITY

［英］沙尼·奥加德 著　　刘昱 译

广西师范大学出版社
·桂林·

HEADING HOME: Motherhood, Work, and the Failed Promise of Equality
by Shani Orgad
Copyright © 2019 Columbia University Press
Chinese Simplified translation copyright©2021
By Beijing Imaginist Time Culture Co., Ltd.
Published by arrangement with Columbia University Press
Through Bardon-Chinese Media Agency
博达著作权代理有限公司
ALL RIGHTS RESERVED

著作权合同登记图字：20-2021-235

图书在版编目(CIP)数据

　　回归家庭？：家庭、事业与难以实现的平等 /（英）
沙尼·奥加德著；刘昱译. —— 桂林：广西师范大学出
版社, 2021.9（2022.1重印）

　　　ISBN 978-7-5598-3002-9

　　Ⅰ.①回… Ⅱ.①沙…②刘… Ⅲ.①性别差异 – 社
会问题 – 研究 – 中国 Ⅳ.①B844

　　中国版本图书馆CIP数据核字(2020)第127226号

广西师范大学出版社出版发行

　　广西桂林市五里店路9号　邮政编码：541004
　　网址：www.bbtpress.com

出 版 人：黄轩庄
责任编辑：黄平丽
特邀编辑：刘广宇
封面设计：陆智昌
内文制作：李丹华
全国新华书店经销
发行热线：010-64284815
山东韵杰文化科技有限公司印刷

开本：880mm×1230mm　1/32
印张：12.5　字数：259千字
2021年9月第1版　2022年1月第2次印刷
定价：68.00元

如发现印装质量问题，影响阅读，请与出版社发行部门联系调换。

推荐序

特权阶级的全职妈妈与
英国当代父权制的再建构

在 2015 年细雨蒙蒙的初春，沙尼·奥加德教授受我之邀，登临本人主持的上海市精品课程"媒介与社会性别"（该课程于 2018 年获得国家在线精品课程）的课堂，声情并茂地为近百名同学做了题为"长发飘飘的妇女与全职母亲——当代后女性主义媒介文化语境下的母亲及劳工再现"的英文演讲。时光流转，一别数年，疫情期间，我意外接到理想国编辑的邮件，请我帮助审读刘昱翻译的沙尼·奥加德的论著《回归家庭？：家庭、事业与难以实现的平等》。我欣然接受编辑的约请，无论是理想国的品质，还是曾经在耶鲁大学偶遇出版社朋友的因缘际会，以及对奥加德教授研究的兴趣，无一不令我从容提笔，畅谈奥加德教授的论著。

中英文对照审校之后，我建议编辑将此书的 motherhood 翻译为"母职"，而不以"家庭"一词宏观概括；intensive motherhood 翻译为"高强度母职"来体现母职的劳累与艰辛；representation 翻译为"再现"，言下之意是媒体或公共政策对经验事实的再表现，其意味着不是客观表达，而是经过多重权力过滤后符合主流意识形态的再表现，翻译为"再现"更加直观和言简意赅；全书 women 都翻译为"妇女"，而不能与"女性"这个修辞混用，因为 women 蕴含着社会与文化建构的妇女，不是生理上的 female 女性性别，这个区分对社会性别研究是基本的常识。本书译者很严谨，字字句句认真琢磨，编辑也相当用心。此次笔者也深感荣幸，酷暑季节受邀先读伦敦政经奥加德教授的佳作为快。

奥加德教授的《回归家庭？：家庭、事业与难以实现的平等》论著与她 2015 年初春在新闻学院课堂的演讲内容一脉相承。五年前，奥加德教授首先从为什么要研究家庭主妇和劳工形象的媒介再现（media representation）讲起，她认为媒介内容对人们的思维方式、价值观有着重要的形塑作用，这进而会影响到我们的现实生活。接着，她勾勒了 20 世纪 60—90 年代媒介再现的母亲与劳工的历史脉络。在 20 世纪 60 年代，"快乐的家庭主妇"是西方媒介再现的妇女的主要形象，社会的结构性力量将妇女推入厨房，迫使妇女放弃她们自己的事业和梦想。20 世纪 70—80 年代，"快乐的家庭主妇"这一形象逐渐在媒介上淡化，取而代之的是"头发飞扬的妇女形象"，也就是事业型的母亲风格。这种形象将追求事业成功和照顾家庭相结合，妇女不仅有工作在肩，而且孩子的文化启蒙与日常生活料理也不能缺席和卸责。事实上，母亲之所以走进工作岗位，是资本主义经济发展对女性劳动力的需求所促使的。所以，这种"事业型母亲"的形象符合国家需求，但是这种再现忽视了"事业型母亲"背后的困难和挣扎。例如，这些母亲无暇照料孩子，往往需要请保姆，而找到一个好的保姆困难重重，且费用极高，诸多困境都在媒介再现中被掩藏了。一方面，媒介再现强调女工在资本主义经济中的重要性，表现出妇女可以成功地将"母亲"和"职员"这两个角色进行有机结合。其实，双肩挑的重担已经让妇女难以喘息，她们的健康状况堪忧，而媒介再现的文本和现实很有差距。与此同时，媒介再现的妇女形象又表现出"选择辞职"，退出社会的公领域而返回到家庭的私领域。问题在于，这种再现营造出一种妇女可以自主选择要成为家庭主妇还是职场女工的基调。但现实生活的情况是，妇女被资本的力量所操控。在这一再现中，妇女所付出的代价、无底的牺牲和承受的痛苦是被媒介文本所遮蔽的。奥加德最后总结道，要解决社会性别的不平等，绝不是妇女单方面的责任。妇女争取权利，选择走上社会，却被男权社会否定，但她们只能自认倒霉，因为这看似是她们"自己的选择"。故而，需要转换观念的是男人，以及我们的政府部门和公共政策。

讲座结束后，我们进行了对话，彼此感同身受，都是工作的母亲（working mother），是带着生活压力和阅历来做妇女的日常生活研究，不仅是为妇女而研究，而且和妇女一起介入式地研究，特别容易形成共识。奥加德教授以交叉分析模式

（intersectionality model），结合社会性别理论与传播政治经济学阐释，探索媒介再现背后的多种权力关系的操纵，不仅是文本的社会意义的分析，还关注社会的物质进程对媒介再现的塑造，这样的跨学科研究值得借鉴。

暑假展读奥加德教授所著《回归家庭？:家庭、事业与难以实现的平等》一书，感触颇多，内心共鸣阵阵激发笔者一定要为此书写一序言，以回应作者的现实关怀与理论沉思。本书聚焦了一个普遍性的社会问题：如何看待回归家庭的全职主妇。常听到一些人说："全职妈妈不用工作，在家待着，有什么好抱怨的？不要生在蜜罐里还不知福！"而女性主义者则以社会的倒退来谴责妇女放弃工作回归家庭的社会现象，这与妇女为争取平等的同工同酬、独立的经济地位等女性主义目标背道而驰了。但这个回归家庭的景观持续递增，英国就有超过 200 万的全职妈妈，其中约 34 万（17%）过去是专业人士（英文版第 7 页）。中国育儿服务平台宝宝树发布《2019 年度中国家庭孕育方式白皮书》，报告中显示，中国年轻父母全职在家的比例逐渐上升，占比 58.6%，其中 95 后全职妈妈占比达到 80% 以上。*

家庭作为经济与情感共同体，世代的言情小说或是善男信女的怀春岁月都曾经期盼其成为人生最安全、最温柔的避风港。但在读过本书之后，那些憧憬步入温馨家庭的事业型女士估计要对家庭的预期大打折扣。而作为工作母亲的笔者，却深感奥

---

* 报告内容详见：https://www.163.com/ad/article/F169E3KE000189DG.html。

加德教授的敏锐洞察与现实关怀。走出家庭，迈入职场，获得公共空间的位置去和男人平起平坐，这曾经是女性主义追求的目标，而且妇女们确信，一旦这一目标达成，社会性别的平等地位绝对实现。当下，中英两国的妇女受教育人数与妇女就业人数都比过去有所增加，妇女比过去实现了更多自身价值，然而现实却告诉我们：妇女们并非一劳永逸地迎来了家庭关系内部社会性别地位的平等。职业妇女一旦投身于履行家庭母职，那么她自己追求的工作前景必然断裂，两者兼顾且能取得双赢的妇女少之又少。但凡有事业、家庭双丰收的妇女，其多半是可以仰赖父母提供的免费照护服务而得以脱身家务劳役，全力以赴奔业务。这曾经是东方中国都市双职工家庭的一种模式，但英国家庭文化是以核心小家庭为中心，父母参与看护孙辈并非常规。无论中国，还是西方世界，对那些因照顾家庭而必须履行高强度母职的异性恋已婚妇女来说，从来没有谁把若干离职回家的妇女劳动写进国家经济的 GDP 统计或是持续的国泰民安功劳簿，谁也不会来为脱离市场经济搏击的她们树碑立传。但这些妇女以自身的业务素养和品位全心全意地养育着下一代，让丈夫们得以从容地从家务劳役中解放出来去职场拼搏，让男性们可以甩手奋斗他们的社会权力地位。我们从中国获得的资料或是日本、韩国的影视文本中都发现，丈夫们正是因为有保障的经济地位，反过来又可以强制性地支配离职妈妈在家庭履行高强度的母职，并为自己脱身家务劳役，甚至肆意在家庭暴力发威，更甚是为婚姻外寻找小三、小四获得正当性理由。家庭被视为私人空间，也就意味着公共权力没有资格介入家庭空间，父权可以任意支配家庭内部成员但公众无法干涉。监督的黑暗空间令妻子和子女在家庭里得不到公权力的保护，父权的随意妄为和其他成员必须服从的被动性毁灭了家庭作为爱巢、避风港的价值和意义。尝试离婚的妇女如果要获得子女的监护权，那就是太劳累、太昂贵的解放之路，而通过离婚逃脱责任的丈夫却能再次轻松选择青年妇女共筑爱巢，父权制的优越可以继续由男人达成的支配权力维系下去。

奥加德教授此书通过民族志的深度访谈路径，去倾听都市离职后进入家庭担当全职主妇的妇女心声，去探索高学历离职妈妈这一特权阶级的日常体验盲区。作者要去感受这个社群如何受到社会文化环境、家庭内部的压力、经济结构以及就业常态的限制。为寻找受访者，她"在伦敦中产、中上阶层很多学校的家长邮件列表，集中高学历妈妈的伦敦各种社交媒体妈妈群，以及这些街区当地的图书馆、社区中心和休闲、运动俱乐部的布告栏上发布了招募信息"（英文版第 18 页）。作者深度访谈了 35 位住在伦敦的全职妈妈，她们离开职场的时间为 3—17 年，平均离职时间为 8 年，仅有一位没有受过高等教育，其余都曾经是各行业的专业人士：律师、会计师、教师、副校长、艺术家、时装设计师、记者、媒体制作人、工程师、医生、学者、社会工作者或管理人员等（英文版第 18 页）。与高学历离职妈妈近距离地倾心相谈，奥加德教授要去追问：当代英国媒体与国家政策中关于社会性别、工作与母职的再现关联与鸿沟在哪里？特权阶级的全职妈妈的结构性压抑、矛盾与再次踏入职场的困扰等等问题如何与资本主义社会深层勾连？

有鉴于此，奥加德教授的论著在两个方面为"媒体与社会性别"研究贡献了扎实的经验素材和深刻的理论探索。首先，奥加德教授阅读了深广的社会学研究文献，运用民族志的深度访谈方法，开辟了特权阶级妇女的母职和工作的当代媒体再现与妇女自身体验的关联性研究。美国社会学家查尔斯·赖特·米尔斯（Charles Wright Mills）的名著《社会学的想象力》（*The Sociological Imagination*）给予作者灵感与共鸣，奥加德教授受益于米尔斯所秉持的社会学价值在于能把"局部环境下的个人烦恼"与"社会结构的公共问题"联系起来，她要把高学历离职妇女的个人私密的压力、情感冲突等等之类的"个体化"烦恼和社会结构的"公共问题"关联起来，揭示履行母职的家庭妇女作为社会主体之一如何被塑造，媒体再现、公共政策并没有充分真实地表达全职妈妈的辛酸与情感欲望，她们的家庭劳动体验与媒体再现、国家宏观政策两者完全脱节。例如《傲骨贤妻》（*The Good Wife*）中的艾丽西亚·弗洛里克（Alicia Florrick）在担当 13 年全职妈妈后重返职场还如鱼得水，与现实生活中高学历离职妈妈忙碌于履行母职而疏离社交、疏离业务，或者再也回不去职场重振雄风的具体问题相比，《傲骨贤妻》简直就是在虚饰性地美化、淡化全职妈妈事业退化的矛盾困境。作者访谈到的生活里的全职妈妈已经淹没了贾尼丝·拉德威（Janice Radway）所著《阅读浪漫小说》（*Reading the Romance*）中的替代性满足之需要。那个小镇的妇女们以阅读浪漫小说得到的虚幻情欲快感填补现实生活中丈夫们对家庭关怀的缺失。奥加德教授面前的全职妈妈们的精力和时间已经投入到处理柴米油盐酱醋茶的日常生活问题之中，育儿与家务的重担让家庭主妇们无暇顾及自身的发展。而事实上，"媒体、职场和政府政策中流传的性别平等的再现，其核心要义是妇女需要克服内心的障碍和'自己造成的'创伤，这些阻碍了她们变得自信、赋权和成功"（英文版第176页）。媒介再现与国家宏观政策往往出于主流意识形态的考量，家庭内部的社会性别平等并非关键的公共议题，家庭已经是大家公认的私领域，高学历离职妈妈们的诉求及其得不到实现的绝望都完全是个体化的声音，与国家措施无涉。奥加德教授不愿意持续保持沉默，她要展露这个特权社群全职妈妈苦心履行母职与丧失事业追求后的诸多矛盾与失望，以具体的经验故事来促进媒体的公正再现和公共政策的关注。犹如愤怒于现实的不公乃女性主义的灵魂一样，奥加德教授对媒体与政策的扭曲传播的批判，是向资本操控的社会表达出高贵的不满。

其次，奥加德教授对高强度母职的讨论实际引发了一个普遍而又深刻的社会问题，家庭内部的社会性别不平等如何与资本主义社会的不平等有逻辑关联性。妇女的独立收入必然威胁父权制的延续，回归家庭的逻辑实则为父权制与资本主义联袂构筑的陷阱，职业妇女回归家庭的再生产没有得到社会任何支援，只能在家庭内部思虑丈夫的改变。从奥加德教授的研究中可以洞察到，英国高学历离职回归家庭的全职妈妈们在就业阶段的劳动受制于市场经济的可见性剥夺，而辞职回家之后，她们失去了自我奋斗获取生存机会的搏击。全职妈妈已经被市场经济体系抛弃，职业妇女不论在过往的职场上如何叱咤风云，一旦脱离市场拼搏回归家庭，经济层面就完全依附于丈夫的薪水，从而成为由男人单薪供养的家庭主妇。无论有多少特权，这一经济性依赖关系重新塑造了全职妈妈被支配的家庭地位，而全职妈妈如果要脱离带薪水的丈夫去面对资本主义的市场则已经缺少竞争力。市场外的家庭并非安然稳态的一方净土，职场的剥夺是明晰可见的市场压制，家庭这个圣域则充满隐形的剥夺和父权压制，特权阶级的全职妈妈在家庭空间里并没有特权。对丈夫而言，的确要坚持主妇赞美论，他们觉得家庭是全职妈妈远离资本主义压制的港湾。但奥加德教授批判这一观点乃错误的幻想，家庭并非独立于市场之外的不相关领域，家庭内的父权制与家庭外的资本支配关联并不因为不可见就令全职妈妈们获得自由与解放。异性恋家庭内部男女二元关系中的婚姻生活，最终的平等必须是夫妻关系的平等，既然是在一种关系内的平等，那么妇女单方面的解放或是男士单方面的解放都不能导致二元关系内的平等。女性主义长期致力于启蒙与鼓舞妇女自强不息地去获得法律、教育、经济的独立地位，而对男女二元关系内部的协调与尊重的强调与努力却相当匮乏。奥加德教授的论著展现了特权阶级妇女在家庭内部的结构性压抑与沮丧，根源就是妇女牺牲事业的前景而回归家庭履行高强度母职，成全了丈夫追求事业的雄心壮志与市场捞金。国家顺理成章地都没有任何减轻养育子女负担的政策举措，资本主义与父权制合谋塑造了家庭这个最小社会单元的劳动结构。履行高强度母职的妇女被压抑的核心在于家庭结构中的劳动是不被市场经济计较的，属于为爱付出的免费劳动。免费劳动是母职实践的核心环节，爱丈夫、爱孩子是母性的卓越光辉，不可计较的爱的付出乃人伦之美与母职所必须。父权制的物质基础正是由全职妈妈无工资的倾情劳动、子嗣再生产与奉献奠定的，核心就是男人支配女人的劳动力。全职妈妈已经从市场经济体系中被排斥，履行母职是她们的核心课业，依附男人的经济来捍卫家庭的良性运转成为回归家庭后唯一的出路。家务劳动的性别分工作为最正当的托词，遮蔽了分工不公平的矛盾，母职的担当就势必成为全职妈妈们最不可告假的责任，而丈夫则以奔波养家的职场竞争优胜者的姿态豁免家务劳役。如果全职妈妈对家庭的日常照料与孩子的文化启蒙没有达到丈夫的要求，那么责任就在于全职妈妈的不到位。体力的付出与精神的重担是全职妈妈不可推卸的差事，家庭仍然是特权阶级的全职妈妈们离职后另一个为爱受累、隐性、不可休假的职场。那些曾经指向资本主义与父权制的妇女社会运动的抗争与呐喊烟消云散了，对不公平的愤怒火焰萎缩为全职妈妈向事业有成的工作爸爸讨价还价般地寻觅一点情义来履行父亲的家庭参与义务。可见家庭这个空间内谁劳动是问题的枢纽所在，妇女要从家务劳役中获得解放，必须是关于劳动制度设计的战略达成，而非男人态度的改变或者更加冠冕堂皇的性别分工的合理协作。奥加德教授旁征博引地提炼出她所亲自访谈的田野蕴含的残酷现实："男人做父亲的经历和实践与政策、学术和流行观念中的'称职父亲'仍有着相当的差距。"（英文版第 204 页）"尽管承诺要做'新父亲'，但养家糊口的疲惫和经济压力致使很多父亲退回了父权式习惯"（英文版第 204 页）。也如作者的判断（英文版第 205 页）：虽然父职研究所（the Fatherhood Institute）的联合创始人杰克·奥沙利文（Jack O'Sulivan）曾在 2013 年宣称，男人即将展开"非凡转型"（extraordinary transformation），但从若干经验研究的现状来看，这不过是一张空头支票。

女性主义长期倾注于妇女的平等权利抗争，但聚焦男人家务劳动的责任担当的启蒙教育或政策措施尤为罕见。如果要改善婚姻内的男女平等关系，丈夫的家务劳动参与制度化设计和妇女母职劳动的国家付费建制化是保证夫妻双方获得尊重与平等的保障路径之一。因此，在这个领域的理论积淀相当关键，否则罕有平等关系的实践。中国学者已有男人妥协的论述出版，如蔡玉萍、彭铟旎（2019）出版的《男性妥协：中国的城乡迁移、家庭和性别》，还有笔者正在研究的都市医院护工的案例，都从一个侧面看到最前沿的男女平等关系不是从特权阶级开始，而是那些来自农村的打工族。在都市经济高压环境之中，进城打工的丈夫们因经济收入、社会保障体系、商品房市场体系的劣势导致其支配权力被削弱，不得不主动参与家务劳动。都市资本的残酷现实瓦解了父权制的特权，丈夫地位的一切优越性转变为与打工妻子同甘苦、共患难。女护工们一再表示，如果回到乡村，丈夫的父权制本性又将暴露无遗，那是环境造就的男性特权。北欧国家倡导执行良久的"亲子假"，倒是让特权丈夫回归家庭体验照护家庭、参与家务劳动的切实政策实践。唯有如此，才能让优越的丈夫履行家庭父职，分担家务劳役，感同身受地理解母职的重担和辛苦，从家庭内部营建平等与尊重的夫妻关系。

奥加德教授所著《回归家庭？：家庭、事业与难以实现的平等》以都市田野的追踪来再现了英国特权阶级已婚妇女所面临的结构性困境。全球还有许多不同阶级地位的妇女或是男人深陷不平等的泥淖之中。妇女、男人的解放运动都是问题重重、长路漫漫，但任何一个社群的研究所发挥的引领作用都不可否认。知识生产与理论积累是女性主义学者改变不平等社会应尽的绵薄之力，无论遭遇"父权制"守护者怎样的百般诋毁、歪曲、贬低与中伤，各类妇女与男人社群的解放都是女性主义学者的现实关怀。如果家庭没有终结，那么家庭内部平等夫妻关系的倡导与构建就是当下女性主义努力的目标。奥加德教授率先垂范，切盼疫情结束之后，我们可以再次对话、切磋于课堂，学术交流无止境！

曹晋

（复旦大学新闻学院教授、哈佛燕京学者、富布莱特学者）

参考文献：

Orgad Shani（2019）, *Heading Home: Motherhood, Work, and the Failed Promise of Equality* , New York: Columbia University Press.

蔡玉萍、彭铟旎（2019），《男性妥协：中国的城乡迁移、家庭和性别》，北京：生活·读书·新知三联书店。

前言与致谢

　　我一生最亲近的两个女人——祖母和母亲，据我所知都是一边工作一边抚养孩子的。祖母1935年从拉脱维亚的济卢佩（Zilupe, Latvia）移民到基尼烈（Kinneret，位于现以色列北部）的基布兹（Kibbutz），作为基布兹的犹太复国主义先锋，和男女同胞一起从事公路建设、农耕和挤奶方面的工作。就是在怀着身孕挤牛奶时，她出现了首次宫缩，不久后就生下第一个孩子，也就是我的父亲。之后她继续工作了很多年，一直到79岁。她当过基布兹服装仓库的管理员、集体食堂的厨子，再后来是基布兹椰枣厂的包装工。她有四个儿子，从出生起就在基布兹集体社区的儿童之家长大。当我父亲弟兄几个去祖父母的小公寓探望他们时，祖母会做他们最爱的蛋糕和饼干，以此表达作为母亲巨大的快乐和幸福（虽说她一直想要个女儿！）。虽然她毕生所做的各种工作都特别辛苦，但她从不抱怨。我对祖母的乐观心态和无比旺盛的精力记忆犹新——她每天清晨 5 点半起床，工作很长时间，常常还是在酷热的天气里。

我母亲 4 岁丧母，时至今日一直把母职视为"首要职业"，并引以为豪。她接受的是师范教育，嫁给我父亲后，随他搬到了基布兹。由于没有教师工作可做，她便有什么活做什么了。我出生后，母亲成功领导了一场运动，废除了基布兹的幼儿集体睡眠制度——孩子睡在儿童之家，晚上由男女值班员轮班看管，通过对讲系统来发现并回应孩子夜间的需要。对我母亲而言，想到孩子没法睡在她身边是难以忍受的。后来，我们全家搬离了基布兹，父母离了婚。母亲虽然受过教师培训，但从未做过这一行。她做的都是管理和销售一类的工作，经济上能够自足——这一点在离婚后显得尤为重要。"永远要确保你有足够的钱养活自己。"从小到大，她一直这般叮嘱我。

我自身对工作和家庭的态度，深受这两位亲爱的女士，以及她们所示范的妇女、工作与家庭模式的影响。同时也深受 20 世纪 80 年代至 90 年代初性别平等热潮的影响。我青少年时期接触的流行文化中，充斥着"女孩力量"（girl power）思想（我卧室的墙上贴满了《查理的天使》[Charlie's Angels，也译作《霹雳娇娃》]、辛迪·劳珀 [Cyndi Lauper]、麦当娜 [Madonna]和蒂娜·特纳 [Tina Turner] 的海报）与在职场和家庭领域都"放手去做"的赋权妇女形象（我记得那会儿很热衷《上班女郎》[Working Girl] 和《婴儿热》[Baby Boom] 这类电影）。

本科最后一年，我在一家广告机构开始了第一份带薪工作，从那时起就一直坚持工作，包括攻读硕士和博士期间的各种兼职，以及2003年博士毕业后开始的全职学术工作。情同此心，给两个儿子做他们最爱的饼干和蛋糕或履行其他作为母亲的职责时，我也深感幸福。和祖母、母亲一样，有份职业对我从来不是问题。但与她们不同的是，有了母亲的鼎力支持，我有幸能够追求自己选择和热爱的职业。而且不像她们，我会抱怨工作！

本书采访的妇女们选择了和我截然不同的道路：放弃有偿工作，成为全职妈妈。不过，我们的经历也有很多相通之处。虽然我在以色列长大，而她们大多在英国，也有些在美国、欧洲和拉美长大，但我们接触了类似的思想和社会愿景，以及很多类似的20世纪八九十年代关于女性气质的流行再现。我们这一代成长于女权运动觉醒和日益兴盛的新自由主义浪潮之下，同时经历了它们的好处和弊端，以及二者的紧密交织所带来的巨大挑战和精神创伤。本书讲述的就是新自由资本主义制度下塑造这些妇女——某种程度上来说也是这一代人——工作和家庭经历的各种限制。

十分感谢愿意同我分享私人经历的男士和女士。没有他们的慷慨和坦率，就没有本书的问世。

我也非常感激为本书的研究提供帮助的一些人。萨拉·德·贝内迪克蒂斯（Sara De Benedictis）在研究的各个阶段都提供了宝贵的帮助，我十分高兴有此机会与她共事。前沿经济学咨询公司（Frontier Economics）的吉利恩·波尔（Gillian Paull）利用英国劳动力调查（UK Labour Force Survey）的数据进行了统计学分析，并慷慨地分享了她在英国劳动政策方面的专业意见。理查德·斯图帕特（Richard Stupart）坚持不懈地为本书所用图片争取版权。同样要感谢詹姆斯·迪利（James Deeley）在项目各个阶段提供的行政支持，感谢希拉·什科尼克-布雷纳（Hila Shkolnik-Brener）和埃莉诺·卡特赖特（Eleanor Cartwright）对本书封面的帮助。

我想对几位阅读了书稿的全部或部分草稿，并提供了建设性反馈的人士表示感谢。衷心感谢罗莎琳德·吉尔（Rosalind Gill）见解独到、富有启发的慷慨反馈和不断鼓励，以及凯瑟琳·罗滕贝格（Catherine Rottenberg）详尽、犀利、一贯振奋人心且富有建设性的评论。特别要感谢沙伊·阿朗（Shai Aran）在阅读部分手稿后对内容和形式给出的极好建议。我也要感谢尼克·库尔德里（Nick Couldry）和让·拉德韦（Jan Radway），以及我的读书会的成员巴特·卡默茨（Bart Cammaerts）、利耶·舒利阿拉基（Lilie Chouliaraki）、埃伦·黑尔斯佩尔（Ellen Helsper）、索尼娅·利文斯通（Sonia Livingstone）和彼得·伦特（Peter Lunt）对各章草稿的点评。

纳塔莉·阿朗（Natalie Aran）、克伦·达尔蒙（Keren Darmon）、迪娜·东布（Dina Domb）、米利·马尔（Milly Marr）、莉萨·罗伯茨（Lisa Roberts）、亚历克斯·辛普森（Alex Simpson）和凯特·赖特（Kate Wright）几位朋友把我介绍给受访者或能够征集受访者的平台——真心感谢他们的帮助。另外非常感谢斯韦特兰娜·斯米尔诺娃（Svetlana Smirnova）花费数小时给书稿精心排版，还有辛西娅·利特尔（Cynthia Little），十分荣幸由她来审校和编辑手稿（包括这篇致谢！）。

我很感激伦敦政治经济学院（London School of Economics and Political Science, LSE）传媒学院的研究委员会基金和伦敦政治经济学院研究卓越框架（Research Excellence Framework）基金，承担了这项研究的部分开销。还要感谢萨斯基亚·萨森（Saskia Sassen）对本研究项目的支持，感谢伦敦政治经济学院图书管理员希瑟·道森（Heather Dawson）提供非常有用的建议。

对于哥伦比亚大学出版社，要特别感谢埃里克·施瓦茨（Eric Schwartz）从项目初期以来的热情支持和主动提议出版本书。还要感谢埃里克迁就了我对本书封面的各项要求。同时感谢卡罗琳·韦泽尔（Caroline Wazer）和洛厄尔·弗赖伊（Lowell Frye）的鼎力协助，感谢卢纳娅·韦瑟斯通（Lunaea Weatherstone）为本书精心撰写的文案，以及本·科尔斯塔德（Ben Kolstad）对生产流程的监制。

感谢我亲爱的朋友玛雅·贝克尔（Maya Becker）、罗莎琳德·吉尔、凯瑟琳·罗滕贝格、阿维塔·莎勒（Avital Shaal）、希拉·什科尼克-布雷纳和萨吉特·施奈德（Sagit Schneider）给予我无私的爱、关心和鼓励，她们对我的支持说不尽，道不完。何其有幸能与这些睿智、聪慧、慷慨大方的女士建立美好友谊。

我深爱的儿子约阿夫（Yoav）和阿萨夫（Assaf）是我一直以来的支柱：他们总是给予我包容、关爱和谅解，助我识破平衡工作与生活的巨大谎言，而且从我们家很多奇妙的失衡中发现了有趣之处。他们也是很棒的（志愿！）研究助手，常常帮我搜罗描绘母亲的影片和广告。非常感谢丈夫阿姆农·阿朗（Amnon Aran）给予我的支持、关心和爱，以及他为我们烹制的许多营养又可口的饭菜。我有幸得到亲爱的母亲阿塔利亚·沃尔夫（Atalya Wolf）、父亲内肯米亚·奥加德（Nechemya Orgad）、科比·沃尔夫（Kobi Wolf），以及亲爱的兄长伊塔马尔·奥加德（Itamar Orgad）一家的支持。

本书献给艾琳·艾尔德（Eileen Aird），她是灵感、指导、关怀和无穷女性主义能量的巨大来源。承蒙厚爱，不胜感激。

目 录

第三部分

回归何处？压抑的渴望

附录

引　言

　　劳拉出生于 20 世纪 70 年代，兄弟姐妹共四人，在英格兰北部一间公营房屋 [1] 里由当泥瓦工的父亲和当夜班护士的母亲抚养长大。母亲在夜间工作，因此白天可以照看孩子。"我妈从来不会歇着，跟我爸两人埋头苦干，拼死拼活地干。我小时候家境困难啊。"劳拉回忆道，"他们没什么休闲爱好，也没闲钱去追求闲情逸致。拼死拼活地干，是为了咱们一家人可以乘旅行拖车去度假。主保佑他们！"

　　劳拉记得，在她十几岁时，英国电视上满屏幕都是 1984—1985 年矿工罢工的场面。她说，20 世纪 80 年代开辟了"一个有些不一样的新时代"。随着英国政府制定并实施了加强私有化、放宽市场管制，以及向国际贸易和资本开放市场的积极政策，新自由主义经济飞速发展。国家迅速从许多社会供应领域撤出。在美国里根总统（Ronald Reagan）和英国撒切尔夫人（Margaret

Thatcher）的推动下，福特主义模式＊被中小型企业取代，制造业基础衰落，服务业日益成为经济主导产业。结果，大量男人失业，而从前只收男人的劳动力市场向青年妇女开放，为她们带来了一大波新机遇。

2 　　妇女选择、赋权和独立的概念在大众文化中广泛流传，青年女人的学力也渐渐得到重视。劳拉一辈的年轻妇女接触到"女孩力量"的说法，即坚信妇女不仅能在劳务市场中大展身手，而且能够事业与母职两不误。[2]那种"自信、迷人的中层（女）经理形象——拥有两个快乐的孩子（在学校或日托所），一个有条不紊地运转的家（多亏所有省力的新型家居技术）和有幸支持她的丈夫"[3]——遍布当时美国和英国的妇女杂志。

　　劳拉以及我为本书而采访的其他大多数妇女，便是在这类形象和文化观念中，在 20 世纪八九十年代广泛的社会、经济和文化变迁中长大成人的。随着全球劳务市场和英国经济出现这些变化，加上受到"女孩力量"前景的鼓动，劳拉的父母满心期望女儿能过得比他们（本能过得）更好。他们督促她取得好成绩，考上大学。正如瓦莱丽·沃克丁（Valerie Walkerdine）、海伦·卢西（Helen Lucey）和琼·梅洛迪（June Melody）所指出的，对当时的劳工阶层家庭来说，"高等教育及其带来的进入专业领域的职业希望，令他们有机会摆脱平庸的、苦苦煎熬的

＊　指大规模、标准化、流水线、垂直型（整体配套）的生产模式，"批量生产、批量消费"是其特征（本书脚注如无特别标示均为译者注）。

工人阶层生活"。[4] 劳拉成绩优异，1992 年进入牛津大学深造——她是家里第一个大学生。以一等学位从古典文学和英语专业毕业后，她成为一名出色的软件程序员，在一家总部位于英格兰东南部的跨国公司供职。她很喜欢那份工作，得心应手地干了九年。然后她嫁给一名场内交易员，搬到伦敦。36 岁，在她的第一个孩子出生后，劳拉辞掉了带薪工作。在过去七年里，劳拉已经(用她自己的话说就是)把自己"改造"成了一名全职妈妈。

劳拉从没想过"既要上班，又要带小孩，还要请全职保姆"的人生。她并不想效法她认识的那些全职工作的模范妈妈。劳拉自己的母亲就是那类"楷模"之一，但劳拉"不想像她那般事情缠身、永远累死累活"。而她婆婆（她称之为"进取心强的事业型妇女"）"从来不在子女身边"。她以前上班的那家国际公司，女员工在竭力兼顾育儿责任和事业需要时，看上去"身心俱疲、压力重重，时常灰心丧气"。杂志、小说、广告、电影和电视剧里其他那些似乎能将事业和母职无缝对接的女人，劳拉觉得，只能说"太完美"也"太不现实"了。后来，特别是从 20 世纪 90 年代中期往后，那些"兼顾型女性"（juggling women）形象对劳拉也失去了吸引力。因为她们只是极力试图"两头兼顾"，而从未真正实现工作与生活的理想平衡[5]——艾利森·皮尔逊（Allison Pearson）2002 年的畅销小说《凯特的外遇日记》（*I don't Know How She Does It*）（后改编为电影）便是最通俗的写照之一。[6] 劳拉"从未想要照着那些女人的路去走"。

但她也没想到自己会变成全职妈妈。她是典型的英国工人

3

阶级女青年，在 20 世纪 80 年代末 90 年代初，曾被妇女能做任何自己想做的事的观念深深鼓舞。[7] 她接受高等教育，真心希望在职业上发展并实现自我。与母亲不同的是，劳拉**有能力**一边雇用优质托儿服务，一边追求理想的职业，而且很快意识到了作为新式中产阶级妇女，她所肩负的期望："社会期望你，尤其是中产阶级受过教育的妇女，能够胜任一切。期望你能够兼顾家庭和事业。我能为自己辩解，说那压根儿是胡扯！"劳拉沉吟道，不过很快摒弃了这个想法，说道，"但我不能真的［不顾社会的看法］，对吧？"

劳拉无法摆脱那些强烈的社会期望，因为它们不仅仅是简单存在于"外部"的外界信息。相反，正如女性主义学者罗莎琳德·吉尔所犀利指出的，"'外部'信息进入'内部'，改造着我们内心最深处的渴望和自我意识"。[8] 媒体、政策和日常生活中传播的关于妇女、工作和家庭的主流信息和观念，深刻塑造了劳拉的思想和情感。因此，在拼命学习而拿到"所有那些该死的资格证"之后，劳拉期望自己"有一番作为"，而**不是**当居家主妇。

我在为写作本书调研期间，在伦敦北部一家小咖啡馆里初次约见了劳拉。我问她可否允许我给采访录音，"行啊，"她咯咯笑着说，"我要跟你讲的也没什么大不了的！"但本书所基于的前提，是劳拉这类妇女所做的决定有"不得了"的地方，或至少令人十分困惑的地方。尽管相比于 1960 年，如今这类女性只占少数，但英国的全职妈妈中有五分之一受过高等教育，而美国的全职妈妈中四分之一拥有大学学位，依旧令人震惊。[9] 那么，为什么在大力提倡妇女家庭和生计两手抓的文化和政策环境中长大，而且负担得起家政或托儿服务，本不必辞去带薪工作的高学历妇女们，会做出这种倒退的"选择"？

半个多世纪前，贝蒂·弗里丹（Betty Friedan）提出过类似的疑问。她问，为什么"这么多美国妇女，明明有能力和学识去探索和创造，却再度回归家庭？"[10]弗里丹在风靡一时的"女性奥秘"（feminine mystique）中找到了答案："快乐主妇"压抑的形象，在20世纪五六十年代"演化为一种奥秘"[11]，阻碍了妇女追求职业梦想。1957年参与弗里丹问卷调查的妇女沮丧、不满、不快乐。"无奈放弃了家庭以外的世界"令她们有种空虚感。[12]然而，60多年过去了，这一奥秘已受到广泛的抨击。如今的文化环境所极力推崇的，是真实或虚构的"向前一步"（lean in）的妇女形象，就像谢丽尔·桑德伯格（Sheryl Sandberg）的畅销书劝导女性的那样——坚持自我、争取领导权，同时兼顾职业抱负与家庭责任。[13]随着桑德伯格（以及后文将会提到的安妮-玛丽·斯劳特［Anne-Marie Slaughter］）等人提出"女性主义"宣言，西方文化环境中的女性主义意识日益高涨[14]，媒体和政策领域也掀起了新一轮关于哪些因素阻碍了女性"拥有一切"，以及如何克服这些障碍的激烈争论。[15]工作生活平衡、弹性和性别多元化成为讨论职场女性的时兴词汇。西方的政府和企业都支持妇女参与或留在劳动岗位。此外，鼓励妇女留在岗位、重返职场和争取高级领导职位越发被认为不仅是"正确"

的，而且是有益的——事实上，越来越多的商界领袖、商学院和政界人士都在积极倡导创建或维持多元化劳动力的商业案例。[16]

像劳拉一样，我为本书采访的其他妇女也非常清楚，她们做出的选择本质上有悖于当代主流文化中的理想妇女形象。她们从小到大接触、见识到的关于女性"恰当"角色和地位的信息，与她们母亲——贝蒂·弗里丹采访的那一辈妇女——所接触的大不相同。她们中的许多人（包括劳拉）读过《向前一步：女性、工作及领导意志》（*Lean In: Women, Work, and the Will to Lead*）或类似的当代"女性主义"宣言，对于职场女性平等问题一清二楚，有些还自诩为女性主义者。她们知道，如今兼顾事业与家庭的女性不但从统计学来说已成常态，而且常规观念就是，只有事业和家庭双丰收的女人才算真正实现圆满，顺应了女性主义学者安杰拉·麦克罗比（Angela McRobbie）所谓的"新性别契约"（the new sexual contract）。[17]

因此，当我问这些女人 60 多年前弗里丹问受访者的那个问题，即她们目前生活中比较满意的地方是什么时，她们的反应往往是疑惑，有时甚至是尴尬。"说满意有点怪。"前律师塔尼娅告诉我。"这个不好说。"前记者玛吉答道。前医生苏珊先是陷入沉默，然后过了一分钟才狼狈地说："哦，我是不是，该给个直截了当的答案？"曾是财务总监，过去三年全职当妈的萨拉闷闷不乐地承认这个问题"问得好"，但"糟糕的事实"是，她答不上来。受访妇女们回应该问题时表现出的不安、困惑和尴尬，至少部分是因为她们知道，她们的母亲大多要么被迫放

表 1　英国未进入劳动力市场的母亲和无子女女性比较 *

不在职场的母亲和无子女女性比例		不在职场的女性构成分布	
母亲：		**母亲：**	
专业人士	11%	专业人士	12%
非专业人士	24%	非专业人士	38%
		从未入职者	22%
无子女女性：		**无子女女性：**	
专业人士	6%	专业人士	4%
非专业人士	13%	非专业人士	11%
		从未入职者	12%
		合计	100%**

* 由前沿经济学咨询公司吉利恩·波尔整理。数据基于英国 2017 年第一季度劳动力市场调查的结果。为使有未成年子女的母亲和无子女妇女的年龄描述更具可比性，样本限制在 50 岁以下妇女。

** 由于四舍五入，表格所列总和可能达不到 100%。

弃工作去照顾孩子，要么承担不起辞职的后果，而与此不同，她们是**可以**选择的。

　　一直以来，女权运动为了创造条件，使妇女能在日常生活的各个层面追求自我，进行了不懈的斗争，而我采访的这一代妇女确实尝到了斗争果实。特别是 20 世纪 70 年代的妇女解放运动，推动了高校入学人数以及（尤其是中产）女性劳动人数的急剧上升。在英国，妇女在劳动力人口中的比例从 1971 年的 52.8% 上升至 2018 年的 71.2%，而在美国，则从 1971 年的 43.4% 上升至 2016 年的 56.8%。[18] 但是，虽然常说妇女的就业

6 形势一片大好[19]，但那指的是整体妇女，不代表母亲。在英国，虽然女性就业率较高，但是母亲的就业率低于国际平均水平。[20] 未加入劳务市场的妇女中有四分之三（72%）是母亲，而且母亲退出职场的可能性约为无子女女性的两倍（专业人士的比例是11% 比6%，非专业人士则是24% 比13%）（见表1）。[21]

美国的形势也差不多：母亲离开职场的可能性大约是无子女女性的两倍。[22]美国妇女中，20多岁在职场的比例很高，但到了30多岁或40岁出头还在工作的就少了，那个年龄段通常要养育幼儿。[23]此外，美国劳动力市场中母亲的占比虽然从1975—2000年稳步上升，但在那之后已趋于平稳。[24]

7 因此，总体来说，就像英国经济学家吉利恩·波尔所指出的，"做母亲的妇女留在岗位上的可能性，远低于一般劳动力市场动态的预期"。[25]此外，正如美国外交政策专家、"新美国"（New America）智库主席兼首席执行官安妮-玛丽·斯劳特所指出的，"现在母亲身份成了比性别更能预测工资差距的指标"。[26]大多数母亲回归职场后发现，生育前具备的优势（学历、早期职业成就）在当了母亲后消失殆尽。她们退出职场的这些年使收入高峰中断，在经济和情感上都损失惨痛。因此，虽然从进入大学到生育之前，妇女可以在工作的公共领域享有相对公平，但有了孩子后，平等地位便好像止步不前了。

如今，英国有超过200万的全职妈妈，其中约34万（17%）过去是专业人士。[27]最近的研究表明，英国收入前20%的家庭中，越来越多妇女辞掉工作去照顾孩子，不再从事任何正式的带薪工作。[28] 配偶收入在英国前四分之一的母亲中，竟有 25% 当了全职妈妈——其中相当一部分受过高等教育 。[29] 在美国，接受管理或专业岗位教育的妇女中，有 14% 未进入职场 。[30] 为什么那些负担得起育儿开销的高学历女性会放弃学历和成功的职业生涯，"回归"家庭，仿佛接纳了全职主妇的角色呢？

对此有大量解释。一些人认为，妇女的辞职决定和其他关系到工作和家庭的决定一样，都是基于个人偏好、心理因素和生理特性做出的个人选择。[31] 例如，英国社会学家凯瑟琳·哈基姆（Catherine Hakim）的"偏好理论"就认定，在英国和美国等先进资本主义国家，妇女的就业模式主要取决于生活方式偏好。[32] 哈基姆认为，部分妇女偏好"以工作为中心"的生活，其他则偏好"以家庭为中心"的模式，或者希望兼顾工作与家庭（"适应型"）。这一观点得到很多大众媒体的响应。例如，2015 年一项盖洛普（Gallup）民调显示，有未满 18 岁子女的美国妇女中，超过半数的人"偏好"留在家里，打理家务、照顾家人。[33] 博客和社交媒体上常常能看到女人们说自己当全职妈妈是基于个体、私人偏好做出的积极选择。[34] 类似地，名人当全职妈妈的访谈和书籍一般也把她们描述成自由选择的个体，在母亲的天性和"自然"偏好的驱使下，把母职奉为全职工作，自在而真诚地接纳了这一新角色。[35] 此类描述中的性别本质论，常常也出现在进化心理学和神经科学对男女进入不同职业轨道的解释中。一个典型例子就是谷歌一位软件工程师撰写的长达十页的"宣言"。该宣言于 2017 年 8 月被曝光，把科技和领

8

导领域妇女的匮乏，解释成至少部分是男女天生的生理差异所致。[36] 尽管这份宣言的发表激起了公众强烈抗议，但它同时也在社交媒体上获得了源源不断的支持。[37]

其他解释认为，当了母亲后，自信心和对工作的投入都会下降。"职场妈妈"网（Workingmums.co.uk）进行的一项研究断言，自信是"重返职场的三大障碍之一"[38]；而《赫芬顿邮报》（Huffington Post）报道的另一则研究发现，"休产假的妈妈们在孩子 11 个月大时自信心严重崩塌"，感觉自己"再也无法融入职场"。[39] 媒体、职场和政策领域关于职场性别平等的讨论，焦点常常在于妇女易有"冒牌者综合征"（impostor syndrome）和"野心差距"（ambition gap）[40] 的问题，进而探讨女人缺乏自信和从容的解决之道。另一些人，包括哈佛商学院进行的一项前沿研究，则认为女人对于成功和权力的定义与男性有着本质性的差别。[41] 更有甚者将女人"逃离"职场描述为对传统妇女角色的怀旧回归，或对日益苛刻的职场要求做出的理智反应。例如，《纽约》（New York）杂志就把妇女当"复古型主妇"、投身家庭的选择描述为"解决工作与生活之间由来已久的矛盾的女性主义办法"。[42] 2017 年，《卫报》（Guardian）评论员维多利亚·科伦·米切尔（Victoria Coren Mitchell）重提这一观点，探讨"如果全职妈妈再度成为常规期望"，妇女能否重获幸福感和自信心，并引用了一个"无法反驳"的观点："至少以前当妇女主要的志向是生儿育女时，她们大部分都能实现愿望。但现在还期望她们事业圆满，明明如今连能指望得到稳定工作的都寥寥无几。"[43]

与此同时，尽管零零星星，但一些政策、媒体报道和影视作品还是对这些流行解释提出了质疑。例如，改编自女性主义作家梅格·沃利策尔（Meg Wolitzer）的同名小说、2017年上映的电影《贤妻》（*The Wife*），就讲述了女主角琼（格伦·克洛斯［Glenn Close］饰）的复杂故事。她早早结束了前途无量的写作生涯，转而辅佐获诺贝尔奖的作家丈夫和打理家庭。另一个受欢迎的代表，是改编自莉安·莫里亚蒂（Liane Moriarty）的同名小说、HBO 于 2017 年出品的电视剧《大小谎言》（*Big Little Lies*）。它有力地戳穿了受过良好教育的女人当全职妈妈是由于野心和信心不足，是出于天性和个人偏好才放弃事业选择母职和家庭的谎言。故事发生在加利福尼亚州阳光明媚的蒙特雷市（Monterey），围绕四位母亲展开，其中两位是受过良好教育的全职妈妈：光彩照人的前公司律师塞莱斯特（妮可·基德曼［Nicole Kidman］饰）和活泼、高度敏感的马德琳（瑞茜·威瑟斯彭［Reese Witherspoon］饰）。尽管马德琳在社区剧院兼职演出，但她认为同有事业的母亲相比，那不值一提。基于此前《绝望主妇》（*Desperate Housewives*）等剧的大获成功，以及更大范围流行文化对母职描述的变化（于第 4 章中讨论），该剧揭露了这些母亲婚姻生活中的深层苦恼，以及在亮丽豪华的海滨别墅、奢侈的生活方式和"完美"家庭的外表之下，她们对于男人暴力的屈服。尤其是魅力四射的塞莱斯特，作为这个美国郊区小镇人人羡慕的对象，拥有"完美"的丈夫和双胞胎儿子，却被曝遭受着丈夫的家暴和虐待。第四集，在同市长会面时，塞莱斯特代表马德琳反对市长威胁禁止话剧演出的做法。塞莱斯特游刃有余地掌控了整个案子，赢得了众人的赞叹。会面结束后，她按着马德琳汽车的喇叭，兴奋地尖叫："我又活过来了！"然后哭了出来，宣告心声："这么说很惭愧，但是当妈妈对我来说还不够。就是不够。差得远了！"

10　　　然而，值得注意的是，当前关于妇女、工作与家庭的争论，大多没谈到**现实**中高学历妈妈辞职的亲身经历，也没有认识到她们的个人选择如何受到社会文化环境和压力、经济结构以及就业常态的限制。

　　一个例外是美国社会学家帕梅拉·斯通（Pamela Stone）2007 年出版的研究著作《选择退出？妇女放弃事业回归家庭的真实原因》（*Opting Out? Why Women Really Quit Careers and Head Home*）。[44] 斯通对毕业于常春藤大学、成就非凡、在各自单位担任高管，却于生育后离职的女性展开深度访谈，发现了工作环境对于她们辞职决定的负面影响。[45] 尽管如此，如今距离《选择退出？》的出版已过去十多年，而这十多年间发生了许多重大事件和变化：全球经济危机和随后的经济衰退，全球范围内保守势力和极右政治势力的崛起，反对女性主义成果和言论的声势日益壮大。与此同时，过去十多年中，女性主义出现复兴，而且日益盛行。[46] 这点在随处可见、广受欢迎的 #MeToo 运动——一股位高权重的女人和男人公开、坦然地加入女性主义阵营的热潮——以及一系列文化再现中可见一斑，后者的许多案例在本书中会有进一步探讨。另外，斯通没有讨论受访妇女的经历是否受到媒体和政策对妇女、工作与家庭的建构的影响，以及是如何被影响的。同样，学界许多对于媒体上性别、工作与家庭形象或话语的研究都没有关注到人们的亲身经历。[47] 近年来研究关注的，**要么**是经历，**要么**是再现，而非两者之间的关联，也没有明确解释**为什么**受过良好教育的妇女生了孩子就离开职场，以及这带来了哪些后果。

那么，妇女、工作和家庭的文化与政策再现，与劳拉这类受过良好教育的妇女放弃职业生涯的决定有着怎样的关联？这一决定带来了哪些后果？在本书中，我将通过探讨高学历离职妈妈的亲身经历这一盲区，并将她们的第一手陈述与当代英美媒体和政策中关于性别、工作与家庭的描述与形象对比分析，从而解答这些问题。

亲身经历与文化再现的关联

妇女的切身经历与文化再现之间的关联，至少从 20 世纪 60 年代末以来就是女性主义学术研究关注的核心问题。其中，早期的研究强调母职和工作的再现往往背离、掩盖了妇女的亲身经历，从而助长了父权体制与不平等性别关系的延续。贝蒂·弗里丹著名的调查就揭露了美国妇女无声的绝望与 20 世纪 50 年代压迫性的美国幸福主妇形象之间的鲜明反差。后来，美国的阿莉·霍克希尔德（Arlie Hochschild）和安妮·马畅（Anne

Machung），以及英国的罗莎琳德·科沃德（Rosalind Coward）都注意到，20世纪80年代媒体上主导了大众想象的成功职场妈妈形象（尤其是妇女杂志上的那些），与女性的现实经历显然不符。[48] 霍克希尔德写道，职场妈妈的快乐形象掩盖了"女人、男人和孩子在无奈处理不平等时所承受的错综复杂的紧张关系与巨大而隐秘的情感代价"。[49]

然而，自20世纪90年代中期以来，女性主义传媒研究的关注点，似乎很大程度上已经从妇女的亲身经历和日常生活，转向了对媒体文本的分析。至于媒体再现的内涵是否，以及在多大程度上反映了妇女的切身经历，则几乎没有实证研究。[50] 尤其是自21世纪初以来，对于母职和工作的当代再现与妇女在这两方面的经历之间的关联，研究仍几乎是空白。[51]

本书中，我把焦点再度对准了媒体再现与现实经历之间的关系，以及这些关系给妇女的情感、身份认同和广义的性别权力关系带来的影响。本研究深受美国著名社会学家查尔斯·赖特·米尔斯1959年出版的《社会学的想象力》一书的鼓舞和启发。[52] 米尔斯认为，社会学的价值，在于能把"局部环境下的个人烦恼"与"社会结构的公共问题"联系起来。[53] 在书里著名的一段话中，米尔斯解释说，"个人烦恼指个体性格，以及他与他人的直接关系范围内的矛盾"，而"公共问题指超出个体的局部环境或他的内心活动以外的矛盾"。[54] 在米尔斯看来，社会科学的任务便是找出造成我们最私密的个人烦恼的宏观社会因素，并把单个个体的"个人烦恼"与历史和社会的"公共问题"

联系起来，从而揭示出我们作为社会主体是如何被塑造的，以及我们如何才能超越当前的自己。[55]

14年后，社会学家理查德·桑内特（Richard Sennett）和乔纳森·科布（Jonathan Cobb）发表了影响深远的研究著作《阶级中隐藏的伤害》（The Hidden Injuries of Class）。其中写道："宏观社会中必定存在某种引力、某种磁体，它进入并塑造人们的日常经历。"[56] 文化、媒体、政治和政策话语便构成了社会磁体的一股向心力。它们充斥着我们的想象和生活，塑造着我们的日常经历。[57] 我采访的那些妇女很少反思这一磁体对她们思想、欲望、情感和自我意识造成的影响，但她们的自述带有这类话语的痕迹，似乎后者已然进入了她们的想象，影响深远地塑造了她们的生活观感。这些女人经常把自身经历及其根源说成是私人问题，但是她们最私密的"烦恼"显然是由"社会结构的公共问题"衍生而来，并塑造形成的。[58] 换句话说，是受到先进资本主义的关键结构力量和冲突，以及描述、证实、维系并偶尔质疑这些结构的媒体与政策话语、叙事和图像的影响。

在探讨这些妇女的亲身经历与文化、政策再现之间的复杂关系时，我借鉴了美国女性主义历史学家琼·沃勒克·斯科特（Joan Wallach Scott）的观点。她反对将经验视作不容置疑的权威性证据，或者阐释的基点。[59] 我同斯科特一样，希望揭露经验的**建构性**本质：受访女性的主体性是如何造就的，她们的愿景、幻想和深层次的欲望受到媒体、政策再现（与其他因素）及其承载的文化理念怎样的引导。需要指出的是，我极力避免对立地看待文化再现和受访者的经历，好像前者单一而死板，只会重复现有规范，而后者则复杂、多样、变化多端。相反，我认为文化再现和受访者表述，以及这两者的关系本质上都是矛盾、复杂而又多变的。因此，本书的目的在于找到女性的个体经历与媒体、政策上描述和讨论的妇女、工作与家庭的公共问题之间的关联，并展示二者的脱节。只有通过建立这些联系，我们才能认识到，正如贝蒂·弗里丹在大半个世纪以前所说的，"这不仅仅是每个女人的私人问题"[60]，继而去寻求这些"个人烦恼"的社会性和制度性解决之道。

需要注意的是，这里研究的并**不是**妇女对特定媒体或政策文本的了解程度。相反，我分析的是她们切身经历与文化和政策再现之间的关系，这比前者要复杂得多，往往难以捉摸，但很有意义。在此过程中，我受到女性主义学者贾尼丝·拉德威的早期作品《阅读浪漫小说》[61]很深的启发和影响，该书探讨了言情小说的虚构世界与妇女读者所处现实世界之间的关联。另外我也参考了学者瓦莱丽·沃克丁的女性主义社会心理学研究[62]，后者颇为中肯地解释了社会、文化与心理是如何深切交织在一起的。拉德威和沃克丁的研究都强调了媒体，尤其是大众文化是如何让女性通过情感上的自我调节，在虚幻世界解决现实生活中无能为力的痛苦经历、渴望和矛盾的。反过来，这类文化再现提供的幻想和解决办法，只是利用和鼓动了妇女们生活中已有的欲求，它们本身也受到宏观文化和社会力量的塑造和影响。

研究高学历全职妈妈的经历

我住在伦敦北部一个绿树成荫的社区。每天早上，当我送孩子们去附近的学校时，就会看到那些全职妈妈。借着等上课铃响，老师们过来带走孩子的功夫，我偶尔会在校园里和其中一个聊上几句。在这些接触中，我总能清晰地感受到"职场"与"非职场"妈妈的典型差异：全职妈妈们一般身穿全套运动服，准备送完孩子就去慢跑，或者穿着牛仔裤和宽松的 T 恤；而我通常穿得比较正式，准备奔赴接下来一整天的大学教学和会议。然而，甚至不仅是着装，生活节奏的差异也彰显着我们的不同：我一般匆匆忙忙的，因为 10 点要上课或者开会，所以学校 9 点的铃声一响，我就得匆忙赶去上班。而全职妈妈们送走孩子后则会闲逛聊天，或者一起到附近的咖啡馆或某位妈妈家里喝早茶。虽然我没有陷入过传说中的"妈妈战争"——职场妈妈和全职妈妈针锋相对的通俗说法 [63]——但确实感受到我们之间显著的差别。有一回，一位全职妈妈邀请我和她们一起喝早茶。当我谢过她，说我得上班，因此去不了时，她同情地看了我一眼，说："真可怜。"我被她的话弄糊涂了，不明白她为什么要可怜我。难道她以前的工作经历过于惨痛或艰辛？我常常好奇她和其他女性为什么当了全职妈妈，现在过着怎样的生活。然而，就像社会学家帕梅拉·斯通一样——我在前面提到过她的研究——我没有勇气去深究，因为我清醒地意识到，不管怎么问，都可能被当作指手画脚或自以为是。

直到班里的一次家长会，我才有机会和其中一位全职妈妈多聊几句，而且超出了学校的话题。她告诉我，自己是20世纪70年代生人，在英格兰北部长大，梦想是不要再当父母那样的劳动工人。她自豪地说起如何被一所知名大学录取，并顺利毕业，之后在伦敦一家公司做会计。几年后，她在公司里结识了后来的丈夫（如今是一家国际会计师事务所的高级合伙人）。"然后我们结了婚，我怀孕了，工作就干不了了，"她说，"你看他现在到什么地步了，再看看我！"她讽刺地收尾道。我心里有很多疑问，一直没来得及问她：她说的"工作就干不了了"是什么意思？为什么她会放弃多年的求学、专业训练和小有成就的事业，好似心甘情愿地去当全职主妇？再说，如果这是她自己的选择，为什么又要愤愤不平？我很好奇这个女人的经历，但严格来说，是好奇她们这一类女人：受过良好教育，却在成家后辞职，并且不再从事有偿工作的女人。

15　为什么研究特权阶级的全职妈妈？

在研究期间，时而会听到同事或朋友讥讽中产妈妈，对特权阶级妇女抱着常见的轻蔑态度："中产妇女这个少数人群有什么好研究的？她们想要的都有了，所以辞职了呗。"事实上，本书讲述的大多数妇女不是笼统的中产妈妈，而是依靠丈夫的工资、生活在单收入家庭的那些，大多还住在全球物价最高的首都之一的富裕郊区。她们中很多人没有房贷或房租的压力，而且用得起有偿家政服务——这是大部分英国人都无法奢望的。

为什么研究她们的经历？要回答这个问题，首先要区分一下**为什么研究特权阶级**这个一般问题和**为什么研究特权阶级的全职妈妈**这个特殊问题。

女性主义对"研究上层"（studying up）的解释，以及米歇尔·拉蒙特（Michèle Lamont）对法国和美国中上阶层的社会学研究，为研究特权阶级有何意义这个一般问题提供了重要见解。[64] 首先，拉蒙特注意到，中上阶层人士（以及引申开来，"大不列颠阶层调查"［Great British Class Survey］所定义的英国"传统中产阶级"[65]，我的许多受访者都属于这一阶层）往往掌握着先进工业化社会中很多宝贵资源的分配权。在我的研究中，很多受访妇女曾经执掌大权，在影响他人的生活上起到关键作用——她们曾是高级律师、会计师、经理、记者、医生或教师。她们的丈夫也身居高位，在工作机构或广义的社会中掌握了许多特别宝贵的资源。因此研究这些特权阶层的男女在当代强大的资本主义制度——尤其是职场和家庭制度——下如何生存、如何维护以及偶尔反抗，对于更深入地了解制度，尤其是改变制度至关重要。正如美国人类学家劳拉·纳德尔（Laura Nader，加州大学伯克利分校人类学系第一位获终身教职的女教师）1972 年在"研究上层"的著作中写到的，研究强权体制的运作原理为激发愤慨情绪提供了必要的依据，而愤慨正是女性主义批评的生命力所在。[66]

其次，拉蒙特指出，大众传媒和广告（以及后面会谈到的政策话语）都把中上阶层文化奉为其他阶层的模板，后者在标

16

榜自身时要么极力模仿，要么极力排斥。确实，本书谈到的很多媒体和政策再现实例也证明，中产和中上阶层全职主妇的生活常被媒体或政策话语树立为其他阶层的榜样（尽管并非全然如此）。

第三，社会学家阿莉·霍克希尔德在研究美国双职工家庭，特别是中产夫妇时指出，如果连**这些**人都觉得工作与家庭难以兼顾，那么其他"挣得更少、工作更少弹性、更不稳定、更难赚钱、依赖更差的托儿服务的人可能会觉得难上加难"。[67] 本书所基于的研究提出了类似的问题，我在结论部分也会回到这个问题：如果连我采访的高学历特权阶级妇女都无法抵抗她们遭遇的男权体制，连**她们**都难以表达和实现自己的渴望，这对那些文化层次较低的非特权女性又意味着什么呢？

但是，既然高学历全职妈妈在社会经济地位和职业路线选择（毕竟在后工业化的自由社会中，大多数妈妈还是选择带薪工作）上显然都是少数群体，为什么还要研究她们呢？为什么要关注这些高端特权阶级的妇女？弗里丹曾在她研究的 20 世纪50 年代美国中产妇女身上注意到，她们的"饥渴"是"食物无法满足的"，因为那并非是"缺乏物质条件所造成的"。[68] 我同意弗里丹的看法，那种认为本书研究的女性由于享有特权且自愿选择了全职妈妈道路，因此便不会遇到任何问题，或者她们的纠结完全是自作自受、与人无尤的观点，并没有意识到享受特权的**同时**也可能遭受压迫，而自愿选择并不意味着公平。[69]

朱迪丝·哈巴克（Judith Hubback）的真实经历在此是个合

适的例子。哈巴克于 1936 年以一等荣誉（英国教育体系中的最好成绩）学位从剑桥大学历史系毕业，后来嫁给了高级公务员戴维·哈巴克（David Hubback）。丈夫回报优渥的工作令她颇为羡慕，而她成了个失意的家庭主妇、三个孩子的母亲。1957 年（弗里丹出版《女性的奥秘》[*Feminine Mystique*] 的六年前），哈巴克根据她对 2000 名女毕业生的调查，出版了《上过大学的妻子》（*Wives Who Went to College*）一书。该书探讨了这些充满潜力、享有特权的妇女所遭遇的解放、独立和平等梦想的破灭。她调查的大多数女人和她一样，痛惜自己的潜力被浪费了。《上过大学的妻子》"在新闻界引起了轩然大波"[70]，也开启了朱迪丝·哈巴克作为分析心理学家的新职业生涯。然而，她的丈夫戴维·哈巴克却不屑一顾："她有个好丈夫、好家庭、三个好孩子，而且成绩都不错，怎么可能抑郁？有这样的条件还抱怨，根本就是任性。"[71]

　　本书的目的并不是哀悼辞掉工作、转当全职妈妈的高学历妇女的处境，而是想揭示这些妇女在特权生活中经历的矛盾、纠结和种种压迫。仅仅因为她们是特权阶级，而且做出了非常规的选择，便忽视或弱化这种屈服的严重性，则是与戴维的言论一样，没能意识到选择终归是在种种限制下做出的。[72]

　　因此，虽然我所采访的女人或男人的经历某种程度上是特殊的——确实，依靠一个人收入生活是大多数家庭所负担不起的——但同时，它们揭露和代表的也是大多数后工业化自由民主国家中受过教育的妇女和伴侣会面临的主要问题。套用理查德·桑内特和乔纳森·科布20世纪70年代对美国职业男性的观察[73]，我采访的妇女的故事所要表达的，不仅是关于她们**个人**，更是关于她们这一代"有抱负"的妇女的矛盾心态、压力和经历。因此，我采用的妇女样本是否具有代表性，关键不在于其他妇女是否有过一模一样的经历，而在于我的研究对象能否作为妇女、工作与家庭"这一宏观问题上的突破口，给我们一些启示或教训"。[74]理解了这些妇女的选择和亲身经历，再对照一下性别、工作与家庭的文化大背景，便能发现先进资本主义社会中不平等体制的"断层"*，它们限制了妇女的工作和家庭角色。换句话说，妇女未必要"回归家庭"才会对本书妇女在叙述中提出的问题燃起兴趣或产生共鸣，因为它们凝聚了当代资本主义社会广泛的性别、工作与家庭危机的很多关键方面。[75]

本书采访的女士和男士

要找到足够多愿意和我交流的生育后辞职的妇女，实属不易。没有什么明确的机构环境，像工作单位等等，可以锁定这类妇女。因此，为了寻找受访者，我在伦敦中产/中上阶层社区很多学校的家长邮件列表、可能集中了高学历妈妈的伦敦各种社交媒体妈妈群，以及这些街区当地的图书馆、社区中心和

---

* 原文为 fault line，此处比喻矛盾冲突点，常规体制已经无法维系，甚至难以掩饰，仿佛在此处"断裂"。而裂开的"假面"暴露出的正是体制的局限和（一定程度上的）伪善。

休闲 / 运动俱乐部的布告栏上发布了招募信息。

我深度访谈了 35 位住在伦敦的全职妈妈，她们离开职场的时间为 3~17 年，平均不工作时长为 8 年。除了一位，其他人都受过高等教育，曾是各行各业不同资历的专业人士：律师、会计师、教师、副校长、艺术家、时装设计师、记者、媒体制作人、工程师、医生、学者、社会工作者或管理人员。我采访的妇女有一定年龄跨度，但大部分是 40 岁出头的，最小的 35 岁，最大的 51 岁。她们育有 1~4 个孩子，年龄在 2~20 岁。大多数是白人，有 3 位混血和 1 位黑人。所有受访者都是异性恋，都用异性恋的婚姻、家庭和育儿规范来描述自己的私人生活和价值观。大部分受访者是英国人，但有略多于四分之一（10 人）是移民，她们为了寻求职业或其他发展机遇来到伦敦，经常是跟着丈夫工作调动搬过来的，其中包括 6 名欧洲人、3 名美国人和 1 名拉丁美洲人。除了两名离婚妇女，其他人的丈夫都有经济实力供她们当全职主妇——她们的丈夫大多是高级律师、银行家、财务总监，或者科技和传媒公司的高管（附录一列出了受访者的主要特征）。

我另外采访了 5 名男性，他们的妻子或伴侣也是从职业人士转型为全职太太的，但他们并非受访妇女的丈夫或伴侣。因为我认为，受访妇女们之所以能够坦诚相告，部分是因为知道我不会采访她们的丈夫。5 名男性受访者都是白人，年龄在 45~49 岁，在科技或金融公司担任高管职位。我本想多采访一些男士，但跟他们约谈实在太难。即便我通过朋友和熟人联到的那些，

19

也大多"不靠谱"，尽管我多次想安排采访，他们还是不肯面谈。虽然男性受访者数量偏少，但我把从这5次采访中得到的一些见解，融入了讨论的不同方面，诸如他们的工作日程和家务分工，并展示他们与妇女受访者视角的异同点，以及同媒体或政策表述的关联（或无关）。尤其在全书很多地方，我都提到了丈夫对于他们口中妻子安逸生活的愤懑和怨怼——这点在男人和女人的访谈中渐渐构成了一个较大的主题。尽管如此，由于我只采访了5名男士（相比于35名妇女），而丈夫们的观点大多是由妇女转述的，所以对男士感受和想法的表述或有不足之处。说到底，本书的关注点自始至终都在妇女的叙述上。

采访

遵循前文斯科特对经验权威性的批判，以及社会学家莱斯·巴克（Les Back）所主张的访谈不是了解社会本质的渠道或让研究对象"发声"的工具，而是一种社会学方法，我把采访视为一个场合，人们通过做出评判、拿出依据，试图合理化自己在社会中的位置。[76] 我想倾听辞职妇女的心声，不是为了获取什么本原或最终的真相，而是想知道，对于辞职决定及其给她们生活和身份带来的后果，她们是如何**自圆其说**的。我还想探究她们在阐述自己的经历时，沿用或选取了哪些符号资源、判断标准或依据。

约半数的妇女邀请我到家中会面，其余的则选在离家不远的咖啡馆或其他公共场所。到妇女们家里拜访令我获得了对她

20

们作为母亲、妻子兼家庭主管生活的宝贵认识——这些角色会在第三、第四两章详细探讨。大多数采访是白天进行的，那时候孩子们在上学或上幼儿园，丈夫在上班，因此她们可以畅所欲言而几乎没人打扰。在咖啡馆的采访，以及有一回在社区中心做的采访，由于噪音、干扰和缺乏隐私，进展得艰难一些。虽说如此，大多数约在家外见面的受访者都特别开朗、坦率，往往还比较情绪化。她们在采访过程中常常落泪——离开家这个不平等的劳动场所、日常生活中各种烦恼的聚集地，似乎给了她们短暂的喘息和释放情感、反思自我的空间。事实上，在采访结束时，很多人说感觉像做了场（心理）治疗，有些还主动问我能否推荐她们也是全职妈妈的朋友联系我做采访。大约三分之一的妇女后来发邮件给我，说采访让她们以前所未有的方式反思了自己的生活和未来："当情感的闸门打开后，我自己都被吓了一跳！"一位妇女写道。

这些采访为时 90～150 分钟，目的是探讨这些妇女的人生轨迹和影响她们做出辞职决定的因素。我想尽可能给予受访者们时间和空间，来阐述她们所认为的人生中最核心、最重要，以及／或者最困难的事情。因此，我大多采用开放式问题，为她们以最契合自己、最准确的说法表达这些内容，以及我尽可能细致地理解她们的世界观留有余地（更多细节请参见本书附录三）。

我注意到，由于我选了不同的道路——一边全职工作，一边抚养孩子——或许无意中会显得对她们的选择指手画脚，因而在采访中引起对方防卫、紧张或敌对的情绪。我不否认，采访环境的安排、受访者的心理预期、我与她们不同的职业和家庭路线，都对她们的表述产生了一定的影响。不过整体上，这些妇女的讲述轻松、适意而诚恳，给了我极大的触动和快慰。她们的叙述非常丰富、坦率，且带有思考，多数时候我只需要倾听。

采访都录了音，并且逐字逐句记了下来，包括停顿、笑声和词句的重复——所有这些在表达受访者无法言喻的感情和瞬间时尤为重要。为保证调查的保密性和匿名性，可能认出调查对象的细节（例如公司名或所在伦敦街区名）皆已删除或修改。

妇女经历与媒体和政策再现对比

在接下来的章节中，我会具体分析妇女们的叙述，大多会谈到细节，以便尽可能还原她们故事发生的背景或情境。我将尽己所能地以理解、共情和关怀的态度对待她们，但我也会努力解释我感到她们在否认或难以言表的那些体会，点出一些她们未能谈到的问题，来更好地理解她们已提及的问题。我的分析绝不构成对受访个体的评判或批判，而只是想对造成这些妇女生活和经历的状况或背景做一个解释。我会分析她们的经历与宏观文化、政策叙事和话语之间的联系与矛盾、一致与分歧。

我研究妇女、工作与家庭的媒体和政策再现，目的不在于详尽地再现受访妇女的经历和主体性形成的所有文化背景，而是有选择地分析对她们的生活造成一定影响的文化或政策再现。因此，我的目标是找出和妇女的亲身经历相呼应和／或相冲突的媒体、政策再现和话语的**例证**（见附录二）。我所说的**文化和媒体再现**（cultural and media representations），是指流传于杂志、电影、通俗小说、自助／指南类书籍、名人、广告、社交媒体和通俗学术作品等当代媒体领域的叙事或形象。而**政策再现**（policy representations），则是指政府的政策报告、讲话和声明，以及企业和非政府组织的方针报告和文件，比如职场性别平等政策的报告。有些例子引用了政治言论，如政治领袖的演讲。凡是提到这些，都是与政策讨论有关。在附录三中，我列出了更多细节，关于受访者样本、访谈如何进行和分析、如何选择媒体和政策再现的样本并分析，以便同受访者的讲述相对照等。

22

　　研究之初，我以为自己显然与受访妇女们不同。然而，随着调查的深入，我渐渐意识到，我们的经历以及讲述和改变经历的能力虽有差异，但也有很重要的共性和延续性。出于这个原因，我有意避免用"有工作的妈妈"和"不工作的妈妈"的叫法，而称她们为从事或不从事有偿工作的妈妈。毕竟受访妇女们的叙述显示她们付出了巨大的劳动，证实了女权运动长期以来所抗争的：家务、生育、情感和母职劳动总是受到贬低，而妇女的无偿家务劳动成了常态。[77] 倘若真如本书所示，话语实实在在地塑造了身份和经历，那么我们的用词就该慎之又慎。

全书概览

接下来每一章都会围绕性别、工作与家庭**再现**的某个核心主题（文化意象），与妇女在这些方面的**实际经历**之间的不一致展开。对比在各章标题中表示出来：前一半对应文化或政策再现中的意象，后一半对应妇女经历的一个核心方面。虽然每一章都围绕一个不同的主题，但各章主题在媒体、政策再现和妇女的叙述中，都有一定的关联或重叠。例如，第 2 章探讨了女人们用"平衡型妇女"（balanced woman）的文化理想要求自己，把失败看作自己的不正常，哪怕她们未能成为"平衡型妇女"很大程度上是由于家庭和日常婚姻生活中严重的不平等。第 4 章再度挖掘了家庭内部不平等这一主题，展示了女性实际生活中作为妻子的经历与文化和政策话语高调宣扬的母职之间的反差。鉴于各章主题之间紧密而复杂的关联，有时我会在不同章节用到同一则媒体或政策实例，或同一则访谈语录。此外，有些核心的文化论据，如（多位受访者提到的）谢丽尔·桑德伯格影响深远的作品《向前一步》就出现在多个章节，用于探讨不同的问题。

第一部分，"回归家庭：被迫的选择"（第 1 章和第 2 章）关注的是妇女的辞职选择：在文化和政策大环境都鼓励妇女生育后继续工作的当口，她们和丈夫要怎么解释这种"选择"？为什么她们没能实现女人应该既事业有成又当"好妈妈"的期望？对于"平衡型妇女"的要求与这一决定之间的矛盾，她们是怎么化解的？

第二部分，"回归家庭：选择的后果"（第3章和第4章），则着眼于妇女回归家庭之后，是如何变成**家庭主管**，把家庭当小型企业来经营的。这一部分探究了她们在成为全职妈妈后过着怎样的生活，以及在性别、工作与家庭的文化信息相互冲突的情况下，是如何协调全职妈妈（尤其是全职太太）的新身份的。

在第三部分，"回归何处？被压抑的渴望"（第5章和第6章）中，我分析了这些妇女对自己和孩子未来生活的设想，发现她们对自己和孩子未来的憧憬和幻想都是一团模糊，这种迷茫也是当代关于未来工作和性别平等的主流叙事造成的。在结论部分，我反思了本书讨论的（再现与现实之间的）种种脱节如何体现了——借用劳伦·贝兰特（Lauren Berlant）[78]的说法——当代关于妇女、工作与家庭的残酷乐观主义想象。这种想象点燃了一种希望，引诱妇女们去向往它所提供的可能，但同时又阻碍她们去质疑和解决妨碍她们实现理想的社会结构问题。[79]更重要的是，它把妇女的"问题"及其解决办法个体化、私人化了：哪怕她们明确指出了影响自己辞职决定的种种结构性因素，却依然把这一（充满矛盾与痛苦的）选择归咎为个人的失败，认为其根源和补救办法都只能从自身寻找。

最后，我讨论了社会对于受访妇女生活中的失望和愤怒持续而一致的缄默。我分析了一些有助于打破沉默、表达失望的结构性条件，尤其在职场和家庭方面，以及文化和政策再现中必要的改进。本书中妇女的故事所要表达的，不再是呼吁妇女通过调整自己的感受、心态和行为来获取平等，而是呼吁重建限制了她们主体性的不平等社会结构。

第一部分

回归家庭：被迫的选择

第 1 章

选择与自信文化 vs. 有害的工作文化

　　露易丝 22 岁时从英国一所顶尖大学的俄罗斯研究和政治学专业毕业，第一份工作便是在一家丹麦公司的英国总部担任市场经理。这位聪明、能干、有抱负、俄语流利的新员工很快就得到了公司的赏识，工作几个月便被晋升为公司在俄罗斯的运营经理。虽然工作需要大量跨国出差，还有一次长达两年的外派，但露易丝"十分中意：工作特别忙，特别有挑战性，让我获益匪浅，从各个方面来讲都是"。12 年来，公司就像她"自己的家"一样。"斯堪的纳维亚的机构普遍非常先进，思维意识非常超前。"她告诉我。回忆完 20 世纪 90 年代末到 21 世纪初这段自己作为年轻职业女性的满意人生，露易丝顿了顿，"明显那是［停顿］，可能不太明显哈，但那都是我女儿出生以前的事了。"她说。

　　露易丝的停顿，以及后来收回一开始的说法——要不是因为有了孩子，她"明显"能享有回报丰厚的事业——透露出一种深层的矛盾。她体会过 20 世纪 80 年代末以来"女孩力量"论和"新性别契约"*许诺给西方受教育妇女的满足感、赋权感和独立性。[1]露易丝这代妇女从中小学、大学到参加工作，一直被鼓励学业有成、事业有成，他们自己也预设所有这些领域都奉行性别平等的准则。要求事业家庭两手抓的"新性别契约"，是占统治地位的、"显然"得遵从的契约。因此，对露易丝来说，显然——与她育有六个孩子而从未做过有偿工作的工人阶级母亲不同——她**能够**而且**应**当在有了孩子之后继续享受有经济回报，并能获得个人成长的职业生涯。然而在露易丝和其他像她一样的妇女看来，诱人的"新性别契约"在现实中远没有那么顺理成章。她这代的妇女"意识到那是痴心妄想……[而且]根本实现不了"，露易丝非常沮丧地反思道。

---

* 由 20 世纪 80 年代美国政治学家卡罗尔·佩特曼（Carole Pateman）提出的"性别契约"发展而来。旧"性别契约"指男性主导、女性服从（男性从事生产、女性从事生育）的社会契约关系，"新性别契约"貌似以更平等的性别关系为宗旨，提倡女性赋能，鼓励年轻女性充分就业而节制生育（但性爱更加自由）。但女性社会学家安杰拉·麦克罗比犀利地指出，"新性别契约"已沦为政府的操纵工具，其最终目的在于一方面拉动消费，维持和壮大消费文化，促进经济发展（同时意味着加大了对男女劳动力的压榨力度）；另一方面则将女性锁持在工作和社交（包括休闲交友和时尚消费）中而削弱了其参政议政的能力。麦克罗比警告道，"新性别契约"为女性描绘了一幅性别平等的图景，但那只是幻象，政府巧妙地以此来阻滞性别平权的抗争，让人们忽略了作为"新性别契约"守卫者的行政机关和立法机关其自身还尚未实现各个意义上的性别平等。因此，貌似为女权运动成果的这个契约，实则为女权运动的新危机。参见 McRobbie, Angela (2009), 'Top girls? Young Women and the New Sexual Contract', *Nouvelles Questions Feministes*. 28. 14-34. 和安杰拉·麦克罗比谈女性平等的幻象：https://www.socialsciencespace.com/2013/06/angela-mcrobbie-on-the-illusion-of-equality-for-women/。

"新性别契约"事业家庭两手抓的"愉快"要求与实施困境之间的矛盾，就是（文化）再现与实情之间的矛盾。我采访的妇女大多和露易丝一样，感到自己的实际生活与她们在20世纪八九十年代及后来人生中所接触到的文化、政治和政策信息之间有着巨大的落差。她们所讲述的自身经历尤其强烈质疑了妇女、家庭和工作的文化及政策建构中两个关键且互相关联的概念：选择与自信。然而，正如我在下文和后续章节中会说明的，再现与实情之间的脱节，并未使这些竭力追求却未能实现这一理想的女性排斥它们。相反，这种选择范式和我后文称为"自信文化"（confidence culture）的假想，牢牢框定了她们对自己经历的认知。要她们用"选择、野心和自信"之外或与之相反的说法为自己的经历辩白，很难。

选择理念和自信文化

20世纪80年代以来，事业兴旺而家庭美满的女强人形象，已大面积取代了五六十年代英美杂志、广告、指南类书籍、报刊和电视节目中流行的快乐主妇形象。这一新形象打破了过去年代标志性的古板"女性奥秘"，因为它推翻了战后贤妻良母式的理想妇女角色，而贤良妇道本质上是建立在遏制性欲、禁止外出工作的基础上的。[2] 那种轻松顾全母职和事业的"超级妈妈"，是20世纪80年代晚期文化视野中最典型的形象。社会学家阿莉·霍克希尔德这样描述她的特征："她一副职场妈妈的派

29

头，大步向前，一手拎公文包，一手抱着面带笑容的孩子。无论字面还是比喻意义上，她都在前进……她自信、主动、'解放了'。她成功打入男人的世界，却未曾丧失女人的气质，而且全是靠自己做到的。"[3]

孩子加公文包是美国流行文化中超级妈妈的标配。霍克希尔德在《第二轮班：那些性别革命尚未完成的事》(*The Second Shift: Working Families and the Revolution at Home*) 中，就曾描述过《纽约时报杂志》(*The New York Times Magazine*) 1984 年 9 月刊封面上一位年轻貌美、赶着上班的职场妈妈特写，一旁笑眯眯的女儿"努力拖着妈妈的公文包"。[4] 类似的形象遍及 20 世纪八九十年代的英美妇女杂志、大众报刊、电影和广告。[5] 美国联合航空公司 (United Airlines) 1988 年的一条广告就是个很好的例子：一位提着公文包的职场妈妈在把孩子送到学校后，跳上飞机，在接下来的商务会议上大显身手，惊艳了客户，一天工作结束后再闪电般及时赶回来接孩子。[6] 这些从事专业工作的职场妈妈形象似乎既反映又推进了从 20 世纪 70 年代开始，到 80 年代至 90 年代末最为显著的巨大历史变迁，即劳动人口中女性（尤其是中产阶级妇女）就业率的大幅增长。[7] 因此，过去数十年间的再现和妇女经历似乎说明了同一个事实：在老一辈妇女的不懈斗争下，如今的女性可以选择**同时**拥有成功的事业和美满的家庭。

个人自由、选择、个人主义和能动性的理念激发了越来越多对于妇女、家庭与工作的讨论和建构。从更大范围上说，它们已成为女权运动及其政治主张的核心概念，并且同"我们独立、自由、自主；我们有选择，而且按自由意志做出选择；因此，我们个人对选择后果负全部责任"的"经典美式信念"紧密相连。[8] 然而，正如社会学家谢利·布金（Shelley Budgeon）所指出的，尽管第二波女性主义浪潮关注的是妇女在做出自由选择时所面临的种种限制，但 20 世纪 90 年代以来，女性主义政治已经转向了所谓的"选择女性主义"（choice feminism）。[9] 布金写道，选择女性主义的关键特征之一是"这样一种观念，认为过去有些结构性因素，系统性造就了各种伤害妇女的不平等社会关系，但现在它们已基本被克服……这就意味着，男女人生中所有余留的差异，都可以用个体有意做出的选择来解释"。[10] 因此，选择女性主义的根本目的，在于鼓励和认可女性个体的个人选择。

30

选择女性主义理念和对个体责任的强调，在 20 世纪 90 年代兴起的后女性主义媒体话语中特别流行。这类话语推崇性别平等的女性主义目标，"把妇女说成自主的主体，不再受到不平等或权力失衡之类的制约"。[11] 女性主义学者罗莎琳德·吉尔论证，这种建构遍及从报刊、广告、脱口秀到言情和通俗小说的一系列英美媒体。吉尔注意到，20 世纪 90 年代以来兴起的、将妇女描述为自主和自由选择的个体的后女性主义说法，同新自由主义所要求的心理主体——理性、精明而自律的创业者——惊人地契合。吉尔写道，后女性主义和新自由主义的核心，是"'选择式生平'（choice biography）的理念，和不管一个人实际受到多少限制，都通过一个自由选择和自主行动的故事来了解他的人生并赋予意义的当代要求"。[12]

因此，不同于20世纪五六十年代别无选择的"俘虏式妻子"（captive wife）[13]，80年代末和90年代的现代妇女所面临的要求，是在生活的各个层面，尤其是家庭和工作上做出积极的选择。英国社会学家凯瑟琳·哈基姆用偏好理论（preference theory）来阐述这一点。[14]哈基姆认为，对妇女从事有偿工作与承担家庭责任的讨论，关注的是鼓励和禁止妇女去做什么，而没有考虑到妇女自身的意向。她认为，在妇女能真正自主选择的社会中，分工的关键动因在于对生活方式的偏好。此种社会中的妇女可分为三类：以工作为中心的，以家庭为中心的，以及希望兼顾有偿工作与家庭的（适应型）。因此，在哈基姆看来，辞职的妇女显然是基于偏好、出于个性才选择了传统的、以家庭为中心的生活方式。

弹性工作和工作与生活相平衡的理念遍布政策和媒体对女性与工作的讨论中（详见第2章），突出强调了选择符合女性主义的目标。当下在美国公共舆论中尤其流行的热词"妈咪路线"（mommy track），就是指妇女能够选择将紧张忙碌的事业降级成一种灵活的、兼顾家庭和工作的平衡模式（但必然要牺牲职业发展），或者完全放弃工作去照料孩子。尽管放弃职业生涯的选择往往带有消极色彩，但这一决定大多被形容成女性的个人选择，其后果是私人的，且很少提及它的障碍、制约、遗憾或更大范围的社会意义[15]——这些问题会在第3章分析。简而言之，同过去的家庭主妇不同，如今不管是决定当职场妈妈还是居家妈妈，都被看成个人选择和女性解放。[16]

然而，20世纪八九十年代"选择拥有一切"的快乐职场妈妈形象，掩盖了艰难的冲突"以及妇女、男性和孩子在无奈应对不平等时所付出的巨大而隐秘的情感代价"。[17]它们赞美赋权女性通过实现职业梦想来获得解放，却忽视了也要解决家庭、职场乃至整个社会中长久以来的不平等问题——套用霍克希尔德的著名论断，正是这些不平等使得性别革命止步不前。

在21世纪，更加复杂的母职和工作再现逐渐涌现，部分是针对上述理想化形象不符合妇女和家庭的现实情形而做出的批判性回应。露易丝和其他受访女性心目中的形象，与盛行于她们母辈所处的20世纪六七十年代的"职业：家庭主妇"这一战后女性奥秘截然不同[18]，并且也不同于霍克希尔德采访的女人们所提到的20世纪80年代末的超级妈妈形象。尽管快乐主妇或超级妈妈形象尚未脱离公众的想象，但在21世纪的第二个十年，其他类型的女人理想似乎已然风行了起来。

其中，妇女能按个人意向自由选择人生道路、随心所欲地一边享受弹性工作一边带孩子的理念，遭到了越来越多的抨击。《大西洋月刊》（*The Atlantic*）2012年刊登的由美国外交政策专家安妮-玛丽·斯劳特发表的题为《我们为什么不能拥有一切》（"Why Women Still Can't Have It All"）的文章，就系统地阐述了这一争议。斯劳特用亲身经历（曾为美国国务院政策规划司首位女司长，任满两年后决定离职）说明了长久以来美国在

32

职妈妈面临的职场文化障碍，因为后者视职业发展优先于家庭。这篇文章引起了广泛的关注、争议和批判。它标志着针对阻碍女性向高层发展的结构性障碍——尤其是关于成功理念和固定办公地点的社会规范——展开诚恳探讨已迫在眉睫。斯劳特揭示了关于选择的漂亮话不切实际，呼吁莫再指责妇女未能做出或实现正确的选择。她力称，除非职场规范和成功职业路线的观念发生实质性转变，不然虽有野心却选择止步青云之途的女性可能会远多于男性。

次年出版的一本书迅速占据了美国和欧洲畅销书排行榜的榜首，为妇女、家庭和工作的争论注入了新的活力。在《向前一步：女性、工作及领导意志》中，Facebook的首席运营官谢丽尔·桑德伯格以她作为成功职业女性和母亲的大量亲身经历为例，聚焦阻碍妇女取得职场成功和进步的"社会竖立的外部障碍"。[19]以类似于斯劳特式的自白，她描述了自己在进入大公司顶层道路上遇到的不安、脆弱和挑战。桑德伯格大量引用心理学研究，鼓励人们针对职场缺乏弹性、社会规范，以及在评价成功和管理有方时对男女持根深蒂固的不同标准，开展更加坦率和诚恳的对话。桑德伯格强调，"个人的选择并非总像看上去那么个人"[20]，并一步步揭露了女性关于工作和家庭的决定是如何受到社会说法、压力、家庭期望和职场规范影响的。

斯劳特和桑德伯格欣然接受、很大程度上也代表了妇女选择兼顾事业成就和母亲使命的自由。然而，她们与20世纪80年代的超级妈妈不同的一点，在于公开正视做出这一抉择背后的压力和代价，并说明了如何才能克服，或至少大幅减少这些障碍。她们提倡摒弃拥有一切的理想化超级妈妈形象，转向更具自我反思性的探讨：拆穿拥有一切的神话，并承认妇女在工作和家庭方面的选择从来不是完全自由、自主和仅由个人掌控的。她们呼吁在体制、社会和文化层面做出一些改良，包括亟须挑战性别刻板印象，发展出妇女其他的成功形象，以及设计和实施以加强职场性别"多元化"（比"平等"更贴切）为目标的公司层面改革。[21]

然而，虽有这种较为诚恳、较有反思性和批判性的讨论，承认结构性因素的影响力和实施改革的迫切性，但探讨的重点仍主要在妇女改变自我的责任上。比方说，纵然《向前一步》列举了一些职场中需要改善的方面，但它避开了美国妇女没有带薪产假，职工需要托儿福利，或为了职场生存——更别说为晋升和出人头地——需要在公司办公室工作超长时间这类问题。[22]相反，桑德伯格关注的重点是妇女自身如何挑战庞大、复杂的体制，如何学会"扭转颓势"（undistort the distortion）。[23]她劝导妇女通过自我调节和关注自己的情感、思想和行为来同"存在于内心的障碍"[24]抗争。类似地，《信心密码》（The Confidence Code）和《工作生活五五分》（Getting to 50/50）等自助类和商业类畅销书的作者谈到，尽管对性别歧视和针对女性的制度性障碍的担忧有一定道理，但"更深层的"问题在于妇女"缺乏自信心"。[25]就连斯劳特，虽然在 2015 年的新书

《未竟之业：女性、男性、工作和家庭》*（*Unfinished Business: Women, Men, Work, Family*）中不再专注于（美国人尤其喜欢的）自助，并且坚称光让妇女拿出雄心和信心是不够的，但该书仍然大篇幅地"把关注点投向我们自身"[26]，而"自身"仅指妇女。《未竟之业》一书充满了妇女该如何改变自身言谈举止和自我期望的指导性、自助式建议。斯劳特甚至呼吁妇女采取迪士尼童话电影《冰雪奇缘》（*Frozen*）主题曲《随它吧》（Let it go）中的建议，放下作为员工、妻子和母亲该如何表现的令人窒息的期望。

当代这些讨论和再现的核心前提是，存在一种女性独有的危机，即在公共领域和专业职业生涯（后者主要指企业单位）中拖了她们后腿的自我怀疑和"雄心差距"（ambition gap）。妇女的自信和持续的雄心被视为解决这一危机、实现职场和公共生活中性别平等大业的关键。这一思想在教育、公共卫生、金融、消费文化、身体形象和福利等领域都有体现，它融入进 21 世纪初针对妇女的广泛的知识、机制和激励之中——罗莎琳德和我称之为"自信崇拜（文化）"（confidence cult［ure］）。[27] 自信文化在各式各样的媒体和文化领域传播、成形：

> 女性杂志鼓吹"自信革命"（confidence revolution），美容品牌聘用"自信大使"（confidence ambassadors），在

34

---

* 中译本书名为《我们为什么不能拥有一切：女性：工作与家庭的平衡》。考虑到文中还提到斯劳特的同名文章，为便于区分，此处按英文原意译作《未竟之业》。——编者注

宜家家居店甚至能买到"恭维"人、传达"激励人的"自信信息的"自信镜子"（confidence mirror）[……]；学者、智库、政界人士和报纸专栏作家都呼吁妇女认清楚阻碍她们的不是男权资本主义或制度化的性别歧视，而是她们自己缺乏自信［……］；领导力课程、职业辅导、电子邮箱里诸如谷歌的"不抱歉"（Just Not Sorry）等拓展功能［……］都提倡使用更为自信的语言，越来越多的自信应用软件被设计出来激发妇女的自尊心和个体效能感。[28]

在这种自助和建议的文化背景下，无数图书、报道、博客、培训项目、专家、视频、话题讨论、应用软件、广告和电视节目都致力于将缺少自信竖立为女性成功、成就和幸福的根本障碍。它们敦促妇女转向内心，通过个人心理上的自我调节和自我监督，来提升和强化她们的信心和雄心，以此作为最终的解决办法。[29]

史上被观看次数最多的一则 TED 演讲就是这一劝导的生动例子。在演讲《你的肢体语言塑造了你》（Your Body Language Shapes Who You Are）中，哈佛商学院社会心理学家埃米·卡迪（Amy Cuddy）介绍了她的"力量姿势"（power posing）理论。尽管演讲涉及了男人和女人，但她解释说，女人尤其"会在公共场合缩手缩脚"，往往会摸脸或摸脖子，或者坐着时脚踝紧紧交叉。[30] 卡迪认为，这类姿势和手势（惊人地印证了欧文·戈夫曼［Ervin Goffman］1976 年对广告如何描绘了刻板化性别角色的著名研究发现^[31]）蕴含的是无力感，而且限制了人们表达真正的自我。^[32] 因此，她劝告女人每天练习力量姿势，还附上了一张神奇女侠两手叉腰、双脚跨立、自信地注视前方的经典照片以供参考。同《向前一步》和《信心密码》的作者一样，卡迪强烈要求女人们"装出这样的姿态，直到能自然表露"，最终"直到和它融为一体"。为了在职场上迈进，她建议女人有必要装出自信来。

大众文化中流传着类似的信息和文化建构。一方面，更加复杂的职场妈妈形象随着电视剧《权力的堡垒》（*Borgen*）中的丹麦首相比吉特·尼堡（Birgitte Nyborg）、ABC 剧作《三军统帅》（*Commander-in-Chief*）中的首位美国女总统麦肯齐·艾伦（Mackenzie Allen）和 CBS 剧作《傲骨贤妻》中的女主角律师艾丽西亚·弗洛里克等角色流传开来；另一方面，在这些和近年的很多其他剧作中，母亲的职业成功被描述成很大程度上取决于个人的自信、内在的野心和"向前一步"的本领。以《傲骨贤妻》为例，正如片名所暗示的和制作人所解释的那样，该剧力图让默然站在丈夫——一个为性丑闻致歉的公众人物——身旁的妻子不再沉默。通过对主角艾丽西亚·弗洛里克的刻画，该剧探究了家成业就的女性的奥秘，揭示了在争分夺秒的长时间工作与家庭生活之间达成平衡所面临困难的方方面面（这个问题在第 2 章会详细考察）。严苛的工作使她错过了孩子们的成长，包括像儿子女友堕胎这样的严重问题，她都直到数月之后才发现。艾丽西亚同子女的关系中有紧张、秘密和失望，但同时又是稳固而亲密的。她履行母亲职责偶尔会影响工作表现：有时因处理孩子的问题而错过了重要会议，结果被同行批评"工作悠闲"。这些困境又由于她在破碎的婚姻中苦苦挣扎，继而在婚外渴求浪漫和爱情而变得更为复杂。[33]

与此同时，雄心、果敢和自信令艾丽西亚从温顺的居家主妇——她扮演了13年的角色——顺利转型为赫赫有名、忙碌喧嚣而充满活力的美国洛克哈特＆加德纳律师事务所（Lockhart / Gardner）的一名成功律师。她身上的行头变换不停，虽然看起来总是美丽动人，但实现这一完美外表所耗费的大量劳动和花费却从未被展示或讨论。[34]艾丽西亚永远在忙碌或奔波——大步流星地走进法庭或办公室，身着强势的装束，摆出各种卡迪推荐的强势姿态。每过一集，她就变得越发自信、直率、果断，下决心"给别人好看"——套用她的口头禅。她野心勃勃，同时接下好几个，而且常常是非常棘手的案子，毫不畏惧地挑战对方律师或法官——这样的做法使她获得成功、认可和晋升，最终建立了自己的事务所，继而竞选州检察官。虽然她时不时也会怀疑自己是不是好律师或好母亲，但很快就打消了顾虑，继续"向前"。[35]

政策话语运用一种非常相似的语言，强调了相似的观点。一方面，在职场和国家政策层面，人们越来越多地讨论性别歧视、针对女性的制度障碍、男女薪酬差距、育婴假和儿童托管等问题；另一方面，提出的解决方案大多侧重于改变妇女的心态和行为，特别是通过培养自信和领导野心的方式。例如，因其针对性别多元化的新型举措而受到广泛认可[36]的毕马威会计师事务所（KPMG）就在一份报告中指出，提升妇女在职场上的自信是企业的第一要务，方法包括建立信心、培养领导力、实行绩效奖励计划、提供拓展人脉的机会和发挥榜样带头作用。[37]毕马威借用桑德伯格的话，建议为妇女提供职业指导，使她们学会"向前看，不要把视野局限在协调家庭和事业这个眼前的困境上"。[38]类似地，全球咨询公司麦肯锡（McKinsey）——另一位备受称赞的创新和进步的性别多元计划的拥护者——在发表的一份报告中解释说，成功进入领导层的妇女的非凡之处，在于"她们坚信自己的影响力，**能够化逆境为学习机遇，坚持不懈**地与支持者和他人维护良好关系，**乐于踏出舒适区**，并因热爱工作而获得**正能量**"。[39]尽管麦肯锡在这份报告中承认文化有重要的影响，但又反驳道，说到底，一个女人能否在职场上成功或前进，很大程度上取决于她的个人选择、内在动力、野心和决心。

37

欧洲和英国的性别平等政策似乎也关注妇女缺乏自信的问题，并在寻求解决之道。例如，欧洲议会的妇女权利和性别平等委员会（the European Parliament Committee on Women's Rights and Gender Equality）2015年就阻碍妇女创业的障碍和歧视效应展开了一次调查，包括她们在欧盟获取融资的难度。研究的主要发现之一，是自信和乐观程度这两个据说对企业家成功能力有实质性影响的因素，女人都比男人欠缺得多。[40]同样，在国家政策层面，2013年英国特许管理协会（CMI）发表的关于女性领导力的白皮书强调，自信是女人为"发挥其潜能"

所需培养的一项关键技能。[41] 或许最值得注意的是法国政府2014 年发行的智能手机应用"她们的领导力"（Leadership Pour Elles），旨在通过提升女人的自信来解决全国男女工资差距的问题。连法国前妇女权利部部长、现教育部部长纳贾提·瓦洛-贝勒卡西姆（Najat Vallaud-Belkacem）都推崇的这款应用，邀请妇女先做一个自我评估测试，然后根据回答引导她们选用合适的模块、模拟功能和建议。

关于妇女（缺乏）自信的媒体讨论和增强妇女自信与乐观心态的政策方针，通常援引学术研究，尤其是商业和管理类研究的证据。研究者们在试图解释公司董事会妇女比例过低、男女职场发展不平等以及"管漏现象"（一种比喻，用于描述科学、技术、工程和数学领域的妇女在职业的各阶段都有退出的现象）等问题时，发现答案是妇女缺少自信，且男女的志向存在差距。例如，全球市场倡导协会（IGM）曾对美国顶尖机构的经济学家们做过一项调查，经济学家希瑟·萨森斯（Heather Sarsons）和许国（音译，Guo Xu）通过对调查结果进行数据分析，发现男女差距的问题关键在于女人不如男人自信。萨森斯和许国表示，只关注"管漏现象"的制度性解释——例如母职惩罚 *、职场上常见的性别歧视以及"老兄弟"关系网——便忽视了 " **个更根本**

---

* 指有孩子的妇女因承担照料责任而影响了职业发展，其薪资水平和升职前景常常低于没有孩子的女性，更远低于同龄男性的现象。从经济发展和个人发展的角度看，似乎前者由于关照家庭而"懈怠"了工作，因而受到"惩罚"。但所谓"惩罚"的立场，其实陷入了绩效利益或物质利益压过人性关怀的价值定位误区。

的问题"，那就是，"如果妇女在职场竞争环境中天生稍逊一筹，怎么办？"[42] 与此异曲同工的，是哈佛商学院对 4000 名男人和女人进行的一项调查，发现男人深受职场权力的吸引，而女性则拥有更多生活目标，一心追逐权力的较少。[43] 用研究人员的话来说，"虽然女人和男人认为他们获得高层领导职位的能力不分上下，但男人比女人更渴望那种权力"。[44] 但哈佛商学院的研究者们没有问为什么会这样。他们称，自己的发现是"描述性的，而非规定性的"；他们希望"在各个层次的分析中"，都避免"对男女不同的职业发展观做出好与坏、理性与非理性的价值评判"。[45]

然而，无论是将妇女缺乏自信、抱负和（或）乐观定性为必须解决的问题，还是强调妇女的愿望、目标、渴望和自尊天生与男性不同，此类研究，连同政策和大众话语，都在暗示职场公共领域的性别不平等与**妇女个体**有关。它们强调，性别平等的问题和解决办法都归根于妇女的个人选择，她们天生的偏好和目标，她们的态度和（欠缺的）自信，或者她们对权力的不同理解。所以，尽管如今关于性别不平等的论辩比以往更加认识到，妇女的选择受到制度、文化、社会和经济等方面障碍的影响，但同时它们再次将问题的焦点个体化，并再度掀起了自然性别差异的说法，从而强化了"差别女性主义"（difference feminism）的观点——认定"妇女的确比男人更适合养育、更乐意合作、更直觉化，[而且关键是]没男人那么争强好胜"。[46]

有害的工作文化

　　我采访的妇女某种程度上和上述当代文化再现中出现的（无论真实还是虚构的）人物惊人地相似。她们是律师、会计师、教师、艺术家、设计师、媒体制作人、记者、医生、出版商、学者或经理人，有远大的职业抱负、充沛的自信和强烈的职业成就感。很多人从职业成绩、工作进展和工资收入中获得了极大的愉悦和自豪感。一些人在离开工作岗位时收入已经高于其男性伴侣了。然而，与那些媒体和政策再现大相径庭的是，她们努力调和母职与高强度的职业要求，结果却是深深的幻灭和无力。貌似令《傲骨贤妻》中的艾丽西亚·弗洛里克这类虚构女人，或 Facebook 首席运营官谢丽尔·桑德伯格和雅虎前首席运营 / 执行官玛丽莎·梅耶尔（Marissa Mayer）这类真实女人大显身手的高要求、高时长的工作文化，成了重要障碍之一，令受访者们无法或无力继续追求事业。

　　塔尼娅曾是一家律师事务所的合伙人，如今是两个孩子的全职妈妈。她对怀孕前工作经历的描述同媒体上虚构或真实的人物经历十分相似——高要求、高强度、劳神费力、工作时间长，但同时也很有意思、有趣、有收获而且"诱人"：

　　　　有很多有意思的地方……非常诱人，能接触到很多东西……你在新闻上会出现的那种环境里工作，非常有意思，很多年轻人和你干一样的事儿……你会参加很多特别有趣的活动，认识特别有趣的人，特别棒。但是压力很大，工作量很大，得要努力工作才行，但你也不介意，因为大家都这样。况且你已经习惯了，生活就这样。我从来没在八九点以前下班过。我记得经常要待到半夜的样子，那再平常不过了。

然而，塔尼娅有了孩子后，这些工作文化和常态对她的吸引力突然消失了：

　　一旦有了那些［工作］之外的生活，你就好像后退了一步，意识到原来的生活方式太疯狂，不可能那样过日子，还保持神志清醒，还拥有正常的家庭生活……我的很多女同事都雇了两个保姆，一个白天一个晚上……然后她们在周末或孩子们入睡后去看一下。我只是觉得，我实在不想那样！我的心态已经发生了翻天覆地的变化……到周末已经累趴下了。这时候如果有非参加不可的活动，要是你28岁，有人问："去不去哪个高档场所的正装宴会？"你会说："去啊！"但是当你想回家看看孩子，或者就是想回家时，你会觉得，没有比这更糟的事了。我得回家找件礼服套上，然后赶过去整晚微笑示人，而且说些……还得打车回家，然后你就会有一种……消沉感，就再也不觉得好玩了。

塔尼娅描述的生孩子前后判若两人的工作状态，以及随之而来的"消沉感",在其他人的访谈中也屡次出现。许多妇女受访者在谈到因工作会议不得不错过孩子的在校演出,或者深夜回家发现小孩已经睡着时,也描述了类似的感受。她们觉得这些感受尽管辛酸或不快,却是她们应当并且**可以**承受的。她们从家人、同事、朋友,以及媒体上公开谈及类似经历并分享解决策略的专业妇女那里接触到的主流观念,是自己所承受的辛酸、痛苦是合情合理,甚或是不可避免的,需要调节,需要控制,并且需要克服。

本章开头提到的露易丝就讲述了她在休完产假回到职场的整整一年里,是如何"非常、非常、非常努力"地去适应熬夜加班的。她过去一直是个"无往不利"的理想员工:高效、极少告病、专注、随时待命。她真的很想继续无往不利,不让那些消沉感影响她的工作表现和工作满意度:"我觉得需要向自己证明,我做得到。"她回忆道:

> 我见过其他很多工作到很晚的女性。好吧,如果她们做得到,我也做得到![停顿]……为了跟上其他女性的步伐,我感到压力山大。再加上我觉得她们貌似对现况很得心应手,而她们的孩子,我确信也在苗壮成长……我真心觉得自己应该……跟上其他有小孩(且继续奋斗)的妇女的步伐。

我问露易丝"其他工作到很晚""貌似对"母职和熬夜加班 41

两手抓的"对现况很得心应手"的女人都是谁，她纠结着答道："嗯，嗯，所以……那些工作到，对，我确定是这样……所以是，嗯……我来想想那些加班的女人都是谁。"

露易丝回答得结结巴巴，而且回想不起那些女人具体是谁。这种情况并不罕见。其他受访者也提到另一些事业欣欣向荣的职场妈妈，但要她们给一个具体例子的时候，又常常支支吾吾说不出来。"其他女人"其实是一种强大的幻象，是由上文所讨论的那些流行说法和形象所创造并充实的。关键在于，这个幻象足够真实，令人信以为真，因为它承认之前的幻想形象——20世纪60年代的幸福主妇和80年代的超级妈妈——过于完美，进而给出了一种仿佛更真诚也更真实的妇女类型：无论是谢丽尔·桑德伯格这样的真实人物，还是艾丽西亚·弗洛里克这样的虚构角色，都在直面自己的感受和挑战中获得成长。我采访的妇女们便是常常和这类妇女幻象进行比较，并且相形见绌的。

诚然，这一纠结可以简单理解为露易丝这类妇女个人性格中的矛盾。她强烈地觉得自己需要向那些模范妇女靠拢，却又处理不好这些情绪，其中的原因或许是心理上的不安全感，或者像哈基姆说的，她个人更偏好以家庭为中心的生活。不过，准确来说，这种被私人化、个体化的纠结感受，至少部分是由媒体再现和现实之间的落差造成的。受访妇女们的经历不仅仅是他们个人的过往，更体现了对这一代妇女冲突的角色期待。[47]

只要家庭责任和工作责任之间的冲突，尤其是不得不熬夜加班的需要，不是持续或频繁发生，只要孩子的托管安排相对顺利，而工作还算称心、收入尚可，这些女人就会坚持实现"向前一步"的幻想。她们接受并克制住了难过、内疚和失落等消沉感，把它们看成局部的、暂时的和转眼就忘的感受。然而，在很多受访妇女所处的工作文化中，熬夜工作和睡眠剥夺不是例外，而是常态，而且投身事业就假设一个人完全不会考虑、在乎或做其他任何事情。[48] 在《未竟之业》一书中，安妮-玛丽·斯劳特称之为有害的过度工作文化（toxic overwork culture）。在这种文化下，工作一直处于危机模式，理想的员工永远在忙活，永远清醒着。[49] 在这种工作文化下，孤立的消沉情绪不是一直压抑得了或总是把控得住的。这种职场文化的期许渗透进受访女性们的心里，成为她们的自我期望；而追求那些期望逐渐令她们不堪重负。露易丝的消沉情绪发展到严重、持久的状态：她患上了抑郁症。[50]

经过连续一年无奈的熬夜加班和周末边工作边带小孩的"小"状况，露易丝达到了她的极限，所以尽管痛苦，却不得不向自己和公司承认，她没法达到公司和自信文化的要求和标准。"我没法达到……我没想到是这样，这也不是……我没法达到……我做不到。"她哽咽住了。导致她认输的是一次她称作"心脏会谈"的事件。露易丝的女儿出生时，被诊断出心脏有点小毛病，因此她每月都要带孩子去医院做例行检查。医院的预约一排好，露易丝就会告知老板需得提早下班的日期和时间。她的老板育有三个孩子，以兼职模式办公。有一回院方的"心脏会谈"刚好和一次重要会议撞上了，露易丝不得不提前离会。她记得"自己感到非常惹眼地站起来，在会开到……开到……开到一半时离开，虽然明明事先［和老板］商量好了"。后来，在一次考核会议上，老板对她提早离会的不当和失职行为进行了批评。"那次对我的打击太大了，"露易丝回忆道，"她简直就是……我是说那不是和普通医生的预约，是和心脏专家的会谈！心脏……心脏……心脏……顾问医师啊。"

那次心脏会谈是一个转折点，因为它让露易丝认识到，自己再也当不了那种理想员工了。"理想员工不论何时老板有吩咐，都能即刻跳上飞机，因为会有其他人负责送孩子上学或出席幼儿园的演出。"女性主义评论家琼·威廉斯（Joan Williams）写道。[51] 露易丝意识到自己可能是运气不好，碰上个特别可恶的老板——一种随《恶老板》（*Horrible Bosses*）这类电影流行起来的观念——但是她面临的问题本质上是文化和机构层面的：

"在那家公司里，每个人都过得提心吊胆。"露易丝的工作环境同家庭生活（或许笼统地说，同整个生活都）格格不入。然而，不同于《恶老板》里因忍无可忍而密谋折磨老板的男主角们，也不同于许多学会了如何巧妙地打职场牌和"向前一步"从而走向成功的励志女性人物，露易丝决定辞职。她总结道："这是我**个人**的决定。对我来说极其艰难，因为我在那儿待了将近 12 年，同事基本上就和家人一样。他们非常……这个决定非常艰难，但同时又确实觉得工作环境对我太不利了，所以，嗯……所以其实我别无选择。"

越来越多迹象表明，现代职场环境对妇女，尤其是母亲非常不利。妇女仍旧遭受着"母职惩罚"，如今在预测薪酬不平等时，母亲身份成了比性别更有效的指标。[52] 妇女在生育前拥有的优势（学历、早期职业经历等）在成为母亲后消失殆尽。在英国，每年有6万名妇女因怀孕和生育歧视而失去工作，这个数字还不包括受到骚扰、被降职、升职时不被考虑和自由职业失去订单的妇女。[53] 在美国，帕梅拉·斯通研究毕业于常青藤大学、生育后辞去工作的杰出妇女，发现她们的离职决定是受迫于兼职工作被拒、薪酬差距和调岗才做出的。[54] 尽管职场性别平等引发了越来越多的关注和讨论，但是一再有证据表明，企业流失了大量有才华的妇女，因为她们拒绝因循守旧的职业路线，质疑重工作时长胜过工作质量的晋升制度。[55]

和露易丝一样，大多数受访者通过她们的所见所闻和亲身经历都清楚意识到这些制度性的工作文化问题。她们谈到单位里的薪酬不平等、重视出勤胜过工作质量和结果的职场规范——这种做法通常被称作"出勤主义"（presentism）——谈到她们在宣布怀孕或休产假后很快就被排除在有价值的大项目之外，被要求调岗到其他城市或国家才能得到晋升，以及申请转为兼职工作被拒绝。妇女们的自述另外也显示，她们的离职决定很大程度上受到丈夫高强度、高要求、高时长工作的影响——这一点会在第2章详细讨论。因此，受访妇女的自述显然推翻了那种认为离开职场是她们因个人偏好和（或）缺少抱负、信心、决心和职业献身精神而做出的**选择**的成见。相反，它们揭示出妇女离职是受到一系列因素的强烈影响，其中关键在于她们自己和丈夫的办公时长和工作环境都与家庭生活极不协调。

然而，尽管妇女们谈到了自己和丈夫的工作文化对辞职决定的重大影响，但要她们跳出或反对选择、自信和抱负的个人化框架来解释这一决定，却不容易。很多受访妇女和露易丝一样，能够清晰地分析职场规范和文化对自己辞职决定的影响，但同时又将这一决定**个人化**。她们向自己和他人解释，说到底是她们**自己**不适合那种需要雄心壮志、要求高的工作。"绝对不是做什么评判，只是对我自个儿来说，这不对路。"露易丝郁闷地总结道。因此，尽管强调和提倡自信与选择的媒体和政策再现与受访妇女们的亲身经历不符，但她们时常通过这些再现来评判自己的经历。选择与自信的文化假想为解释和评判她们的经历，进而自我贬低提供了极其强大的思维框架。我来举两个典型的例子：

第一个是 42 岁的萨拉，至今当了三年全职妈妈，两个孩子现在一个 4 岁，一个 6 岁。采访一开始，萨拉就提醒我："要是我哭了，这儿先说声抱歉。如果我哭了，请暂停［录音］，因为我觉得谈论这事儿有点敏感。"萨拉辞职前做过 15 年的财务总监，先是在一家投资银行，后来在一家咨询公司。过去她经常在"难以置信的高压"环境下一天工作 16 小时，加班加点、时刻"在线"、随时为客户和老板待命、在办公桌前解决午餐都是家常便饭。第一份工作干了 10 年后，受 2008 年金融危机余波的影响，她供职的公司倒闭了。"那会儿压力很大。我们都很快找到了工作，因为我们的劳动力特别廉价。他们都不用赔付我们员工股份*的损失啥的，我们一文不值。"她回忆道。公司倒闭后不久，和她的许多同事一样，萨拉一度精神崩溃。她休了两个月的压力假，之后转到另一家公司上班。"我还是一天工作12、13、14个小时，到英国各地以及欧洲一些地区出差……常常要搭早班机。每天披星戴月，但起码隔天早上能在家中醒来。"她印象中工作虽然压力大，但很顺心，是她过去自我认同的重要部分。直至今日，要想从中剥离也相当困难。"我觉得很满意：我的客户名单、他们给公司带来的收益，让我迎来了事业小高峰。"第二个孩子出生后，萨拉休完产假申请转成兼职工作，一周上四天班。虽然请求获得了批准，"但事实是老板要我在剩下的那［第五］天里也待命。我需要接电话，需要能够按他的要求调整哪天在家，而收入只有之前的80%。我还雇了一个全职保姆和我们住一块儿"。她的女儿在学业上有困难，（银行家）丈夫"从来不管孩子"，萨拉觉得"太疲惫，压力太大了"。最终，"我只能辞职，打碎了牙往肚里吞。所以显然压力过大、焦虑过度是离职的主要原因，或者唯一原因。我不知道要是没有孩子，是不是还会觉得压力这么大"。

萨拉的故事佐证了父母两方有害的工作文化与家庭生活本

---

* 原文为"the share programs"，又称"Employee Stock Ownership Plans"（ESOP），即"员工持股计划"，是20世纪50年代兴起于美国的一种新型股权制度。企业员工通过购买企业部分或全部股票而享有企业部分或全部的产权和管理权。其主要目的为拓宽融资渠道、防止恶意收购、强化企业民主管理、加强员工的积极性和工作保障。由于企业破产时的清偿顺序为先债权后股权，普通股东排在末位，有较高风险得不到清偿，何况萨拉当时的公司为金融危机所波及。

质上无法调和，并对女方的人生造成了巨大痛苦。辞职决定成
了她"不得不吞下的碎牙"，而且深感遗憾，那并**不是**她基于个
人偏好做出的自由选择。与此同时，尽管萨拉明确指出工作文
化和规范是她离职的主要或唯一原因，但她诉诸的还是流行话
语在解释女人工作与家庭抉择时所反复套用的个人原因论。采
访接近尾声时，她解释自己的辞职决定是因为她的"性格类型"。
在访谈的另一环节，她附和了流行观念的说法（例如《信心密
码》中所表达的），认为是女性的完美主义拖累了她们的雄心抱
负、阻碍了她们的成功。"我就要跨过那道完美主义门槛了，只
不过还是应付不来，因为你达不到自认为应有的那种职业水准。
所以现实情况是，我还是急流勇退比较好。"然而，一转眼，她
又解释说，决定辞职是因为事实上她已不再像 20 岁时那么"野
心勃勃"了。

46

　　同我交流的妇女们的经历，通常既不能印证她们缺乏抱负
或自信所以辞职的观点，也不符合辞职是她们自愿做出的自由
选择的看法。然而她们都用选择与信心文化的说辞，及其个人
化和心理层面的语言来解释或重构这段经历。妇女面临的、将
其逼出职场的外部障碍被改写成了内部障碍：我不是职场妈妈
的性格类型，我有完美主义的毛病，没有所需要的雄心壮志。

　　另一个例子进一步说明了这些妇女对其经历的阐释自相矛
盾，以及他们是如何借抱负／自信与选择的话语来重塑自己的
经历和自我认识的。学医科的苏珊起初接受的是临床遗传学的
训练，但为了顺应丈夫金融业的高要求工作，她放弃了当一名

遗传医师的梦想，成为一名全科医生。随丈夫的工作调动移居他国后，她完全辞掉了带薪工作，在接下来的 11 年里全职照料三个孩子。苏珊离开职场、不再上班，很大程度上是由于丈夫的工作时间太长。"他上班太早，回家太晚……我们总是被他的工作牵着鼻子走。"她解释道。然而，虽已明确谈到丈夫的职业对自己工作生涯的决定性影响，她还是一再称自己"从来就不大有野心"。当我问她："你学了这么多年，一直行医，还计划成为临床遗传医师，怎么还说自己不大有野心？"苏珊答道：

> 我觉得部分是因为那是我［停顿］……我是说，我觉得要是自己真有野心就不会放弃工作，真的。但是，也是，感觉是有点自相矛盾。但是［停顿］……是啊，是有点自相矛盾［笑声］。［沉默］是的，我觉得［停顿］，我觉得要是我真有野心我就应该，就应该……刚才说过，我就不会去照顾［孩子］而是继续工作，你明白吗。

如此简短的一段话中的多处停顿、沉默、断断续续的句子和笑声，流露出跳出或反对"向前一步"的自信／抱负论来解释这段经历时实实在在的挣扎。苏珊认识到想当临床遗传医师的远大梦想和自己为追求梦想付出的实际投入，与她对没能实现梦想的解释（即缺少足够的野心）之间的矛盾。但她通过接受诸多常见说法，包括有些学术言论所推崇的解释——女人就是不如男人那么有野心——来化解，或不妨说是否认了这一矛

47

盾。苏珊这样的女人没有质疑选择与自信文化论，以及为何她们的亲身经历与这种论调不符，而是内化了所有矛盾，怪罪自身。同我交流的妇女们用与亲身经历明显不符的理想和话语来评判自己。第 2 章将探究妇女面对主宰了当代性别、工作与家庭讨论的工作与生活相平衡的迷思，是如何解释自己的经历的，以此进一步探讨此种意义构建策略及其带来的沉痛后果。

第2章

平衡型女人 vs.不平等家庭

迪希特的平衡型女人

贝蒂·弗里丹 1963 年指出，广告商，"美国商业的操纵者和它们的客户"，是创造、维持和强化"女性的奥秘"的根本力量。[1]"操纵式商业"（manipulation business）的引领者之一是欧内斯特·迪希特（Ernest Dichter）博士，他是消费者市场研究的先驱人物，在 20 世纪 40 年代中期掌管纽约州韦斯特切斯特（Westchester）的动机研究院（the Institute for Motivational Research）。迪希特认为，广告的核心作用在于允许消费者"自由享受他的生活"。[2] 他相信，如果得到妥善的引导，消费能够成为一种疗愈和自我实现的形式。通过对美国家庭主妇进行所谓的"深度"采访，迪希特和他的动机研究员们试图理解消费所回应的深层次心理需求，以及如何将它们用到商品营销上。"操控得当的话，"当弗里丹拜访研究院时迪希特告诉她，"美国家庭主妇能够通过购物获得身份感、目的感、创造感、自我实现感，甚至是她们所缺失的性快感。"[3]

1945 年，为研究家用电器的消费状况，迪希特对 4500 名拥有高中或大学学历的美国中产阶级家庭主妇进行了一次调查。弗里丹注意到："这是一项'家务心理学'研究，'妇女对家用电器的态度同她对家务的整体态度密不可分。'［迪希特的报告］提醒道。"[4] 该研究将美国妇女分为三类，每类代表一种独特的心理倾向。第一类（迪希特的报告显示，当时 51% 的妇女属于该类）是**真正的家庭主妇**。她强烈认同自己作为家庭守护人的角色，从为家人打造舒适而有条不紊地运转的家中获得无与伦比的自豪感和满足感，对家庭责任极度热心。光谱的另一端是**职业妇女**（或者**未来的职业妇女**）。她们认为妇女的主要位置不在家里，"家务琐事是生活中的低级任务"。[5] 她们向往独立，即便没有真正的事业，也梦想着拥有一份，对家务感到厌烦和沮丧。研究解释道，这两类妇女都不大可能是家用产品的热心消费群体。职业女性过于挑剔，并且从卖家的立场来看显然是不健康的，而真正的家庭主妇由于信奉"自己动手"的信条，不愿意接纳新设备。[6]

理想的消费者是第三种，**平衡型女人**。她们在感情上最为充实，因为她们知道，自己既有能力做家务，**又**有能力工作。她们渴望创造，会关注并参与一些家庭范围以外（"在社会行动、教育，甚至政治方面"）的活动 [7]，而且在专职做主妇之前可能有过其他职业。与此同时，她们一心一意地理家，决心"把自己的执行力用到'经营好家庭上'"。[8]平衡型女人"变得更像整个家庭运营的合伙人"[9]，包括涉足她以前不感兴趣或不曾接触的领域和活动，比如操作和修理家用电器，或者开车。**家庭内部的隔墙正在倒塌。**[10]迪希特指出。新的现代平衡型女人是战后美国社会、政治和经济转型，以及劳动和亲密关系中性别分工改变的结果。"在这种极不安稳的年代，"他写道，男人"不想娶一个小可人儿做妻子，她们甜美却无用"；相反，他们要的是自信、成熟、"能成为自己搭档"的女人。[11]

平衡型女人代表着最有潜力的市场，因为她们能被引诱尝试一些理论上可以更省力的家电产品，从而从家务的苦差事中解放出来。那些产品一边自称能增加她们的空余时间，一边利用了她们主妇当得不够敬业的负罪感，以及把家务和创造融为一体的渴望。[12]迪希特的研究结论向广告商及其客户传达了一道明确的信息：

> 让越来越多的女性意识到加入这个［平衡型女人］群体的好处。引导办法为，向她们宣传这样可以保留家务以外的兴趣，（不用成为职业女性就）能随时关注更大范围的思想动向。优秀的家务管理艺术应当成为每位普通女人的目标。[13]

斯劳特的平衡型女人和
政策话语中的工作生活平衡论

弗里丹猛烈抨击了迪希特的动机研究，以及隐性诱导商业和它的操纵大军。她指责它们"劝说主妇待在家中，被电视搞得迷迷糊糊，她们与性别无关的人性需求都不被考虑，不被满足，被性别取向的销售一股脑儿导向购物"。[14]迪希特的研究已经过去了70年，《女性的奥秘》也出版了半个多世纪，发达国家女人的再现和现实都发生了深刻的变化。真正的家庭主妇和平衡型女人不再是理想女人的代表（尽管她们对公众的想象可能仍留有一丝影响）。[15]20世纪70年代末以来，新的理想女人类型兴起，其中最突出的是职业妇女形象——充满力量、飒爽自信、"秀发飘扬的女人"[16]，一手抱着孩子，一手拎着公文包——渐已占据西方文化媒体领域的中心。20世纪50年代还是少数的职业妇女群体，现在已成了大多数。在英国，16~64岁妇女的就业率为70.2%（相较于同年龄段男性的79.5%），而在美国，进入劳动力市场的妇女有56.7%（相较于同年龄段男人的69.1%）。[17]

然而，这些（相对）乐观的数字掩盖了诸多由来已久的不平等，包括从事兼职、低收入、不稳定工作的女人比例高居不下，长期存在的男女薪酬差距，以及与整体女性相比母亲的就业率很低。正如引言中所指出的，尽管过去50年中女人的劳动参与率大幅上升，但受益者大多是一般意义上的女人，而非特指母亲。此外，母亲的劳动参与率明显低于父亲。在英国，已婚／同居母亲中在职的有 74.4%，而已婚／同居父亲中在职者占了 92.6%。[18] 在美国，参与职场的母亲为 70.5%，而父亲为 92.8%。[19] 同样，作为 20 世纪 80 年代新典范的职业妇女或超级妈妈形象，也是"对残酷现实的乐观掩饰"。[20] 因为那要求她们达成公共和私人领域两方面的期望，同时保持二者相互独立、互不干扰，服从这一要求实在令她们身心俱疲。[21] 随后，正如第 1 章提到的，职业妇女的文化理念和"拥有一切"的超级妈妈形象遭到了学者、政策制定者、业界和员工的猛烈抨击。Facebook 首席运营官谢丽尔·桑德伯格的著作《向前一步》使推翻这一理想化有害形象的呼吁进一步普及，"寻求一种健康的成功女人形象。首先不能套用男人形象，其次不能是那种抱着哭闹的孩子打电话的白人妇女"。"在我们达成目标之前，"桑德伯格警告，"妇女还得继续忍受要成功就会不讨喜的现实。"[22]

大众女性主义倡导者的这类观点，代表西方中产阶级白人妇女已经无形中转向了一种新型进步观念。她们提倡一种（较）新的妇女理想，即谋求发展的妇女在工作和家庭之间构建一种巧妙的平衡。女性主义研究员凯瑟琳·罗滕贝格指出，早前公众视野中流行的中产女性形象，比如美国法律电视喜剧《甜心俏佳人》（*Ally McBeal*，1997—2002）中的艾丽·麦克比尔（Ally McBeal），或 HBO 的流行剧作《欲望都市》（*Sex and the City*，1998—2004）中的卡丽·布拉德肖（Carrie Bradshaw），虽然在职业和性上获得了解放，但仍旧渴望异性恋爱情和婚姻。[23] 相比之下，当代电视剧《傲骨贤妻》中的艾丽西亚·弗洛里克、《权力的堡垒》中的比吉特·尼堡和小说《到底有多难？》（*How Hard Can It Be?*）中的凯特·雷迪（Kate Reddy）这类虚构角色，或者育有九个孩子的女企业家海伦娜·莫里西（Helena Morrissey）[24]、谢丽尔·桑德伯格和安妮-玛丽·斯劳特这类现实女性首要关心的，"往往在于能否成功调和人生的这两个层面"。[25] 21世纪的中产女性所追求的，是全面发展："女性的困境和矛盾似乎不再是如何迈入公共行业或找到合适的对象，而是如何从二者平衡中找到快乐——平衡之道本身成了女性进步的新标志。"[26]

对平衡之道游刃有余的模范"全能妇女"与"工作与生活相平衡"的理念密切相关。后者自20世纪晚期以来一直是发达国家政策话语的重心。它是在全球化、科技迅猛发展、人口老龄化，以及出生率和劳动参与率（尤其是母亲参与率）下降引发担忧的背景下产生的。此前提出的"工作与家庭相平衡"理念认为，若个人将工作与家庭责任置于同等优先的地位，便能平均发力而两头满意。然而，平衡理念又被指责偏向有家庭责任的员工，因而引发了职场上非家长人士的强烈抵制。结果，"工作生活平衡"这个词在学术和政策领域被广泛讨论，并在谈判员工在单位的精力、时间和出勤时，对增加员工工作弹性和自主权产生了影响。[27]

20世纪80年代，随着越来越多的妇女（尤其是越来越多的中产女性）涌入劳动力市场，工作与家庭冲突的问题成为发达国家女权讨论的议题，而平衡工作与生活成了主宰性的解决方案，常常伴随着给予（妇女）员工更多选择的理念。大量研究表明，如果实现工作与生活的平衡，员工会表现出更强的组织认同感和工作满意度，有益身心健康。它还会降低产后复工妇女的缺勤率，使她们更好地融入工作。另一方面，如果平衡工作与生活的需求未能满足，则会对员工的身心健康和工作表现造成不良影响。[28] 因此，在发达国家的国家和职场政策话语中，"人们常常想当然地认为，工作与生活相平衡是建立在双赢的基础上，员工的意向与雇主想要提高工作实践（尤其是工作时间安排）弹性的愿望相一致"。[29]

尽管严格意义上，平衡理念及其相关词"弹性"（flexibility）同时涵盖男人和女人，但一直以来都是透过妇女就业的视角来讨论的，被表达成一个妇女的问题，而且至今依然如此。[30] 正如研究员梅利莎·格雷格（Melissa Gregg）所称，在政府政策和流行文化中，工作生活平衡论和弹性工作都被构建为**妇女**的理想，是"女权运动在工作这个公共领域获得成果众所周知的表现"。[31] 可是，在政策和流行话语中被视为慷慨、进步的工作安排的工作生活平衡论，也常常认定妇女是主要的家庭照顾者，或女性主义作家丽贝卡·阿舍（Rebecca Asher）所称的"家长主力"（foundation parent）。[32] 格雷格指出，把关注点放在支持妇女对理想工作时间和地点的选择上，"再次突出了妇女对弹性工作的'天生偏好'"。[33] 最近一场针对英国电话会议服务的广告宣传 Powwownow 就生动地证明了这一点。妇女被表现为弹性工作的不二受益人（因此也就是这项服务的受益人）。在其中一则广告（图2.1）中，一位身穿运动装的母亲以"弹性"的

图 2.1　Powwownow："弹性工作万岁"（妈妈版），平面广告，2016年。图像来源：Powwownow UK.

图 2.2　Powwownow："弹性工作万岁"（男性版），平面广告，2016年。图像来源：Powwownow UK.

身姿平衡着笔记本电脑，同时一边下腰一边打电话，她的女儿则一脸不解地看着她。在这场宣传的另一则广告（图 2.2）中，一名身着职业正装的男士，拉开一个典型的老式文件柜，被一旁"弹性"（且有点可笑）的女员工吸引住了：她们得到了"解放"，好像不是在做严肃、重要或紧张的工作，而是富有乐趣的体育锻炼。三人组中间那人虽穿着女性健身服，但其性别并不完全明确。

对平衡观念和弹性工作安排的采纳，与政策和大众话语中的性别偏见密切相关。拖家带口的妇女最有可能选择兼职工作和（或）缩短工作时长这类方案，而接受这类安排的男人相当有限，即便在丹麦和瑞典这种性别平等政策最进步的国家也是如此。[34] 目前最常见的弹性工作是兼职工作。在英国，41%的妇女选择兼职工作，而男人中仅有12%。[35] 选择兼职工作的妇女中，超过五分之二主要是为了腾出时间照顾孩子或无法自理的成年人，而兼职男人中只有5.7%是出于这个原因。[36] 在美国，兼职女人的数量几乎是男人的两倍（女性1771.6万人，而男性为985.3万人）。[37]

正是在这一政策和文化背景下，平衡型女人再度成为理想女人形象。她显然是随着公共话语中性别平等的日益凸显，以及政策和职场措施向更加公平、进步发展的势头应运而生的。她承认，20世纪80年代那种秀发飘扬、完美实现事业与家庭双丰收的超级妇女是虚假的。[38] 21世纪的平衡型女人告诉中产妇女：我知道协调工作和家庭生活有多困难，毕竟对女人的家庭责任还存在着根深蒂固的成见和由来已久的认知，职场规定要做到真正适合家庭还有很长一段路要走，而且照护的价值在我们的社会中是被低估的。不过，巧妙地平衡工作与生活是可能，也是可取的。在工作与家庭、私人生活与公共生活之间建立愉快的平衡是可行的。

56

这一观念在近期各类畅销书中被来回翻炒，包括桑德伯格的《向前一步》、米尔斯（Meers）和斯特罗贝尔（Strober）的《工作生活五五分：职场父母如何通过分担拥有一切》、莫里西的《女孩的黄金时代》（*A Good Time to Be a Girl*）和斯劳特的《未竟之业》。又流传于女性杂志的建议专栏，专门讨论女性问题的报纸版块（例如《赫芬顿邮报》上的女性版块、《卫报》的女性领导力专栏、《每日邮报》的女性频道等），以及一大堆旨在帮助人们——尤其是妇女——实现工作生活完美平衡的应用软件。Cozi Family Organizer、Daily Routine、TimeTune 和 ATracker [39]等应用软件被推销为女人自我行为管理、令"平衡工作与生活成为现实（而不仅仅是幻想）"的有效工具。正如在线杂志《职场母亲》（*Working Mother*）所阐释的：

> 你热爱工作，但你也爱家庭和留给自己的时间。再说，太多的加班加点会消磨掉你的工作热情。所以，要想保持愉快、健康、高效和理智，就必须在工作和休息之间取得平衡。
>
> 如果你需要一些帮助来约束自己，这六款应用能提供独特、有效的解决方案。从屏蔽电子邮件到保持冷静，这些妈妈专属应用能助你实现工作与生活的和谐共进——而不仅仅是朋友（和杂志）常做的无谓建议。[40]

流行文化中的母亲形象也重申了类似的进步观念，以及谋求发展的妇女应当在工作和家庭之间建立巧妙平衡的理想。例如，第1章提到的电视剧《傲骨贤妻》，就讲述了在争分夺秒的长时间工作与家庭生活之间达成平衡是何等困难。片中主角艾丽西亚·弗洛里克常常在孩子们吃晚饭时还在一旁工作，或者在接听工作电话时顾不上孩子，哪怕他们都晃到了她跟前。严苛的工作导致她错过了孩子们的成长；而另一些时候，做母亲的责任又影响了她的工作表现。即便如此，艾丽西亚最终还是在竞争激烈、争强好胜、要求苛刻的工作环境中享有成功的事业，同时成为"最佳妈妈"（#1 Mom）——一如她办公室笔筒上别着的便笺所示。工作虽然要求高，但收获不菲；艾丽西亚经常因为表现出色受到老板、同事、家人，甚至竞争对手的赞赏。在能够傍晚下班、早早到家的日子，她虽然疲惫，但也会喝点葡萄酒解乏，然后平静、耐心地照顾孩子们。她会和他们度过一段亲密时光，一起蜷在沙发上看电视，进行艰难但坦诚的交流（比如谈论他们父亲的性丑闻），一起开怀大笑，在身体和情感上抚慰他们。[41] 工作期间，哪怕高度专注于工作，她也随时准备接听孩子们的电话，她独特的手机铃声（"喂，妈妈，快接电话"）甚至打断过最重要的工作会议，这是她毫不妥协地履行母职的标志。全职工作的头两年，艾丽西亚多亏有婆婆杰姬的帮衬。然而，杰姬无偿、全天候的保姆工作给艾丽西亚的成功表现和职业晋升带来的助力，在剧中显得微不足道。她被刻画为指手画脚、专横无理、过度干涉的形象，而且她的辞工未给艾丽西亚一如既往的优秀工作表现带来实质性影响。[42]

因此，艾丽西亚在许多方面都代表了平衡型女人，在好妈妈和成功职业人士之间达成辛苦却值得的巧妙平衡。

然而，艾丽西亚缺少理想平衡型女人的一个重要构成条件：对的伴侣。在《向前一步》中，桑德伯格用整整一章来规劝妇女把伴侣培养成"真正的伴侣"——此处所说的伴侣指异性恋男人。她主张妇女在一段关系开始时，就必须建立劳务分工，并鼓励男性"向家庭迈进一步"。[43]《工作生活五五分》《未竟之业》和大量其他类似的"女性主义"自助/商业类书籍也提出了类似的观点，即妇女有责任选择对的伴侣，并从一开始就培养他成为真正的伴侣，贯穿整个婚姻生活。[44]桑德伯格、斯劳特（《未竟之业》作者）和莫里西（《女孩的黄金时代》作者）也确实为她们的伴侣感到自豪，他们是她们身居要职的后援和助力，协助她们登上顶峰，同时自身也事业有成（可惜，桑德伯格的丈夫戴夫·戈德堡［Dave Goldberg］在《向前一步》出版一年后就去世了）。

最近的广告利用这一局限于异性恋视角的"进步"说法，把男士表现为照顾孩子、分担家务的积极伴侣。例如，巴克莱信用卡公司（Barclaycard）的一则广告（图2.3）就展现了一个男人带着两个孩子在户外的场景——男孩开心地抛着球，女孩骑着滑板车，打电话（可能是在谈工作）的父亲手上和肩上挂满了购物袋、鲜花（可能是要插到家里的）和干洗衣物。在英国法通公司（Legal and General）一个人寿保险产品的广告中，儿子骑在父亲肩上，两人都穿着超级英雄的衣服。上面的广告

图 2.3 巴克莱信用卡公司："今天我的压力会小点"，平面广告，2015 年。
图像来源：BBH Partners LLP.

语是："谁叫超人老爸也不是万能的呢。"在另一则广告中——
这回是冰淇淋广告——一名穿着胸前带有字母 D 的超人服装的
父亲在陪孩子玩耍，图片一侧用漫画风格的字样怂恿男性去"当
超级爸爸"。

　　政府也加入了鼓励男人多融入家庭生活的行列。社会政策 59
研究者乔纳森·斯库菲尔德（Jonathan Scourfield）和马克·德
雷克福德（Mark Drakeford）证实，20 世纪 90 年代，英国新工
党政府在多个政策领域都提到了男人，最明显的是父育（和男
孩教育）。新工党（New Labour）政府比前几任政府更积极地强
调父亲的养育责任。例如，英国政府 1998 年推出的、旨在"给
孩子最佳人生起点"的"确保开端"计划（Sure Start），有几个
基金项目就明确希望父亲多介入子女养育；作为英国就业与养
老金部（Department for Work and Pensions）交付部门之一的
儿童救助署（Child Support Agency），就单独强调了父亲的经

It only takes a moment
to make a moment.

Take time to
be a dad today.

fatherhood.gov
smakeamoment

图 2.4　Fatherhood.gov，"花点时间当好爸爸"广告宣传。图像来源：Ad Council and National Responsible Fatherhood Clearinghouse.

济责任 *。[45] 在美国，公益广告协会（Ad Council）、美国卫生和公共服务部（US Department of Health and Human Services），以及国家负责任父亲信息交流所（the National Responsible Fatherhood Clearinghouse）推出了一系列公益广告，目的是为男士提供工具和信息，帮助他们更好地参与子女培养。那些广告鼓励父亲们"花点时间当好父亲"，要意识到自己在孩子成长中所起的关键作用（图 2.4）。[46]

---

* 言下之意，是需要给父亲们的工作减压，让他们腾出更多精力去照顾孩子。

即便如此，这些广告和政府指示的重点仍在男士如何当**父**亲上，强调的是参与孩子的玩耍和教育活动，而很少看到鼓励男士分担家务劳动的。[47]而且，就如证据一再显示的那样，家务分工极不平等，大部分担子一直压在女方身上。在英国，国家统计署（Office for National Statistics）关于时间利用的一项数据分析表明，妇女投入在做饭、育儿和家务中的无偿劳动时间是男人的两倍还多。[48]在美国，女性平均每天花在家务上的时间为2小时15分钟，而男性仅为1小时25分钟。[49]

然而，文化和政策话语常常暗示，将男人培养成"真正的伴侣"是女人的责任。[50]美国外交政策专家安妮-玛丽·斯劳特呼吁妇女克服她们"女超人式的完美主义"（superwoman perfectionism），让丈夫用自己的方式为家庭尽力，建议妇女："闭上眼睛，想象放下一切——包括心目中他人对你的期望，还有你对自己、对伴侣和房子的期望。"[51]只有这样，才可能成为平衡型女人。

因此，当代"妇女解放进步论的终极目标"[52]，显然诡异而略带讽刺地绕回了守旧的"女性奥秘"。例如，迪希特的分类和凯瑟琳·哈基姆广为流传的偏好理论之间有着惊人的相似：迪氏分类中是真正的家庭主妇、职业妇女和平衡型女人，而哈氏则是以家庭为中心、以工作为中心和希望兼顾工作与家庭的适应型妇女三类。[53]当代的平衡型或适应型女人，当然不像20世纪50年代的理想模范那样被束缚在家庭领域，而且声称与伴侣之间的关系也更加平等。可即便如此，她也需要令人不安地

60

61

履行相似的心理义务：在公共和私人生活之间取得良好的平衡，同时使两者相互独立、互不干扰。在 21 世纪，真正获得解放的妇女的理想，是"能够同时对接私人和公共领域，**既不否定也不轻视任何一方**"。[54] 把迪希特的话稍加转换，我们可以说，当今政策和公众话语所传达的要旨是，良好的平衡艺术应当是每个普通（即中产阶级）妇女的目标。

不平等的家庭

妇女的自述显示，她们辞掉工作、不再回到带薪岗位，不仅受到自己，更受到丈夫工作环境的影响。与其他欧洲国家相比，英国父亲的工作时间是最长的之一。[55] 事实上，受访妇女的伴侣几乎都在从事高强度、高要求、高时长的工作，因此得以让家庭依靠一个人的收入过活。伴侣的工作状况及其赖以运作的职场文化，对妇女们所谓的自愿辞职有着重大影响，而且很大程度上阻碍了她们重返职场。举个例子：

葆拉是位 43 岁的母亲，有两个孩子，一个 10 岁，一个 12 岁。她在一家律师事务所做了八年的律师，然后结婚，不久怀了第一个孩子。休完六个月的产假后回去继续工作，但一年后因事务所被一家美国公司收购而遭到裁员。她决定放低要求，在一家政府机关担任法律顾问，每周工作三天。一年后，她的第二个孩子出生。尽管二胎后再回来工作让她感到很吃力，但她仍旧热爱工作。葆拉尤其珍视工作带给她的"能够掌控一些东西"

的感觉，因为相比之下，她常感到养育子女时能掌控的非常有限，甚至掌控不了。过去，在忙碌的周末过后，她常常期待周一早晨的到来，让她从母职的压力和琐碎中获得喘息。然而，第二个孩子一岁生日后不久，葆拉辞掉了兼职工作。她解释说：

> ［我辞掉兼职］最主要的原因，是我丈夫的工作压力特别大，特别不规律，所以……就是在那个时候，我决定辞职……我老板他们很欢迎想要兼职工作的人。他们超好。老板们超好，因为他们允许你兼职工作，而且我很努力地去争取那份工作，通过了面试之类的所有环节，这……这是一件……这是一件非常……［重返工作］这本来是件好事，真的，不过我却……我感到家里需要我。

葆拉满足了政策和媒体表述中列出的实现工作与生活巧妙平衡的两项必要条件。首先，她以前的工作单位有进步的、落到实处的"弹性政策"（而不像很多用人单位，弹性政策基本上是一纸空文）。[56] 其次，葆拉的公共和私人生活是"平衡的"：她是个有才华、专注、做事有条不紊的人，渴望实现作为职员和母亲的**双重自我**。她努力拿下了那份工作，干得美滋滋，同时也想当好母亲，并且在当母亲时也获得了不少乐趣。她想继续追求事业和母职。因此，葆拉的辞职决定并非由于缺少或丧失了平衡。相反，如以上片段和她的整个采访所示，促使她辞职的主要原因是丈夫的工作：他在一家传媒公司担任要职，通常晚上 10 点半才回家。丈夫的工作文化和工作要求很大程度上造成了**家庭内部**的严重失衡，正是这一点迫使葆拉离职的。对葆拉以及大多数其他受访者来说，这片忙乱中缺失的不是什么个人偏好或个性的平衡：这些妇女不属于哈基姆那种以家庭为中心的类型，也没有什么当居家主妇的天性需求。缺失的关键部分，是家中的丈夫。

对于很多受访妇女的丈夫来说，工作日见不到醒着的孩子这种情况并不罕见：他们早早离家，等孩子都睡着了才回来。塔尼娅是两个女儿的全职妈妈，50 岁不到。她过去是一家律师事务所的合伙人，有时会劝丈夫试着每周和孩子们一起吃一顿早饭。"然后他说'知道了，知道了'，就是从没兑现过。不过我明白为什么会这样，因为我也当过律师。"塔尼娅解释道，"日程都排满了，只好把这个放一放。"苔丝曾是一名新闻社主任，丈夫是一名律师。她曾不无讽刺地说，丈夫"在家里睡着的时候比真正醒着的时候还多！"

丈夫在家庭中的缺位——至少工作日时如此——造成、维持并继续制造了日常婚姻生活中严重的性别不平等，尤其是在（但不限于）育儿和家务方面。尽管我采访的妇女们用得起托儿服务，而且很多总体上对她们的育儿安排还比较满意，但寻求托儿服务、管理育儿工作的担子几乎全让她们扛了。孩子病了请假照顾，带他们去看医生，出席他们幼儿园或学校的活动，接送他们参加社交活动，这些几乎总是妈妈们的任务。即便女性所居职位与丈夫相当，有同等或更高的收入，可家务分工仍

63

是一如既往的不平等。就像过去和丈夫一样是律师事务所合伙人的塔尼娅所回忆的：

> ［上班的时候］从下午 4 点开始，你就会想："噢，老天，我要怎么离开这儿？"然后突然之间到了 6 点 45 分，必须走了，这时候回家已经是最晚最晚了。我雇的保姆一直做到 7 点半，所以我那个点回家已经相当晚了。她从早上 8 点一直留到晚上 7 点半……我可以打个电话，说我得加班到晚上，但照顾孩子的事总归落在我头上。要知道，我那口子该干嘛还是干嘛。

"为什么会这样？"我问。

"就是说啊！"塔尼娅愤怒地喊道，就好像我一语道破了她在脑海中暗暗问了自己好久的问题。她顿了顿，叹了口气，继续道：

> 就好像，你懂的，那是我［叹气］……那是我女人角色的一部分。所以他不会想："哦，我今晚不能加班，得赶快回家。"然后嘛，我们有时候会聊一下，你懂的，我会说："唔，你得先回去，因为……"［然后他会说］"不行，不行，我还要做这事儿。"［略带讽刺地模仿他郑重其事的语气。］然后我就说："什么，不行！我还要做这事儿！"结果，还得由我来打电话给保姆说："啊，你能再留一个

64

小时吗？我得把这事儿做完。"之后我就回去，替下保姆，哄女儿上床睡觉，然后在电脑前待上两个小时或检查其他人的文件……

塔尼娅的描述生动反映了双职工家庭异性恋婚姻生活中日常上演的讨价还价，以及通常由女人让步的默契局面。她所说的丈夫"该干嘛还是干嘛"、料理家庭"是［她的］女人角色的一部分"，影射出这一常见局面背后根深蒂固的"常规"性别角色和分工观念。塔尼娅竭力挑战和反抗这种顽固的"常规"："什么，不行！"她和丈夫对峙："我还要做这事儿！"然而，她的反抗被无视了，"结果，还得由我来打电话给保姆"，这种"常规"的不平等家务分工再度生效，再次延续下去。

有这种经历的不仅是塔尼娅。[57] 她这一代成长于英国和美国的妇女，都被政策和文化信息鼓励要事业和生育双管齐下。但同时，就像安杰拉·麦克罗比指出的，这类政策和信息既让丈夫们"有机会追求事业而不受女人抱怨，也没有要求他们限制工作时间以便在家务上尽同等义务"。[58] 虽然如今鼓励男人向家庭"迈进一步"，也鼓励女人去鼓励男人这么做，但男人所处的工作文化和规范基本上还是老样子，很多顽固的"常规"家庭分工观念依旧存在。因此，在工作生活平衡理念和个人选择理念风行起来的同时，有些根深蒂固的成见和顽固的制度障碍似乎也得到了巩固。

大量研究充分显示，文化再现，以及从广告、新闻、戏剧、杂志、图书、电影、政策到社交平台与应用软件的媒体和政策话语，在反映、建构与合理化所谓的正常、自然和不可避免的社会关系、安排和性别角色上，具有强大的力量。[59]尽管媒体对其描绘的女人和男人刻板形象所招致的批评有所反思，而且对性别角色的再现有了一些显著改善，但守旧的建构仍然存在。[60]过去几十年的研究不断表明，媒体对妇女的报道一贯不充分，而且不准确。全球媒体监测项目（Global Media Monitoring Project）自1995年起监测新闻媒体内容中性别维度的变化。它在2015年披露，自2010年以来，"媒体性别平等的进程几乎停滞"。[61]例如，调查发现，"总体上，仍和十年前一样，妇女被描述为受害者的概率是男人的两倍还多"。[62]同该结果类似的，还有妇女媒体中心（Women's Media Center）在2017年基于对一众新闻机构连续三个月的监测数据发布的报告《美国媒体中的妇女地位》（*The Status of Women in the US Media*）。其中显示，这些机构的新闻报道中充满了顽固的性别歧视、言论倒退、不充分报道、歪曲事实，和公然叫板。[63]

我的受访者们很少直接谈到媒体、文化或政策对"正常"性别角色的构建与她们私人经历之间的联系。然而，正如塔尼娅的自述所示，关于何为正常、何为理所当然的公共话语和文化建构，虽往往间接无形，却潜移默化地影响着她们的生活。

这类"正常"性别角色的守旧观念赖以传播，并有力地约束妇女思想、情感和行为的途径之一，是她们的父母、伴侣、朋友、同事，以及孩子的学校所表达的看法。这些看法常常涉及更大的性别、家庭和工作文化理念，并反过来又强化了它们。例如，在市场经理露易丝参加的一次晚间家长会上——她直接放下工作赶过来，而丈夫则"工作上抽不开身"——老师语带批评地指出父母都全职工作会给孩子的健康和学习成绩带来负面影响，暗示露易丝，孩子在校的不良表现是她的错。"我觉得太过分了，实在太过分了！"露易丝回忆道，然而她承认，那番话"说到了［你的］心里"："只要你做全职工作，就必然承受这种污名。"大多数妇女谈到，感觉自己从事高强度全职工作的选择受到了其他不工作或只兼职工作的妈妈们的指指点点。好几位女士回忆起自己的婆婆尽管通常不明说但非常明确的态度，认为她们（儿媳妇们）应该辞掉工作当全职主妇，以便辅佐丈夫繁重的事业。

丈夫对于女人在家中合适和正常角色（及由此反映出的对自身角色）的看法，即便是含蓄表露的——或许正因为如此——对妇女也有重要影响。以蒂姆为例，他是一家科技公司的首席执行官，妻子是全职主妇。蒂姆为他和妻子所谓的平等型"团队合作"关系感到由衷的自豪。像我采访的很多妇女一样，他也精通女性主义论调。"我们已经比我们父母那批人要进步了……他们住在郊区的大房子里，过着非常传统、有明显性别隔离的生活。"他告诉我。但他激动地承认，性别平等还有很长的路要走。"看看市议会的性别分布，看看政界的性别分布……说到底，就是这方面还有讨论的余地，而只要还有讨论的余地，我们就还没有脱离性别政治，不是吗？"Facebook 首席营运官谢丽尔·桑德伯格和雅虎总裁兼首席执行官玛丽莎·梅耶尔就是"新就业模式的典范"，蒂姆以发自内心的乐观态度评议道。然而，当描述妻子之前作为艺术馆馆长工作时，他解释说："那个从来不对家庭收入有多大用，而是她自我实现的一部分……［那个］对我们的生活没有实质性的帮助。"相比之下，他把自己的工作描述为家庭生活的支柱。他虽多次提到自己从工作生活中获得的满足，但称它与妻子的不同，与自我实现无关。蒂姆解释说，由于妻子的工资太低，他们第一个孩子出生后，她再回去工作就"没意义"了。"她真的对奋力往上爬之类的不感兴趣，这点挺好，"他解释道，"因为要是我俩都那样［从事高要求行业］，就太糟了。"

我问蒂姆，他妻子辞职后，是否出现了经济依赖的问题。他答道："哦，当然了！谁都会碰到这个问题，对吧？"因此，蒂姆一边批判性别政治，自诩为平等型伴侣，一边在实际生活中又接受了传统上男人养家糊口、女人照顾家小的模式；他嘴上说着女性主义论调，却将女人的经济依赖视为常态。这种矛盾深深扎根于女人和男人的陈述之中，受访妇女常常从丈夫的口中听到这类说法（接下来的章节中会进一步探讨）。

职场举措和信息，无论多么进步，多么变通，多多少少还是维系了那套守旧的、父权制的性别角色。研究员塞西尔·纪尧姆（Cécile Guillaume）和索菲·波基克（Sophie Pochic）展示了公司的组织化措施，尤其是人力资源措施，是如何建立在潜在的传统性别价值体系上的。那种价值体系将妇女归于家庭生活，男人归于公共生活，这便助长了不平等的家务分工和职业分轨。[64] 例如，职业晋升与员工的地理流动性和随时到岗能力挂钩。谢丽尔是美国一所大型高校的高级筹款人，她含泪告诉我怀孕是如何"完全打乱了"她的事业的。她本处于职业生涯的"突破关口"，但当母亲后，就再也无法应付工作所要求的长途通勤和频繁商务出差了。尽管老板从没说过这就是她不能晋升的原因，但谢丽尔很清楚，怀孕在毁掉她的事业上起了重要作用。对其他妇女的访谈也证实，这条潜规则令她们中的一些人无法像男同事那样快速、轻松地青云直上，最终导致她们辞职。然而像谢丽尔一样，她们往往将错误内化、个人化。谢丽尔认定职业偏离正轨是自己的责任："**我**怀孕'完全打乱了'我的事业。"因此，尽管自20世纪90年代以来，新性别契约已成为社会鼓励妇女遵守（并鼓励男人支持）的主流社会契约，但与之相对的旧契约思想仍在流传，并对女人和男人的生活产生了重大影响。

丈夫极其有限的育儿投入、紧张的工作要求和在家中的缺位，加上上述文化观念，共同造就了不平等的家务分工，而这又进一步迫使女性做出辞职决定。虽然她们几乎都雇了清洁工——这是很多低收入家庭负担不起的奢侈——但日常的家务管理仍主要是女方的责任，这在一天的工作下来后显得尤为繁重。比如，前高级会计师海伦就回忆了她在工作期间是何等"讨厌家务。一天下来已经一团糟。厨房［必须］要清理，跟在孩子屁股后面收拾，所以一天下来总还要将近一个小时［去搞卫生］"。

"你还在上班时，和丈夫是怎么安排家务分工的？"我问上文提到的前律师葆拉。她答道：

> 啊，主要我做。不，他也做。……他，他，他做很多……
> 他早上会收拾早餐餐具，所以要是……我比较忙，通常早上
> 要四处奔波，于是他就包了那些活儿。不过所有采购，基本
> 上所有做饭，所有洗衣服的活儿都是我来。然后我可能，会
> 稍微，比如说周末的时候……我会说："对了，你能去把洗干
> 的衣服收回来吗？或别的什么。"我的意思是，他确实干活儿，
> 但不，不，不会干那么多，真的。

葆拉的内心深处，在心目中的理想婚姻、理想伴侣和理想
自我，与家庭关系极度不平等的实际现实之间，苦苦挣扎。她
想当谢丽尔·桑德伯格和安妮-玛丽·斯劳特所代表并鼓励她们
去做的那种平衡型女人——达成美妙的平衡，让伴侣负起责任、
尽到他那份力，把丈夫培养成"真正的伴侣"。"他做了很多，"
葆拉护短似地坚持，当她忙着四处奔波时"他会收拾早餐餐具"，
他会（在她要求时）把洗好的衣服收回来。然而，这一厢情愿
的幻想在她承认了活生生的现实后，动摇了："他确实干活儿，
但不，不，不会干那么多，真的。"

葆拉这类女人之所以会有这一矛盾，是因为不同于母亲那
辈，她们从小到大明白了，遵从父权制的旧契约，将会延续甚
至恢复她们个人生活乃至整个社会生活中的严重不平等。我采
访的女性们说着《女性的奥秘》和《第二轮班》的理论，却似

乎无法用它来对抗婚姻关系中的不平等。苔丝以前是新闻制作人，现在是两个孩子的全职妈妈。她极其伤心地回想起，即便和丈夫各自都有着高强度的全职工作时，家务分工"很多时候也是按性别划定的"。

劳拉过去是软件程序员，现也是两个孩子的全职妈妈。她承认自己并不"真的喜欢这种僵化的性别角色"，但"遗憾的是，去城里工作的总是丈夫，照顾孩子的总是妈妈"。珍妮以前是工程师，过去三年里全职照料两个小孩。她谈到自己和丈夫的关系和分工是怎样在头一胎出生后起了变化的："突然间，你知道吗，我们就回到了更传统的性别角色。我在想：我们不是这样啊！我们不是这个样子的！所以，你知道吗，我……我感觉……不管事实怎样，我感觉所有家务活儿都是我在干。而且，你懂的。但是我们不该弄成这样啊……我们不是这样的！你知道吗，我们，我们本来是一起干的！"

这些女人是如何认识自己向往的（或感觉一度实现了的）理想形象，与真实自我或已经变成的样子之间的冲突的？陷入这一冲突的女人又是怎样解决的？一种办法是否认那种平衡型女人理想的可行性和被接受度。"我认为没人觉得自己完全搞定了。我从没见到谁说：你猜怎么着，我找到了工作和带娃的完美平衡！从来，从来没人那么说过。"曾任会计师、现为两个孩子全职妈妈的凯蒂说。"平衡工作与生活是句笑谈，没人真正做到了。"另一位妇女说。相应地，受访女人们否认了（用《向前一步》的话说）把丈夫培养成"真正的伴侣"的可能性：那种有工作，而且对等地分担育儿和家务活的男人是天方夜谭，她们批驳道。否定成为人人羡慕的"巧妙平衡工作与家庭"、把丈夫培养成"真正伴侣"的理想化平衡型女人的可能性，貌似是种解决方案：如果对别人来说不可能，对我来说也不可能。

然而，这似乎只是一种相当不彻底的权宜之计。平衡型女人的形象，以及被妇女们否决了可行性的平衡工作与生活的理念，仍继续困扰着她们，作为一种向往的可能。她们解决这一矛盾的办法，是责备自己未能实现那种理想。她们借用"工作生活平衡"论，用平衡型女人的标准来评价自己，从而得出由于自身原因未能成为那种人的结论。

第1章讨论过市场经理露易丝的故事，她认识到自己面临的问题很大程度上与其工作要求有关，后者对家庭生活极不友好。她甚至对自己的公司采取了法律手段，并成功证明自己遭到了性别歧视。然而，尽管明确之至地锁定了、法律上也证实了公司对她撤职的首要责任，她还是把责任归咎于自身和个人未能平衡好一切：

> 我觉得很内疚……可能有些人就特别擅长那些，我是说，对她们完全是小菜一碟，但对我来说，真的给了我很大压力。有些女人保住了相当高强度的工作，她们的孩子顺顺当当，她们自己也顺顺当当。而且这不……我知道有人做得到，而且做得很好。但对我来说，我只能停下工作……但我确实得要找份工作……我确实得找份兼职。我

得找份工作，得找份兼职，而且我得再试一次，只为达成
那种平衡。

其他那些看起来不费力气就巧妙掌握了工作与生活平衡的
女人，对露易丝的思想和情感起了很强的训诫作用。她们践行
了女性应当平衡的心理义务：要做到，要做得很好，而且正如
露易丝指出的，关键是毫无怨言。露易丝以其他不费力气就能
做得很好的女人为基准衡量自己，她一边贬低自身，一边训导
自己再试一次，去"达成那种平衡"。"我得找份工作。"她重复
了四遍。

与那种结束一天工作回到家后能自然地抛却工作、放松心
态、照顾孩子的平衡型女人幻想——像《傲骨贤妻》里的艾丽
西亚·弗洛里克和其他虚构角色一样——相反，我采访的很多
女人谈到，一整天的工作下来，回到家已是精疲力尽、压力重重。
前文提到的曾经是律师，如今已当全职妈妈照顾两个孩子九年
的葆拉回忆道：

> 我以前常常心情很差，就［笑］……在一天结束的时候。
> 因为我实在累瘫了，你知道，脑子累瘫了。对，那是……
> 那是……我不是［停顿］……我天生不是，那种，唔……
> 我没有［停顿］……大概对待小孩子没有应有的耐心……
> 所以我确实觉得这种事（照顾孩子），对，相当，唔，［沉默］
> 累人。无比艰难，对吧？你感觉那么………我的［停顿］……

很难概括起来…那么的，嗯……

沉默、结巴、笑和不完整的话，都显示出葆拉在表达工作一整天下来的感受时的纠结。这些感受不仅来自疲惫，还有内疚。葆拉感觉自己力有不逮，暗暗用"其他女人"来衡量自己——她们不像她，是"天生的（母亲）"，能在紧张的一天结束后抛却工作，以耐心和爱心照顾自己的孩子。葆拉没有把自己的感受直接联系到特定的媒体或文化形象上，但是在我看来，很多受访者都表现出的这种忐忑不安，应该放到流行再现所助长的强大幻想，以及敦促妇女监督和管制自身行为、身体和情感，从而实现工作与生活平衡美梦的应用程序与平台繁荣发展的背景下来看。受访妇女们尽管敏锐认识到了实现工作生活平衡的不堪一击和所要付出的巨大代价，却仍然坚持这一理想。工作生活平衡成为美国女性主义理论家劳伦·贝兰特所称的美好生活幻想，被妇女们死死抓住。它点亮了一种可能性，不断吸引妇女去追求，但实际上却阻止了她们去解决家庭、职场和社会层面的结构性不平等，而正是这些阻碍了她们愿望的实现。[65]

兜了一圈，回到迪希特的平衡型女人

我采访的妇女虽然未能像安妮-玛丽·斯劳特等人一样实现 21 世纪平衡型女人的幻想，但似乎已经成为欧内斯特·迪希特所划定的那种理想的平衡型女人。我采访朱莉——曾是出版商，如今是有两个孩子的全职妈妈——还不到一分钟，她就解释说："既然决定要孩子,那我就要照顾他们。我要陪在他们身边。不过呢，这渐渐开始影响到你的个人生活，还有平衡……对吧，你得达到一种平衡，不然你就不是他们心中的那个人了。"

朱莉过去指望在工作和家庭生活、公共与私人的自我之间达成的平衡，如今为了孩子（和丈夫，第4章会谈到），转而要求自己在家庭领域追求和实现。前会计师海伦放弃了平衡工作与生活的幻想，总结说"从事像样的、严格的领薪工作会大大颠覆那种平衡"。然而，和朱莉一样，她将实现平衡的计划重新投入全职妈妈的角色中。她自豪地告诉我她是如何平衡"私人"自我——两个孩子的全职妈妈，与"公共"自我——修习非全日制的大学课程的：

> 我不用再把所有东西揩干净收起来，因为的确有更重要一些的事要做——学习。所以这挺好的。要是他们上学期间我能做的只有把床单像医院折角铺叠那样整理，该多可怕，我会恨死家务的……然后，如果偶尔早餐没有牛奶，我也不用觉得内疚了。

"让生活贴合幻想的做法里包含了多少要强啊？"劳伦·贝兰特在其影响深远的著作《残酷的乐观主义》（*Cruel Optimism*）中一针见血地问道。[66] 工作与生活相平衡的美好生活幻想和妇女求取平衡的心理义务压抑和钳制了矛盾，而不是把它展露为社会公开讨论的问题。要强的后果及其让妇女做出的"选择"，将是第 3 章和第 4 章讨论的重点。

第二部分

回归家庭：选择的后果

第3章

甜心妈咪 vs.家庭CEO

和很多接受采访的妇女一样，罗伯托的妻子受过高等教育，生完孩子后辞掉了（会计师）工作，现已年近40。她和罗伯托都在拉丁美洲长大，母亲是全职妈妈；"20世纪70年代的社会期望，"罗伯托说，是"丈夫给你房子住，你去照顾孩子。"然而，如今情形已经大不一样，他注意到："到了我们这一代，要是我妻子休完产假回去上班，完全合情合理。"但他妻子——采访期间他一次也没提过她的名字——"选择"违背常规，照顾孩子而不再工作。[1] 他有些悲哀地告诉我，即便他5岁的女儿，"也已经认识到"妈妈"不合常规"：

> 她朋友的妈妈去学校接她们时，穿的是各种各样的制服，不管在银行工作，还是政府部门，是当老师，还是当警察……但到了她妈妈，你懂了吧……她既不穿西装也不

穿制服；跟其他妈妈相比，完全没特色。我是说，其他人的着装一眼就能认出来。所以我女儿一再问妈妈："你做的是什么……什么工作呀？为什么……为什么你什么都不做？"她认识到这点了！妈妈不工作，妈妈什么也不干！而且我认为这点在她心目中是贬义性质的。

76　对于孩子似乎难以理解的问题，罗伯托和妻子又是怎么看待的？罗伯托告诉我，他妻子休产假时明确打算之后要回来工作。那她为什么却辞了职，而且过去五年都没再干过有偿工作？他试图解释：

> 在我看来，这是她自己的选择。而不管……不管她做什么决定我都支持。我不介意她和……和女儿一起待在家里。我也不介意她像所有职场妈妈一样回去工作。所以我告诉她："对吧，不管你做什么决定都……都……都由你做主。"［停顿］她……她……她……嗯……她要……要……呃……辞职的理由是……她想尽可能多地……陪在宝宝身边。她想要给宝宝，基本上，她所有能给……给……给……给……给的关爱。［停顿］那就是她……她……她，我猜，她为自己辩解的理由，或者，对吧，把它合理化的借口。

罗伯托极力想解释清楚，为什么受过良好教育的妻子变成了全职妈妈，于是诉诸个人选择观。他把妻子描述成可以自由选择的个体，不受任何压力影响——尤其是，任何来自他的压力。无论她做什么决定他都不"介意"，"都由她做主"。但随即他停顿了一下，好像对自己的解释有所怀疑。他在试图找出这个决定背后的理由时犹豫不决、结结巴巴，因为它不仅违背了主流社会规范，也违背了他和妻子的世界观。就像他后来告诉我的，他俩都非常注重平等。他非常自豪学过家庭经济学和性别学，意识到"性别权力是如何运作的"。罗伯托一边坚持用自由选择论来解释妻子辞职带娃的决定，另一边矛盾地赞同女人有养育子女的"自然天性"，说妻子决定辞职的根本原因是希望给予孩子全部的关爱。然而，他又卡住了，结结巴巴，把"给"字重复了四遍才把话说完，似乎不够顺畅，听起来也不大对劲。后来他在采访中指出，毕竟，作为妻子（所谓）辞职理由的宝宝，现在已经 5 岁了，而妻子仍然没有工作。罗伯托总算解释完了，他顿了顿，总结道，当母亲就是妻子为自己的辞职决定"辩解"的理由，就是她把它"合理化"的借口。

确实，对于拥有较高学历的中产阶级妇女来说，辞去本业当全职妈妈的选择需要她们奋力不停地捍卫和辩解，至少最初几年是这样。而对很多女性来说，之后的许多年也同样需要。虽然贝蒂·弗里丹采访的妇女们沮丧、无聊而绝望，但"女性的奥秘"将妇女杂志、广告和指南类著作所推崇的主体身份正当化、正常化、天性化、合理化了。她们似乎体现了那个时代理想化的妇女主体形象，即快乐的主妇。相比之下，我采访的妇女——以及她们的丈夫、孩子——知道自己就像罗伯托所说，是"不合常规"的,自己辞职当全职妈妈的选择是不合标准的。我们在前几章谈到过,如今文化、政治大环境中的理想女性形象,是成功兼顾母职与事业的自信、职业化的平衡型女人。她认识到障碍的存在,但依旧执着追求工作与生活的平衡,主要通过监督和调整自己的思想、情感和行为来达成目标。那么,貌似做出了相反选择的妇女呢?媒体和政策话语是如何建构她的?这些表述背后的真实妇女,又是如何用它们来调整自我身份认同的?要回答这些问题,让我们先来探究一下当代文化和政策是如何描述辞职带孩子的妇女的。对照这些当代叙事和形象所构成的大环境,以及它们对全职妈妈的道德评判,我们再来探讨本研究中的妇女是如何认识和调整自我身份认同的。

媒体和政策话语中的全职妈妈

在英国航空公司 2017 年的一则欧洲海滩度假广告上,一名金发白人妇女和孩子披着亲子沙滩巾,在一片宁静空旷的沙滩上玩棋盘游戏。她们半背对着镜头,目光凝视棋局。两人的打扮和所玩的游戏,暗示她们是一对中产阶级母女,惬意地享受着彼此的陪伴和恬静的氛围。广阔的蓝天占了约四分之三的画面,而占据整片天空的白色大写字母写道:"如果你唯一的工作就是当妈妈呢?"言下之意,这当然是不可能的。图中的女人——或许和大多数英航的女客户一样——是一位母亲和职员,承担不起辞职的代价。然而,这幅图片基于假设问句"如果……呢?",

把只做母亲——尤其还是中产阶级白人母亲——的可能渲染成迷人的幻想：一份不用劳动、没有压力的职业。

相比之下，《纽约时报》（The New York Times）2015年一篇发表后在该报网络评论区引发热议的文章，对中产阶级全职妈妈做出了截然不同的描述和道德评价。作者文斯戴·马丁（Wednesday Martin）讲述了她搬到纽约上东区的经历，"在我的新住处"发现了"后来我称为'魅妈族'（Glam SAHM），即'魅力四射的全职妈妈'（glamorous stay-at-home-moms）的女人们"。

> 当我发现最顶尖的精英阶层竟是一潭被珠光宝气和金钱掩盖的死水时，吃了一惊……我接儿子们时在操场上、幼儿游戏班或幼儿园里碰到的那些女人，大多30来岁，有名牌大学或商学院的高学历。她们嫁给了有钱有势的男人，很多是操作对冲基金或私募股权基金的；通常有三四个10岁不到的孩子；住在莱辛顿大道以西，第63街以北和第94街以南；而且不离家工作。她们把自己锻炼得水嫩无比，穿着华贵精美的服装到学校接孩子，看上去比实际年龄小十岁。许多像CEO一样经营着自己的家（复数）。
>
> ……毋庸置疑的是，她们不和男人打交道。有在外酩酊大醉的姐妹狂欢夜、女士专享的午餐会、衣箱秀*和"慈善购物"活动。在豪宅里有妈妈茶会和女士专享晚宴。甚

---

* 非公开时装展示会。

至还有一些私人飞机上的姐妹专享飞行派对，那会儿所有人都会带上、穿上同种颜色的服装。[2]

英航广告图上的沙滩妈妈幻想和马丁对迷人、懒散、无聊的全职妈妈的讽刺性描述，都抓住了当代文化再现对于中产（以上）阶层全职妈妈极度含混而矛盾的态度。一方面，正如我接下来还会继续谈到的，媒体和政策上无数虚构或现实的形象和故事都美化、肯定了中产阶级全职妈妈，尤其是白人妈妈。另一方面，也有不少媒体或政策话语把中产全职妈妈描写成错误、不恰当地放弃事业选择母职和家庭生活，常常予以抹黑或嘲讽。她们又被树立成第 2 章探讨的理想化"平衡型女人"的鲜明对立面。下面我们来一步步揭示当代媒体和政策话语关于中产阶级全职妈妈的文化叙事中，这一矛盾的具体表现。

理想化的形象

20 世纪 80 年代末 90 年代初，美国媒体上出现了理想化的中产阶级全职妈妈形象。美国女性主义记者苏珊·法吕迪（Susan Faludi）称之为"新传统主义者"（The New Traditionalist），即"自由"选择回归主持家务、辅佐丈夫的"传统"生活价值观的妇女。在她极具影响力的作品《反冲：对美国妇女的不宣之战》（Backlash: The Undeclared War Against American Women）中，法吕迪展示了新传统主义者如何不同于心力交瘁的超级妇女，不是竭力兼顾母职和带薪工作，反倒为"宅居"生活欢天喜地——

维多利亚时代幻想的"家中天使"（the Angel in the House）的当代版本。[3] 然而，大众媒体和新闻上这些对中产阶级全职妈妈的描绘，尽管遵循了极度成见化的、异性恋规范的妇女价值观，却"聪明地用积极分子的语言包装起来，这种策略既认可了妇女对自主权的渴望，又利用了这一渴望"。[4] 新传统主义者不再是顺从的家庭主妇，而被塑造成做出了积极主动选择的独立思想者。

20 世纪 80 年代末，商业作家、自命为女性主义者的费利斯·施瓦茨（Felice Schwartz）在《哈佛商业评论》（Harvard Business Review）上发表的一篇文章在美国媒体上引发了热烈讨论，巩固了全职妈妈的形象。[5] 施瓦茨认为女人分为两种：一种是事业为重的女人，她们偏好严格、紧张的职业发展模式；另一种是双管齐下的，她们偏向于**同时**经营家庭和事业。施瓦茨设想女人能够在二者之间转换，并希望自己的分类和提议能引起对妇女高管所面临的性别偏见和歧视的讨论。然而，她的提议却被绝大多数媒体和职场政策误用于将妇女安顿在固定的位置上。相比于事业为重型的"快升路线"（fast track），《纽约时报》把双管齐下型称为"妈咪路线"（mommy track）。[6] 20 世纪 90 年代中期，英国社会学家凯瑟琳·哈基姆的偏好理论进一步推动了这类观点。该理论建立在一种（错误的）假设上，即英国和北美等地的妇女，活在哈基姆所谓的"新形势"（the new scenario）之下 [7]，可以真正、不受限制地选择想要如何生活。因此，有一部分妇女（据哈氏报告，占女性总人口的 10%~30%）属于哈氏界定的"以家庭为中心"（有别于"以工

80

作为中心"或"适应型")一类，即接受传统性别分工、不愿从事带薪职业的妇女。哈基姆力称，她们当主妇的选择，与上班挣钱一样有价值，毕竟她们能"把婚姻事业经营得和男人的经济事业一样好"。[8]

尽管哈基姆和施瓦茨的理论，以及妇女不同的工作与生活路线取决于固定的个人偏好和选择的观念受到了批判，但那种遵循个人偏好弃业持家的家庭为重型妇女形象依旧存在。21世纪初，这一形象在美国和英国的公共话语中再度抬头。《纽约时报杂志》2003年一篇论及"选择退出式革命"（opt-out revolution）的文章引发了广泛关注。[9] 社会学家帕梅拉·斯通指出该文

> 提炼了媒体描述中反复出现的主题：妇女，尤其是成就斐然、受过大学教育的妇女，正越来越多地放弃事业选择母职，"拒绝职场"和"拥有一切"的女性主义愿景，放弃职业成功的抱负，以换取持家带娃的价值和安逸感，但她们的行为所代表的不是对传统性别期望的被动屈服，而是一种先发制人的"选择退出式革命"。[10]

帕梅拉·斯通和阿丽尔·库珀伯格（Arielle Kuperberg）分析1998—2003年的美国印刷媒体发现，其中对全职妈妈的描绘牢牢固守着传统和父权观念中的妇女形象。大多数新闻报道涉及的，都是异性恋、白人、中产阶级的已婚妇女，关注点"几

乎全在妇女的母亲身份而非妻子身份上，在家庭而非工作上"[11]，最常提及的事项是子女养育。几乎总是用选择论框定妇女"选择退出"的决定，而"基本不提障碍、限制或缺乏选择余地"。[12] 斯通和库珀伯格总结道，这一写照标志着"女性新奥秘"的诞生，"居家操持的决定如今不同以往，被冠上了选择和妇女解放的名义"。[13]

媒体将中产居家妈妈定义为一种选择和妇女解放的做法，在经济衰退和后衰退时期的英国媒体报道中有着生动的展现。我与萨拉·德·贝内迪克蒂斯对 2008—2013 年的英国媒体报道所做的一项研究表明，即使在妇女成为受经济危机和财政紧缩打击最大的群体时 [14]，下岗当家庭主妇依旧被大肆渲染成积极的选择，是她们出于对辞职或不用上班的渴望和兴趣而做出的。[15] 例如，《星期日泰晤士报》（The Sunday Times，2010 年 1 月 10 日）上的一篇新闻特稿就讲述了几位妇女的亲身经历。她们曾在传媒公司或律师事务所担任要职，后来在经济衰退时遭到裁员。文章谈到了她们的困顿和焦虑，但故事本质上以一种因祸得福的框架，令这些曾经的职业妇女去拥抱——甚至是庆贺——失业后被迫接受的新主妇身份。着实讽刺，即便离职的"选择"明显是妇女由于裁员被迫做出的，却常常仍被说成是她们自己主动去当全职妈妈的。[16] 此外我们发现，中产阶级妇女做全职妈妈的选择并非预想的那样，因为（显然）无助于经济而受到嘲讽，它在很大程度上也得到了认可，包括政府的认可。例如，当时的英国副首相尼克·克莱格（Nick Clegg）曾称赞全职妈妈们的选择是"高尚的""可敬的"。[17]与当时的经济紧缩话语同期发出的这一认可，钦定了妇女回归家庭是理性、有价值的。[18]它属于女性主义媒体学者黛安娜·内格拉（Diane Negra）和伊冯娜·塔斯克（Yvonne Tasker）所说的，对战后典型模式，尤其是被动型妇女和"母式节俭"（maternal thrift）的怀旧型回归。[19]

对中产妇女"甘愿"放弃事业的理想化描绘，部分也基于同一时期对于工人阶级家庭主妇的贬斥和嘲讽。和我们看到的常被誉为高尚、可贵的中产太太不同，研究表明，全职带娃的劳动阶层贫困妇女一贯被塑造成"凄惨的"的母亲，过着"左支右绌""杂乱无章"的生活。[20]此外，将中产阶级全职太太呈现为一种积极形象，靠的也是将其与家务生活和主妇的贬义色彩区别开来。在我和萨拉·德·贝内迪克蒂斯对英国报刊新闻所做的内容分析中，"家庭主妇"一词的使用频率很少（仅占299篇文章样本的1%）。[21]相反，大众媒体和流行文化通常把中产阶级全职妈妈描述为"甜心妈咪"，关注的是"高强度母职"（intensive mothering）和"优质培育"，及其给妇女和孩子带来的有利之处。[22]

流行文化不断推出浪漫化、理想化中产阶级全职妈妈母性特质的再现。例如，文化分析家乔·利特勒（Jo Littler）展示了"辣妈"（yummy mummy）作为母性气质备受崇拜和景仰的理想形象，是如何体现在英国名人指南类书籍和言情小说中的——而该形象的出现（并非偶然地）正值国家停止育儿福利、用人单位普遍不支持弹性和／或兼职工作的时期。利特勒指出，对辣妈的理想化描述，"把子女养育说成纯粹私人的问题，实则掩盖了那些政策带来的后果"。它将母育简化成"'心理成熟'和'个人选择'的个体化问题……而对经济和优势地位避而不谈"。[23]

时尚辣妈和甜心妈咪的正面形象建设，也源于一再强调孩子的健康、幸福和成功得益于全职妈妈（"证明"职场妈妈对孩子的健康和幸福有负面影响）的观念。例如，英国《每日邮报》（*Daily Mail*）发表的一项题为《职场妈妈有影响孩子前途的风险》（"Working Mothers Risk Damaging Their Child's Prospects"）的追踪研究[24]表明，出生后母亲回去工作的孩子，比起母亲留在家中抚养的孩子，更有可能在学校表现不佳，更容易失业，精神压力也更大。即便是第 2 章谈到的性别平等先锋、热烈支持妇女参与或留在工作岗位的安妮-玛丽·斯劳特，在讲述导致她辞职的动机时，也重点谈到了大儿子的堕落，并暗示他有青少年犯罪行为："到了八年级，他的行为升级；他曾经被学校停学，被当地警方逮捕。我好几次接到紧急电话……要我放下手头的工作，乘最近一班火车赶回去。"[25]

政治和政策话语中也有对中产阶级全职妈妈的拔高。一方面，在后工业经济时代，新自由主义政府大力鼓动妇女进入或留在劳动力市场。[26] 因此，政府赞誉的，通常是在职的妇女，而不是离职的。正如下一节将讨论的，在美国，时任总统贝拉克·奥巴马（Barack Obama）就有谴责全职妈妈的恶名。另一方面，不同的政府（有时是同一个政府）又传达着相互矛盾的信息。例如，唐纳德·特朗普（Donald Trump）在竞选总统时，强调他的育儿政策"也支持选择留在家中的母亲，并且敬重和认可她们对家庭和社会做出的不可估量的贡献"。[27] 特朗普提出的政策承诺，有全职爸爸或妈妈的家庭可以从税款中完全扣除平均育儿成本。在特朗普竞选期间，他的女儿兼顾问伊万卡·特朗普（Ivanka Trump）在推特上说："当全职妈妈是最有回报，但也最具挑战性的角色之一。"[28]

在英国，尽管过去 30 年来政府的政策和言论一直对全职妈妈持批评态度，同时却越发强调"优质培育"，并暗示这主要是母亲的责任。例如，英国首相戴维·卡梅伦（David Cameron）在 2016 年关于人生机遇的演讲中，称赞了蔡美儿（Amy Chua）2011 年的畅销回忆录《虎妈战歌》（*Battle Hymn of the Tiger Mother*），并表示希望将虎妈战略的核心原则纳入社会政策中："工作，努力工作，相信你能成功，（跌倒了）爬起来再试一次。"[29] 他的表态绝不是在夸奖全职妈妈。然而，卡梅伦在支持虎妈培育法（该书出版后不久，保守党议员迈克尔·戈夫［Michael Gove］也曾大力支持）[30]——已被大肆渲染为培养孩子韧性、毅力、献身精神、责任心和雄心壮志的中产阶级严厉教育法——时，也强调了给孩子提供优质培育是母亲（而非父母双方和国家）的责任这一观点。

被贬低的形象

中产阶级全职妈妈放弃事业择取家庭的做法在受到媒体和

政策美化和称赞的同时，也常常遭到批评、攻讦和嘲讽。[31] 部分批评集中在对孩子的影响上。一有报道称职场妈妈对孩子有负面影响，立马就有其他研究反过来说全职妈妈的孩子不如前者的快乐，表现也更差。另外一些常出现在新闻上的研究显示，全职妈妈更容易抑郁，更容易感到压力。[32]

除了这些批评，中产阶级全职妈妈还常常遭到贬低和讽刺。之前提到的《纽约时报》文斯戴·马丁的文章就附和了对中产和中上阶层无业妈妈常见的刻板形象：光鲜亮丽、生活奢靡、懒散、无聊，更重要的是，这些都源于她们的自主选择。社交媒体平台上各种梗图（meme）[33] 都是如此描绘这种"复古式主妇"的。"还有这么多家务要做，放部什么电影好呢？"品趣（Pinterest）上的一张梗图上写道，图片上是一位复古、无聊的主妇，她抹着口红、衣着整洁，说明根本不做任何家务事。"睡午觉听起来多幼稚。我更爱称它为水平的生活停顿"，另一则复古图片的标题写道，图中一位白人女性穿着印花睡袍、恣意躺在自家床上。[34]

这一中产和中上阶级全职妈妈的形象，令人联想到随着《绝望主妇》和《娇妻》（Real Housewives）系列等电视节目（尤其是美剧）流传开来的可笑的"富家婊"形象——一种无用、自私、肤浅、一心追求物质利益的资产阶级娇母。[35] 然而，与富家婊不同，受过良好教育的中产妈妈不会被指责母亲当得失职。相反，会把她塑造为投入了技能、资本和时间的"精心育儿"（intensive parenting）典范。2013 年风靡一时的言情小说《BJ

85

单身日记：为君痴狂》*（*Bridget Jones: Mad About the Boy*）中，后女性主义偶像布里奇特·琼斯（Bridget Jones）50 出头，距其作为单身少女的时光已过去了 20 载。她如今寡居，全职照顾两个孩子，住在伦敦北部一处典型的中产阶级社区。她老是以人人艳羡、干练、完美得夸张的全职妈妈妮科莉特（Nicolette）来反衬自己"母亲当得失败"。妮科莉特过去是一家大型连锁休闲健身俱乐部的总裁，如今是"一流的母亲（房子完美，丈夫完美，孩子完美）。……着装完美，发型完美，挎着完美的巨大手提包"。[36] 她自命为"［她家的］家庭总裁"，称孩子是自己开发出的"最重要、最复杂、最激动人心的产品"。[37] 相比妮科莉特和其他人的培育方式，琼斯自叹弗如，自认失职。[38] 结果当然是讽刺意味的。该剧奚落、嘲讽了妮科莉特的"完美型"育儿法；而布里奇特的育儿方式，我们发现，虽然处处碰壁，乱糟糟的并不完美，却是健康的，而且最终是幸福的。

另外，政府也时常批评全职主妇，特别是在倡导妇女加入或留在劳动力市场时。[39] 2014 年 10 月 31 日，奥巴马总统在关于妇女和经济的讲话中说："有的人，一般是母亲，辞了工作留在家带孩子，导致她余生只能拿低一等的工资。所以我们不希望美国人民做这样的选择。"[40] 不出所料，奥巴马此言掀起了全职妈妈们的滔天愤怒，《华盛顿邮报》（*Washington Post*）一则回应总统讲话的头版文章题为："为什么奥巴马对全职妈妈如此苛刻？"

---

* 《BJ 单身日记》（*Bridget Jones's Diary*）的第三部，前两部曾被改编为电影。

政府将全职妈妈构筑的不可取选择的另一个办法，是强调非母亲养育对儿童成长以及妇女健康与幸福的积极影响。自20世纪90年代末新工党执政以来，英国国家儿童保育战略背后的依据，是认定"早期优质的日托服务对孩子的社会和智力发展有长远的益处"。[41] 2013年，联合政府出台的育儿政策进一步强调了儿童保育对于经济生产力的重要性，其侧重点在于促进儿童发展以提升劳动力水平，并充分挖掘父母劳动力的潜力。该项方案是新工党执政以来英国政府广泛的新自由主义社会福利和劳动力市场政策的一部分，它强烈鼓励母亲们在生育结束后尽快走出家庭、投入职场。尽管这项方案主要针对低收入家庭，为的是缓解儿童贫困问题，但表达的更大的含义是，不合理的长期脱离职场会加重纳税人的负担，也会损害这些妇女长远的经济前景。[42] 在金融危机前后联合政府和保守党政府（即2010—2015年的保守党和自由民主党联合政府、2015年至今的保守党政府）推出的经济紧缩计划下，这一信息得到了额外的加强。联合政府最初的行动之一，是暂停所有儿童福利，并完全取消有成员高额纳税家庭的儿童福利。另外针对中等收入家庭，婴儿和孕妇相关的津贴有所削减，育儿的抵税额度也有所降低。[43] 2015年，首相戴维·卡梅伦宣布提高保育津贴——3~4岁儿童的免费托儿时长从每周15小时提升至每周30小时。卡梅伦附和了奥巴马的观点，宣称："我的意思很明确，政府站在劳动人民这边，帮助他们前进，在人生的每一个阶段为他们提供支持。"[44] 2017年3月，在国际妇女节当天，首相特雷莎·梅

（Theresa May）宣布拨款 500 万英镑，用于帮助长期中断职业后重新上岗的人士：

> 虽然返职计划对男人和女人都适用，但我们得承认，通常是妇女放弃事业、投身于子女养育，结果发现再就业的道路已对她们关上了大门。这是不合理、不公平的，对经济发展也有害无利。因此我希望看到这项计划惠及所有妇女人数不足的管理层和行业。[45]

尽管政策和政治话语在提到时往往用的是父母养育（parenting）而非母亲养育（mothering），但正如梅首相的声明所显示的，鼓励人们重新上岗的信息常常是针对妇女，特别是母亲的。就像英国家庭与育儿研究院（Family and Parenting Institute）前院长凯瑟琳·雷克（Katherine Rake）在 21 世纪初指出的，对于全职从事无偿照料工作的母亲来说，这类政策强烈暗示了政府认为此类无偿工作合理的时限。而政府政策传递出的规范性信息，雷克认为，依然是在完善有偿工作作为获得公民身份主要途径的制度，延续了长久以来对无偿照料工作的贬低。[46] 英国前财政大臣乔治·奥斯本（George Osborne）一再重申提升英国女性就业率的迫切性，暗示 **"想要待在家里照顾孩子"** 的妇女做了一个个人 "生活方式的选择"。[47] 政府会把家庭主妇排除在儿童保育支持计划外，是因为她们并不想 "努力工作，努力前进"，2013 年首相卡梅伦的官方发言人如是说道。[48] 英国财政部网站上意外泄露的一份简报公文显示，官方曾明言父母一方全职在家的家庭不如双职工家庭值得政府帮助。[49]

因此，全职妈妈在政府政策话语中被认作"不合常规的"，正如罗伯托 5 岁的女儿认识到的。而且关键在于，她们是自己选择如此的。因此，很多时候全职妈妈组织或个人指责政府政策、传统和言论有组织有计划地歧视、惩罚、施舍、贬低和诋毁她们，也就不足为奇了。[50] 特别是很多人指出，政府在推出鼓励母亲就业的新政策的同时，又在急速撤回对家庭和在职人员的扶助。社会理论家南希·弗雷泽（Nancy Fraser）指出，在当今金融资本主义全球化的时代，美国也有类似的表现：国家和企业一边减少对社会福利的投入，一边极力招募妇女有偿就业，造成了一边把照料工作推给家庭和社区，另一边却在削弱他们的照料能力的局面。[51]

因此，一方面是对"高强度母职"的强烈期望，对福利制度的撤消，以及保持工作生活平衡所面临的危机——这些变化都支持，甚至肯定了中产女性选择离开单调的工作、回归家庭投身全职妈妈（尤其是在丈夫挣的钱已经足够家庭开销时）。另一方面，在后工业经济时代，政府和媒体倡导和支持的是参与和留在劳动力市场的妇女，而不是那些离开的（尽管我们已经看到，这一背景下对不同阶层妇女的刻画有着显著的差异）。[52] 在 21 世纪的英国和美国，放弃多年的教育、训练和成就是一种不合理的、离经叛道的选择。

88

全职妈妈的亲身经历

我采访的女性正是在当代公共话语中散布着这类相互矛盾和冲突的信息的背景下，试图解释自己的选择和身份的。在解释自己的经历时，这些女人常常——而且是自发地——对照她们视为主流全职妈妈的流行形象和刻板印象，来定位和定义自己。甜心妈咪和家庭 CEO 便是她们在定义自己是什么人，或者更重要的，自己**不是**什么人时，所援用的有力参照。受访者们感到，她们需要不断为人们对全职妈妈懒惰又无聊的误会辩解，而自我辩解常常导向歉疚地承认自己拥有的社会经济特权。"在很多方面来说，我是特别幸运的……［但］很多人觉得我们整天除了吃饼干啥也不干。"一位妇女说。另一位说："我想我是幸运的，因为经济方面足够用了。所以，这点上我确实感激……不过，你知道的，我并不是到邦德街（Bond Street），在邦德街逛来逛去，大把大把花钱的那种。[53] 我不像有些肤浅的……"还有位妇女气愤地说："有人认为全职妈妈成天只会翘着腿看电视，晚上把炸鸡块和薯条塞给孩子们完事儿……我真遇到过有人见到我就走开，走到房间那一头，因为他们觉得跟我没什么好说的！"

受访妇女们也否认自己是那种理想的全职妈妈——会把房子打扫得永远一尘不染，会烤蛋糕，感觉像是"天生"的妈妈。例如，44 岁带着三个女儿、11 年前辞去医生工作的苏珊说道："我称自己为家庭主妇，但我并不是……我并不是那种全知全能的妈妈，跟你讲，我感觉做好这些没那么容易。烤蛋糕不是我的强项，真的！”类似地，43 岁带着两个孩子、11 年前退出演员行业的珍妮特解释道：“我觉得我不是明显特擅长当母亲的人， 89
这从不是我定给自己的目标。感觉我好像没有成长为自己期望的样子。” [54]

指责的声音

当我问到那些让她们觉得需要为自己辩白的成见来自何处时，有几位女人指向了媒体（尤其是新闻和流行文化），但更多谈到了政府。达娜以前是艺术节主管，如今是两个孩子的母亲。她指责英国政府为贯彻其新自由主义意识形态，一再使全职妈妈失去合法地位：

> 如今掀起了一场浩大的实验。政府非常希望妇女重返工作岗位，因为他们非常希望我们参与资本主义建设。他们要的就是我们去消费。所以如果人们有了工作，就能去消费。因此，搞出了这场大规模的社会实验，在孩子两岁时把他们塞给学校，然后督促妇女们去工作。

达娜辩称，所有不符合这种模式的做法都会受到实打实的贬低。类似地，42 岁、有两个孩子的克里斯蒂娜愤怒地谈到了政府对妇女施加的压力：

我真切感受到政府方面传递的很多信息，尤其是近两三年，完全不看重［做全职妈妈］这个决定。父母共享产假（the Shared Parental Leave bill）[55]这类法案鼓励母亲们在六周产假过后就回去工作，而父亲们则会照常工作……如今选择花时间陪伴孩子的人不被重视，我发觉是这样。

　　有种强烈的信息，就是你没做贡献。你应该去工作，但凡可以，就该去工作！你应该好好利用托儿服务，应该把一个或几个孩子送往托儿机构，然后你就该回去工作！你不这么做的话，就有点不配合、有点没用了。你对整个经济和社会没有帮助，即便有研究表明，你的孩子会因此受益，但我们才不管！反正你没做贡献！

90　　对政府话语和政策的这类反应，不仅是对政治和政策冷静理性的分析，也是很多受访者对遭受的压迫性要求和人身攻击的感性反应。这恰恰是因为她们放弃本业、成为全职妈妈的决定并不是全然个人、自由而简单的选择，但她们感到政府却是这样看待的。

　　蕾切尔是三个孩子的母亲，曾经是一家总部位于伦敦的跨国公司的高级会计师，丈夫是一家会计师事务所的合伙人。她讲述了自己过去是多么理想的职工："我是那种直到生产前两周才请产假的人，人人都以为我过几个月就会回办公室的。"第一个孩子出生后，蕾切尔继续工作，但像很多受访妇女一样，她和丈夫高要求、高时长的工作文化对家庭生活很不利。"我一直在想应该回去（工作）了。全是**应该**，社会的压力，让我感觉应该去，当然的。"她解释道。"谁给的压力？"我追问。蕾切尔回答道：

> 唔……我猜很多时候是自己给的。但你会想，我拿到了学位，我都走到这一步了，我是高级职员，啊……我怎么能……对吧……我不该……啊，所有，对吧，政府方面全是："噢，你必须回去工作！"全是叫妇女回去工作的。你必须继续工作！搞得我感觉——没错，我感觉留下来照顾孩子是次要的事儿，而且为自己有那种想法感到特别惭愧……但最终，我就想：唉，管它呢，我就要这么做。

注意蕾切尔是怎么从一开始认为自己所受压力是内在的、自己给的，到转向宏观的外部环境——"所有"——再具体锁定到政府计划上，直到最终将这一信息内化为自己的思想和感受："**搞得我感觉**——没错，我感觉留下来照顾孩子是次要的事儿，而且为自己有那种想法**感到特别惭愧**。"虽然蕾切尔决定顶住压力，"管它呢"，但它还是不断潜入她的内心，而且像其他很多受访者一样，她承认必须不断反驳这类指责，不断捍卫自己新"选择"的全职妈妈身份的合理性。

第二类重要的指责之声来自这些女性的母亲，她们觉得母亲常常附和政府和媒体（对自己）的批评。略多于三分之二的受访者谈到，自己的母亲不赞同女儿辞职当全职妈妈的选择。玛丽以前是律师，她母亲在20世纪60年代因当时爱尔兰的结婚关限*（marriage bar）被迫放弃了公务员工作。玛丽带着迟疑和痛苦回忆道：

> 我母亲并没认真同我说过［她自己辞职的决定］……她把我们（玛丽和她的两个姐妹）培养得一个个经济独立、事业有成，而所有这些对她非常、非常、非常、非常重要，或许因为这是她所没能拥有的吧，也是因为（我们）有了做想做的事的能力，享有那份自由的能力，追求事业的能力。
>
> 我猜因为［叹息］［沉默］，因为你［叹息］……我猜你觉得自己有点儿［停顿］……有点儿丢女人的脸，对吧，因为我们已经进步了！女人有了和男人一样的工作权利，也应该能和男人干得一样多，而且……而且因为我努力学习过，然后我还……还……我觉得我工作方面还行，对吧，我也挺喜欢的，而只不过有了［一个孩子］，我觉得……我觉得其实……嗯……［停顿］［眼中含满泪水］……不是说你把工作一股脑儿抛了，但是你知道，你特别努力地

---

* 指招聘女性时排除已婚妇女，或在女职工结婚后将其解雇的做法。20世纪初曾在欧洲一些国家和美国非常普遍，经济大萧条时期（1929—1933年）尤甚。二战后经济逐渐复苏，西方就业岗位增加，女性劳动力日益得到重用，"结婚关限"现象有所缓解，但部分国家仍会因经济国情（如就业压力大等）和性别偏见而限制女性就业。

工作过，然后，呣，我想，接下来其他人，还有社会会怎么看你呢。就像你本该拥有一切，本该既带好孩子又管好事业，辜负了那种期望，然后……呣……然后我有种，你懂吧，有点让我母亲失望了的感觉，是吧，因为我知道她对此会不大高兴的。

玛丽的叙述非常生涩，但她的经历并不少见。其中揭示了包含在辞职决定中的遗憾、内疚和痛苦。她的沮丧和为自己的选择辩解时的纠结，深受母亲态度的影响。她的母亲曾因一项歧视性法案别无选择地只能放弃职业生涯，余生都在痛惜这一损失，并因此对三个女儿一再重申把握她没能"享有的那份自由"的重要性。

然而或许更令人痛苦的，是这些妇女丈夫们的看法和评判。这点在劳拉的故事中表现得非常清楚。我在本书开头（见引言）简要介绍过劳拉的人生轨迹。简而言之，她是一位 43 岁、腼腆、说话温柔的妇女，有两个孩子。她问我可否在咖啡馆见面，而不是她家——过去七年她在那里把自己重塑为家庭主妇。劳拉是在英格兰北部一栋廉租房里由一对工人阶级父母带大的。父母期望她能取得比自己更大的成就。她于 20 世纪 90 年代进入牛津大学学习，毕业后成了一家跨国公司出色的软件工程师——这份工作干了九年。随后嫁给一名场内交易员，搬到了伦敦。36 岁时生了第一个孩子，同时辞掉了工作。她从未想过自己会成为"雇了全职保姆，还要在工作和小孩之间两头奔忙"的职场妈妈。然而，与此同时，她也没想到自己会当上全职妈妈。

虽则如此，劳拉强调她当全职妈妈很满足。"我并不怎么觉得在职业方面做出了牺牲……我不是那种进取心强的职业妇女，而更多是养育者这类的。"她解释说。为了证明自己放弃事业选择母职的决定是正当的，劳拉借用了将妇女分为事业为重和家庭为重两种类型的流行解释。她把前者称为"进取心强的职业妇女"，这一形象与很多对职场成功妇女的常见描述相一致；而把自己归为后面一类——"养育者"——这种说法契合了对全职妈妈母性特质和本能的理想化描述。关键是，这一二元论观念得到了丈夫的赞同和鼓励："我丈夫的母亲在他还是小婴儿时就回去工作了，他很不喜欢那种做法，所以衷心希望我能待在家里，而且一直很支持我，非常乐意我来照顾孩子，他来养家糊口。"

尽管劳拉反复强调，丈夫全力支持她辞掉工作当全职主妇的选择，但她在采访中途回答丈夫工作方面的问题时说：

> 他在金融城［伦敦主要的中心商务区］工作。完全的全天候工作……［他］从没说过："一整天都干什么了，你这个懒婆娘？"［笑］我都不知道为什么我会这么想，真的，所以不是他，是我自个儿总之我会让自己忙个不停……似乎我确实需要证明自己没有浪费时间，确保人人都知道我的确在忙，而不是整天就只会看杂志［笑］，这其实只是为了说服我自己脑海里那个声音，而不是别的什

么，所以我要让自己不停地忙活各种事情。

……我不认为有谁真的觉得我懒，只不过觉得一个人无所事事是不对的，或者我感觉脑海里有个声音对我说，如果我白天看杂志，或者大白天打盹儿，我就成了个坏人……

劳拉脑海里的声音要求她证明全职妈妈的选择和身份是正当的。劳拉把这个脑海中的声音当成纯粹个人内心的声音。但是我采访的几乎所有妇女都承认，内心有类似的自责和愧疚的声音，怕被他人看作懒惰、无所事事。即便在她们描述为了方便家人的生活——就如其中一位所说，"确保人人都能过得好"——而确实非常繁忙的日程安排时，仍旧听得到。

大多数受访妇女和劳拉一样，声称丈夫非常支持她们辞职当全职妈妈（这一点会在第 4 章进一步探讨）。然而，说是支持，其实女人和男人们的叙述都表明，丈夫们同时也对妻子留在家里照顾孩子的选择表示批评，经常感到不满，尽管这些情绪很少会直接说出来。相反，它们被转移和转化成劳拉所描述的那种"微词"。在劳拉对脑海里声音的描述中，最引人注目的是她想象中丈夫责备的——甚至有些恶意的——批评："一整天都干什么了，你这个懒婆娘？"劳拉坚持说这是她想象的声音，实际上他从没这么说过。即便如此，这个声音渗透进了她的自我意识，让她认为自己是个坏人。

劳拉的丈夫在金融业担任要职。她想象出来的丈夫的话非常鲜活，而大多数其他受访妇女的生活中也有不同形式的体现。它反映的是生产力主导的、高时长工作文化的声音。她们虽已脱离这种工作文化，但丈夫仍身在其中。这一声音根植于长久以来轻视照护工作的传统，认为只有特定形式的劳动才具有经济效益和价值。许多崇尚在严苛的竞争性行业长时间工作，并把显赫、卓越、夜以继日地工作的律师、医生和政治家们塑造成男女英雄的电视剧和电影中，都能听到这个声音。社会学家朱迪·瓦克曼（Judy Wajcman）指出，当前的生产力文化所看重的，是工作忙碌、带有消费活动的缤纷多彩的生活。任何偏离这种方式的生活都会被定性为不可理喻，被剥夺合法地位，并受到诋毁。[56]

在这些威胁要取代她们、削弱她们的价值感和自尊心的声音面前，妇女如何保护自己？面对母亲和丈夫常常附和或顺应政府和当前文化的评判，她们要如何理解自己的选择？在她们的选择和角色既受到抨击和嘲弄，又受到美化和赞扬的文化和政治环境下，作为由曾经的职业妇女转型来的全职妈妈，她们要如何证明（套用罗伯托的话）自己身份的正当性和合理性？仅仅驳斥这些声音和评判是不行的，尤其因为妇女们会常常回忆起过去的身份，怀念从带薪工作中获得的快乐、满足感和价值感。

弗里丹指出，对 20 世纪 50 年代能干的家庭主妇来说，"唯一可能的合理化办法"是说服自己——就像"新奥秘"极力想说服她的——育儿工作的琐碎细节其实有着神秘的创造力；如果她不每时每刻陪在孩子身边，孩子就会悲惨地缺衣少食；而她给老板太太准备的晚餐对于丈夫职业生涯的重要性，不亚于他在法庭上打赢的官司，或在实验室里解决的难题。[57]

然而，21世纪高学历的全职妈妈与过去相比至少有三处本质的不同。首先，她成长于一个截然不同的政治和文化环境，这一环境根本上由20世纪70年代的政治斗争，尤其是第二波女性主义和妇女解放运动所塑造，揭露出妇女受到"女性奥秘"的蛊惑和征服。其次，同20世纪五六十年代很多家庭主妇不同的是，我采访的全职妈妈们曾有过带薪工作，并确实——无论多么身不由己——做出了辞职选择。第三，由于前两方面的原因，21世纪的高学历全职妈妈十分清楚被迫"时刻绑在家务琐事上"[58]——"女性奥秘"对她们母亲一辈的要求——要付出的代价。所有受访妇女均强调不喜欢家务活。她们只做最低限度的家务，而且多数时候就像前工程师珍妮说的，做饭"纯粹是实用性的"，很多人声明自己讨厌做饭。她们觉得洗刷和采购索然无趣，打扫则是"没完没了""没劲""平淡"且"乏味"。

因此，对于21世纪的高学历全职妈妈来说，证明自己的选择正当而合理的主要方法，有时也是唯一的方法，就是使自己加入一项新职位：家庭CEO。尽管妇女们常常批驳那种家庭CEO的刻板印象：把家庭当小型企业来经营，采用朱迪丝·沃纳（Judith Warner）称为"完美疯狂"的中产阶级养育方式，但她们表示自己恰恰扮演了这一角色。[59] 回归家庭（heading home）的结果，是成为家庭的首脑（head of the home）。

职业：家庭CEO[60]

一个周一的下午，我在伦敦北部一个社区中心的私人会客室约见了克里斯蒂娜。她的孩子每周一在社区中心有两小时的普通话课，她就在那儿等。她发短信告诉我说他们要迟到了。一到那里，她就督促10岁的儿子和7岁的女儿拿好笔记本，赶紧进入教室，那会儿刚开始上课。"呼，赶死了！"她松了口气。

"天天都这样吗？"我问道。克里斯蒂娜回答："明摆着嘛，小孩从早上10点上课上到晚上9点，去学校之前，要晨读、吃早饭、穿衣服，跑上跑下，还要完成家庭作业。""你丈夫呢？"我追问道。她解释说，他是一名企业律师，"工作，不回来，睡办公室，（醒了）继续工作，回来，睡俩小时，再回去工作"。早晨"他都已经上班去了。我想他可能就送过孩子［上学］一次"。"那放学后呢？"我问。克里斯蒂娜答道："之后，到了3点，准备接孩子回来，然后到这边［教授中文普通话课的社区中心］，在这里上一节课，之后是游泳课，接下来还是游泳课，亲子活动，小提琴课，然后是家庭作业。"

克里斯蒂娜是怎么被这种围着孩子忙昏头的生活完全吞没的？1997年，她获得了小学教师资格证，之后在伦敦一所小学开始了长达九年的教学生涯。她当上了学校的副校长和评估协调员——这两个职务大大加重了她的责任和工作量，同时也大大提升了她的经济收入和满足感。和许多受访者一样，克里斯蒂娜是位理想的员工。作为一名认真负责的职员，她每天清早到学校开门，一般晚上 6 点再锁门下班。"我每周工作 65 个小时，然后［一天结束后］基本上就是回到家，吃饭，之后再工作三个小时，然后睡觉。"

所以当 2006 年克里斯蒂娜的第一个孩子出生时，她决定辞职似乎便是明摆着的了："我丈夫是绝不可能帮忙照顾孩子的……所以，从这点上看，这个决定似乎是明摆着的……几乎都不需要商量，因为那好像就是明摆着的。还有什么别的办法？叫保姆一天工作 14 个小时？！"克里斯蒂娜觉得，除了完全退出职场之外，别无他法。要丈夫对工作做点调整，更是想都不用想，部分原因是他挣得比她多，但也是因为她接受了——即便不情愿——自己应该是"家长主力"的想法。[61] 然而，尽管辞职去照顾孩子的决定像是明摆着的，但这一决定带来的新身份却远非如此：

> 仅仅说"我是全职妈妈"，那是没有尊严、没有价值的……真的一文不值……都会觉得你没做贡献，或者你浪费了自己的学历，或者你在吃白食，或者你懂的……你没法说"我就是个全职妈妈"，不会被人看重的。尤其是当孩子们回学校上课时，大家都会觉得你必须做点其他事儿。你就得不断证明自己存在的意义。

克里斯蒂娜一直试图寻找价值和尊严——她反复提到这两个词——来证明她作为两个学龄孩子全职妈妈的新"存在"正当有理。通过把全职妈妈的角色转化成一种新职位、新事业，她找到了价值所在。"这有点像我以前副校长工作的延伸。"她告诉我。她把专业知识运用到这一新角色上，使自己从工作中的高级主管转变为家庭主管。"必须澄清一下，我是真的感到责任巨大。你知道，这份工作很艰巨，一部分是因为它落在我头上，因为我丈夫很少在家，所以我做什么责任巨大。"她解释说，如果职场妈妈在养育子女上犯了错，可以原谅，"因为她们手头有很多事要处理，而且已经尽力兼顾了，所以肯定相当不容易"。然而，作为一个丈夫几乎整周不在家的全职妈妈，克里斯蒂娜感觉自己"确实〔得〕要把孩子养育好"。"我感觉我要当一个完美的母亲。我不可以犯错，我不可以自私，我不可以……这样能说得通吗？可能说不通……"

努力成为完美、零失误的母亲是贯穿所有妇女陈述的主题。社会学和心理学对现代母职经历的解释表明，这一点也是母亲经历的普遍特征。在当今美化和盲目崇拜母道的文化下，母亲们常常被要求用某些拔高了的完美母亲标准（第 4 章会探讨这一主题）来评价和衡量自己。[62] 然而，这种中产阶级全职妈妈同时受到褒扬和贬低的状况，似乎造就了特定的压力和困惑。努力为这种**完全**靠扮演母亲角色，同时又是因为被迫选择才获得的身份辩解，倒产生了截然相反的意味和涵义。正如克里斯蒂娜的诘问"这样能说得通吗？"所显示的，她知道追求成为从不失误的完美妈妈是说不通的。但她和其他所有受访妇女都在竭尽全力去接受一种说不通的身份。

为了让新身份有意义，为了实现价值，为了被他人看重，这些妇女不得不像葆拉说的那样"彻底改写"自己的人生，成为"家庭经理人"。她们不再是母亲那代"埋头洗碗碟"的主妇[63]，而是将自己过去作为杰出专业人士的大量知识和技能，重新运用到新角色中。20世纪五六十年代的主妇们"过的是从烘焙、烹饪、缝纫、洗衣到带孩子团团转的生活"[64]，而我采访的妇女们则团团转地忙于各种活动和差事：接送孩子参加各类课前课后活动，辅导家庭作业，志愿给孩子和／或学校相关的活动（诸如学校演出、旅行和其他教学活动）帮忙，担任班上的家长代表、学校董事、会计、艺术导演和法律顾问。所有这些还要加上管理家务佣工，完成"自己动手"类的家政任务，以及采购、做饭和洗衣。

上文讨论过的前高级会计师、全职妈妈蕾切尔，描述了她常规的一天。她几乎一口气不停地讲了下面这段话，仿佛要把日常生活的狂乱演绎出来似的：

> 早上7点到8点半，要打包好午饭，给孩子们做好早饭。我通常要去趟商店，或者去把洗好的衣服晾出来，或者，你懂的，无聊的事，但7点到8点半确实忙个不停。我大女儿现在上中学，所以她自个儿跑去上学。我步行送另外两个到学校，之后我通常会去跑一小时步——这是属于我

的时间。跑完一小时，之后一般我有——唔，比如说，今天上午我一直工作到将近 10 点，之后又花了两个小时给学校做账，但有时是学校的某个项目，有时是学校董事会方面的，有时就是行政事务——预定小孩课程之类的破事儿。目前是学校的财务报表时期，所以眼下我有堆成山的、一大堆工作要做，然后我会为晚餐弄点吃的，我白天就会准备好，确保有些吃的，然后是家务，无聊的事——可能要花半个小时到一个小时。

［叹气］显得我特没劲，是吧？但每天就是这么过的。才过了六小时，然后，下午 3 点 15 分，再到学校去接小孩。然后，基本上，从 3 点到 9 点又是六个小时忙得团团转，因为孩子们全要照看。他们各有各的事儿，所以我得几头跑，辅导好多家庭作业，陪练乐器，把待在各个地方的孩子一一安顿好，然后读睡前故事，9 点之前打发他们上床。到了 9 点，解放了！

正如这个马不停蹄的片段所证明的，蕾切尔不是家政女神，她（和其他受访女性）也不像某些流行形象所展示的，是对家务乐在其中的"绝望主妇"。这些妇女家中干净整洁——她们雇用的有偿家政服务帮了大忙——但她们关注的重心，在于辅助、协调和监督孩子们的学业、社交和个人生活。社会学家安妮特·拉鲁（Annette Lareau）称之为"协作培养"（concerted cultivation）：中产和中上阶层家庭实行的一种养育模式，重担主要落在母亲身上，特点是一系列由父母或其代理人安排和掌控的紧张忙碌的活动，旨在以一种协作模式来培养孩子的天赋，激发他们的认知和社交能力。葆拉就描述了她从协作培养中获得的满足感，特别是掌控感。这在她全身心投入到密切监管她10岁和12岁孩子的生活时最为明显：

> 我能够参与进去，能帮着准备学校郊游什么的，我也很喜欢参与其中的感觉，能知道，对吧……能真的知道他们在做什么，知道他们……我能够督促家庭作业，以及比如说，练钢琴之类的事儿，所以我……我觉得我像是掌……掌控了所有动态。而我要是不在他们身边，我猜，就不会对这些东西有这么深的体会了。

我从很多受访妇女那里听过类似的解释。言外之意是，随着孩子们长大，他们对于母亲的需要（不提父亲）只增不减：孩子们上学之前或者放学回家后，母亲的近距离陪伴于他／她的情感发展至关重要。在小学，特别是中学阶段，如果母亲不在身边或者没有"掌控所有动态"，孩子们就可能在社交、情感或学习方面出现偏差。受访者们告诉我，以前为职业奔波时，她们对孩子的学习和社交经历了解、参与得很少，现在则是全盘掌握了。然而，葆拉同时承认：

> 反过来也有可能，对吧？你很可能太……管得有点太

多了，我不知道……［吸气］我不知道要是你总在一旁样样提醒他们，是不是不利于他们独立自主。妈妈不常在身边的小孩可能必须更加自觉和独立，或许对他们倒是件好事。我相信两条路都行得通。

100　　　妇女们反思自己（过多地）干预和介入孩子的生活，可能带来更负面的后果。一些人引用她们从媒体上看到或听到的报道，指出自己的孩子没有父母都全职工作的孩子那么独立、自信、从容和外向。或许这些反思是当面访谈导致的：大多数妇女推测我是一位母亲，也知道我有全职工作在身。因此，她们在表达自己关于全职妈妈对孩子影响的见解时，可能有意无意地说得更委婉了，以免冒犯到我。然而，她们常在心里怀疑自己所做决定的利弊。"我干嘛要捣腾预定小孩课程之类的破事？"之前提到的蕾切尔问道，"显得我特没劲，是吧？"

　　前高级财务总监萨拉给出了一种解释：

> 这里的妈妈们，要是有人问她们是做什么的，她们会说我是退休律师，或者退休的管理顾问……不会老实地直接承认，实际上，我待在家里打理家务［笑声］。她们以前是会计师、律师、管理顾问、金融城的职员、医生等等，你懂的，至少一定程度上是位高权重的，或者干着某种肥差。所以，她们对孩子寄予了很高的期望，她们之间的竞争［笑］比你想象的要激烈得多……

感觉不是"橘子郡的主妇们"*，你懂吧，而像"伏尾区的主妇们"[65]，管它怎么叫啦！但就这个意思。因为如果你在高压环境中工作过，受过训练而且有实力，那么那些竞争力和能量不会消失。它们不过换了个方向，典型的就是转移到孩子身上，琢磨他们各个方面表现如何，竭力找到他们的强项，确保自己在找家教、发现问题或者送他们去游泳比赛之类的事情上领先其他家长一步。于是竞争还在继续，只不过以完全不同的面貌。

萨拉就妇女回归家庭的个人和社会后果，提出了一个重要见解。退出职场本该令这些妇女摆脱单调乏味的差事、压迫性的有害工作文化，以及对工作与家庭美妙平衡的西西弗斯式追求。但相反，为了把自己的技能、精神和能量都传给孩子，她们将自己的本领和竞争力量转移到了家庭 CEO 的角色上。正如社会学家安妮特·拉鲁所指出的，协作培养的目的，是令中产阶级儿童掌握对其未来有利的技能、保持中产阶级地位所必需的技能。[66] 这些妇女回归家庭，主要是为了确保孩子将来能够获取同等地位，从而维持其父母所享有的特权，途径便是向他们灌输争取圆满、成就、自我实现和成功的竞争精神。

社会学家梅利莎·米尔基（Melissa Milkie）和凯瑟琳·沃

---

* 源自真人秀美剧《橘子郡娇妻》(*The Real Housewives of Orange County*)，讲述了几位带着孩子的贵妇人的奢侈生活。她们攀比成性，为了爬上社交顶层而挥金如土、不择手段。该剧第一季于 2006 年播出。

纳（Katherine Warner）认为，这种高强度母职做法的实质是"地位保障"（status safeguarding），即母亲为确保孩子在竞争激烈的市场上能维持或提高原有社会和经济地位而做出的警觉性劳动。然而，她们和其他一些研究发现，这种高强度的母职工作会伴有或引发剧烈焦虑，并"以母亲的职业生涯、身心健康和内疚心理为巨大代价"。[67] 曾是副校长的克里斯蒂娜就坦率地反思了自己教育孩子时的焦躁。她聊到一个小插曲：儿子在做作业时，不断用橡皮擦掉字迹。她"对他很生气"，叫他别再擦了。"用一条线划掉就行了！考试的时候，你擦来擦去就是浪费时间！"她训斥道。但儿子坚持说："不，我就要擦掉！不要它们留在那里，乱糟糟的，我就要擦掉！""然后我就跟他吵了起来。"她承认道，不过很快就内疚、后悔得不得了。"我觉得我**没**资格生气，因为我已经把压力卸掉了。我不像上班族妈妈，晚上6点才进家门，肩上扛着那么重的担子。我没有资格焦虑啊！"

把职业技能和职场上的竞争力转移给孩子，再在他们身上间接地活着，于母亲和孩子都是莫大的压力。[68] 竭力成为完美的零失误母亲通常令人惶惶不安，而不是像《BJ单身日记》和其他流行影片中看到的那么滑稽有趣。母亲们对于自己可能无法保障孩子以后（至少）获得中产地位的担忧，又使这一焦虑进一步恶化。鉴于当前的经济形势，以及未来工作很大的不确定，那种一代更比一代强、永远在进步的观念受到了极大的冲击。[69] 一些受访男士和女士曾讽刺地说，他们把所有这些投资到孩子身上，这样他们便能从大学毕业即失业，然后搬回家住。

参加学校方面的活动，诸如筹款、辅导和训练学生、协助学校组织演出（制作专业服装和舞台布景、指导戏剧和音乐演出等等）、为学校预算和法律事务建言献策，似乎为妇女们提供了一种理想的平衡，让她们得以"活动大脑""做些创造性的事情"，她们这样告诉我。它有助于缓解全职妈妈，尤其是学龄儿童妈妈的隔绝感和孤独感。安妮是三个学龄孩童的母亲，她透露自己曾一度陷入抑郁："有时会有种强烈的与世隔绝感……你可以在校门口装出笑脸，但只有十分钟，然后回到家，关上门，剩下的白天黑夜都闷在家里。"在几个与孩子参加的体育活动和学校有关的组织做志愿者，才帮助她走出家门，克服了抑郁和隔绝感。

珍妮曾是一名工程师，现在免费经营着课外电脑活动社。她是小儿子学校的理事会会长，也是大儿子学校的财务委员会会长。她发现，与学校相关的志愿工作范围在不断扩大。地方政府的支援力度大幅削减，学校越来越依赖家长的专业知识和技能。"像我们这种还不错的中产阶级社区，"珍妮补充道，"学校的情况还行。通常能在什么地方找到一名会计师，或者律师，但要是找不到，就彻底完喽。"住在伦敦另一块绿树成荫的中产社区的安妮，也深度参与了孩子学校的家长组织，她也证实了这一点。安妮自豪地告诉我，在一次讨论经费削减的学校会议上，校长是怎么表扬家长组织的，说学校富足多亏了它。"而是谁成立的这个组织呢？是我们！全职妈妈们！这就是我们对社会的贡献！"安妮喊道。尽管这些无偿、半公共性质的活动满足了学校的需要，帮助妇女走出家门、远离家务琐事，并让她们获得了少许刺激和满足，但它们仍然只是女性作为母亲和家庭管理者角色的延伸。它们有益于学校、孩子和家庭，但无益于作为独立成年人的女性自身。[70] 而且关键是，就像阿莉·霍克希尔德指出的，虽然做志愿工作赋予了妇女对未来公共生活的私人幻想，但并未妨碍她们丈夫的事业——这一主题会在第 4 章展开。[71]

我采访的妇女们，貌似"选择退出"了前文达娜所说的"大规模资本主义参与实验"。她们离开职场的选择，正如一些人主张的，可以看作对新自由资本主义的反抗——反抗它只注重商品生产领域和所依赖的有害竞争工作文化。她们甘当全职妈妈，可以理解成试图调整优先级，将照护置于竞争之上。看起来是从发达资本主义的要求中解脱了，从公共领域的工作中解脱了，但那仍是她们的政府在提倡的，而她们的丈夫——大多从事位高权重、薪资不菲的工作——仍然身在其中。而且，**回归家庭**——部分迫于发达资本主义压力的选择——的后果之一，是妇女们成了**家庭的首脑**，把家庭当成小型企业来经营，并且采用"高强度母职"[72] 的方式试图确保孩子无可撼动的中产阶级未来和安定生活。这些妇女在把专业技能和竞争精神转而用到孩子身上，自己扮演起家庭 CEO 角色的同时，可能延续了职场上很多人认为残酷的景象。她们实则延续了新自由主义，因为把孩子当作了人力资本——对他们的投资，是一种提升未来收益的手段。[73] 用前财务总监萨拉的话来说："于是竞争还在继续，只不过以完全不同的面貌。"

第4章

偏离常规的母亲 vs. 被禁锢的妻子

　　表面上，受访妇女的陈述围绕的是母亲身份：母职是她们决心放弃工作的主要原因，于是母亲成了她们辞职后的首要身份。但母亲的故事背后，微妙而深刻地隐藏着妻子的故事。虽然妇女们很少直接谈到妻子身份和职责，但她们所做的决定、她们的人生轨迹和日常生活，都深受妻子身份的约束。然而，这些高学历的现代自由女人们对自己作为妻子的角色和身份感到非常矛盾。她们同丈夫一起制订了策略，掩盖妻子职责，模糊过去丈夫负责事业和经济领域，妻子负责家庭和照护领域这种传统性别分工造成的冲突。本章将系统化地说明这一掩饰办法。首先由妈妈们讲述她们当母亲的亲身经历，分析它们如何依托对母职的通俗解释，反过来又支持了后者。但这些母职行为的公共或私人叙事只是幌子，掩盖了本章第二部分的主题，即女人作为妻子的核心身份和角色，以及她们对其无比矛盾的心理。

首先来看一下苔丝的故事，它很好地体现了女人们的表述如何借助关于母职的流行话语和政策叙事掩盖了她们的妻职。

母职的私人表述

49 岁的苔丝以前是高级新闻制作人，有两个孩子，已经当了六年全职妈妈。她在访谈一开始回忆道：

> 早在 18 岁时，我就很明确自己想做什么了。我一直想当记者……我一心一意想闯出一番事业……那就是我的人生计划！我的计划里没怎么想过要孩子……基本上没考虑那个，也不是完全不（考虑）……20 来岁的时候我心想："老天，我不要孩子了，不然会毁掉我的人生的！"而且我是个女权主义者来着。我真心觉得女人应该工作。

苔丝的人生计划，契合了 20 世纪 80 年代那种赋权、自信、决心做出一番大事业的主流妇女的理想（令人回想起 1988 年电影《上班女郎》中梅拉妮·格里菲思［Melanie Griffith］饰演的角色，或者 1980 年电影《朝九晚五》［Nine to Five］中简·方达［Jane Fonda］、莉莉·汤姆林［Lily Tomlin］和多莉·帕顿［Dolly Parton］饰演的女主角们），可能也受了后者的影响。苔丝曾获政府管理学学士学位，其后接受了为期一年的报社记者训练，接着被派到英格兰南部一家地方报社，开始了第一份工作。

随后几年，她辗转于英格兰各地的地方报社，积累工作经验和晋升资历。20 世纪 90 年代初期，她在英国一家龙头电视网络公司拿到第一份电视新闻业的工作。工作很紧张，而且常常要上夜班。苔丝说它"很有趣""特别有意思""太棒了"，赋予了她"丰富多彩"的经历和"极大的自由"。她的事业稳步上升，一直做到高级新闻制作人。她供职的机构"非常大方"。她在第一个孩子出生后，请了一年的产假。过了两年，第二个孩子出生后，又休了 12 个月产假。之后在有偿全职保姆的支援下，继续工作了三年。然而，当大孩子快 6 岁开始上学，而小的才 3 岁时，她辞掉了工作。她的单位给出了慷慨的裁员补偿，据苔丝回忆，"非常诱人"，"是个很好的离开契机，本身我也需要休整"。但是为什么苔丝顺利的、处于上升期的事业需要休整？为什么那会儿成了很好的离开契机？

在我问这些之前，苔丝补充了和辞职决定相关的重要信息。她一天工作十小时，此外每天还要花一小时通勤。孩子们还小，"他们需要我"，她解释道。尽管头几年，保姆"减轻了她的负担"，但孩子一入学，她就感到（他们）迫切需要自己。她告诉我，即便现在两个孩子都上了学，他们仍然希望她继续当全职妈妈。"我觉得，我真的觉得，觉得其实他们现在，可能还是需要我的……一听说我想找份工作来做，他们就会难过。什么？什么？你要出去工作？那我们怎么办？！"因此，当好母亲似乎是苔丝做出重大辞职决定的主要原因，而单位慷慨给予的裁员补贴更是推了她一把。

在我们所处房间的壁炉上方，挂着一张四口之家的照片：苔丝、两个孩子，和一个男人，我推测是孩子的父亲。我有些惊讶，访谈已经过了半个多小时，苔丝一直没提到她的丈夫。我不想直接问，怕会触及敏感或痛苦的话题。于是我问她，能否进一步谈谈她的辞职决定。"你说裁员补偿是一个重要的考虑因素。"我说。苔丝回道：

> 对，是的，是的。不是，我是说不光是因为这个……我那时感觉，嗯，我，我有点，你知道吗，我在这上面有点纠结……而且，也有，也有其他原因。我丈夫是律师。他要工作特别久。他比我小一点，他要追求他的事业和发展。而我能理解他的事业……我感觉，可能正处在上升期……他不可能当我的后备计划……［要是孩子们生病了，］我丈夫绝不可能说："噢，不要紧，我来请一天假。"［笑］这叫我很心酸，真的很心酸。我无法想象自己要怎么［留］在职场。

"本身要休整"的决定，看来并非全赖于本身。苔丝承认，放弃顺利的事业仅仅是因为孩子们需要她，这个说法站不住脚。母亲的责任以及难与工作协调虽然重要，但只是苔丝辞职的原因之一。丈夫蒸蒸日上的事业前景，及其包含的高要求、长时间工作，对她的影响同样不容忽视。她明白那既会造成家中实质性的父亲缺位和丈夫缺位——用她的话说，叫她"心酸"——也会断送她的事业。但双职工家庭无法应付父母两方既要保证经济收入又要照顾家庭的多重压力，所以苔丝还是辞了职。

"但为什么辞职的是**你**？"我困惑地问道，尤其因为苔丝离职那会儿，已经挣得比她丈夫多了。"孩子们生病时，"她解释道，"总是我请假，而不是我丈夫……我，说来好笑，我就觉得应该是我，必须由我去，因为我必须照顾［孩子们］。我是看护员啊。"苔丝的"说来好笑"透露出她意识到，她"自发"接受看护主力的角色，进而放弃工作，有些不大对劲的地方。她知道，放弃成功且回报丰厚的事业去照顾孩子，不见得是自然而然的事。

尽管大多数辞职妇女挣得比丈夫少，但就苔丝（以及其他一些受访者）而言，她挣得更多。[1]所以那种考虑育儿的经济成本，认为妇女不该继续上班的传统观念就说不过去了。苔丝的经历让人不禁怀疑她在访谈一开始小心准备的说法，即她离职主要是出于母亲的责任。她决定辞职来照顾孩子，那么丈夫便不用请假，而能继续投身长时间的工作，发展他宏伟的事业。因此，苔丝辞掉她热爱、享受，而且干得非常出色的工作，似乎既是为了有更多时间陪孩子，也是为了支持丈夫的事业。这是她作为母亲的选择，也是作为妻子的选择。

类似地，42岁的朱莉也是辞掉出版业的美差，去照顾两个学龄孩子。她说：

> 身边有很多很棒的工作，女人真是做着特别了不起的事情，而且充满激情，［而且］处理孩子问题很有一套！……想要成为那种职业派，那种模范型的，那种，你知道吧，嗯，

表现得……和为家庭做贡献之间，有种矛盾……嗯，而且，
嗯……我觉得这种矛盾不会凭空消失：虽然你很想说……
说我在以另一种方式为家庭做贡献……但是如果我决定要
孩子，**我**就要承担照顾他们的责任……我决定了要孩子，
所以我要去照顾他们。我要陪在他们身边。

朱莉面临着一种矛盾，一方面想当那种模范型的"职业派"，
相信自己在经济上为家庭做出了贡献；另一方面想去照顾孩子，
因为丈夫"把上帝给他的所有时间都用在工作上了"。她和苔丝
一样，竭力压抑这种矛盾情绪。她坦言道，即便已辞去工作九年，
这种矛盾仍未消失。她也像苔丝一样，用感情打了个掩护。照
顾孩子是她唯一职责的说法，压下了她对那些拥有"很棒工作"
的妇女的嫉妒，以及成为其中一员这个无法实现的梦想。

情感上的掩饰要起作用，需要来自外界的支持和认同。成
功压制妇女作为妻子的重要角色，及其给她们生活和身份带来
的影响，还要靠受访妇女们提到的一种更大的叙事，帮助她们
冲淡妥协和矛盾。社会学家阿莉·霍克希尔德称之为文化掩饰。
她详述了在 20 世纪 80 年代，超级妈妈形象——事业与家庭两
手抓，"异常高效、有条不紊、精力充沛、聪明而且自信"的妇
女想象 [2]——是如何在杂志、建议类书籍、广告和电视上大行
其道的。霍克希尔德认为，这一形象很吸引职业妇女，因为它
提供了一种文化掩饰，来配合她们的情感掩饰，为她们的"妥
协蒙上了'无可避免'的色彩"，同时掩去了夫妻俩维持双职工

家庭所面临的压力和对压力的极力克制。[3] 在 21 世纪 10 年代，当代文化和政策再现继续为妇女提供有力的掩护，来隐藏她们的情感斗争。尽管超级妈妈形象尚未退去，其他形象已然兴起，令苔丝、朱莉，以及其他许多受访妇女确信，她们的主要角色是照顾孩子。接下来将探讨的母职的公共表述，则帮助她们压下了当母亲、当妻子的种种矛盾与纠结。

母职的公共表述

当代文化对"母亲"有着"醒目的关注"[4]，母职从未被"这样关注，这样讨论，这样公开"过。[5] 电影、新闻、电视、妇女杂志、广告、名人谈话、指南类书籍、社交媒体和文学小说中大量涌现了大量关于母职的讨论和对母亲的再现。[6] 尽管妇女在媒体上的再现有了明显改变，但研究表明，她们仍时常被描绘成照护型角色，尤其是作为母亲的时候。[7] 当代媒体和文化对母亲大书特书，而对父亲一笔带过（尽管出现男性从事照护工作的再现是显著的改变），显得妇女同儿童养育，以及更普遍的护理工作之间的关系自然而然、深之又深。

母职不仅随处可见，而且绝大多数被冠上了选择的名义，好像并未受到明显的父权压迫和扼制。[8] 正如第 3 章所述，全职妈妈被异口同声地说成个人选择，而很少提到障碍、限制或遗憾，即便她们当全职妈妈的"选择"是迫于，比如说，裁员的压力。[9] 另外，对于好妈妈和坏妈妈的成见，仍一贯是用来评价妇女的刻板标准。[10] 这在英国最近的经济紧缩时期特别明显，工人阶级母亲，尤其是贫困的单身母亲，不断被政治和媒体言论妖魔化，说她们没对经济做贡献，也没能"妥善"地管好自己和孩子，因此要为英国沦为"破败的社会"负责。[11] 与贫穷、饱受诟病的失败妈妈不同，中产（中上）阶层妈妈常因"培育有方"和行为负责受到美化和关注。政客夫人们，例如前第一夫人米歇尔·奥巴马（Michelle Obama）或前英国首相戴维·卡梅伦之妻萨曼莎·卡梅伦（Samantha Cameron），就被典型地树立为模范妈妈，对她们的描绘和评论都是：独立的现代女人和伟大的母亲。[12]

母职越来越高的可见度也复兴了对妈妈们的审查和监督，包括记录她们的所作所为、行动地点和方式。[13] 在网络上，指责妈妈、苛刻评价其养育做法的现象[14]已经屡见不鲜，父母们，尤其是母亲，迫于压力常会通过科技手段和社交平台来分享家庭生活照片——这一做法现在被称为"晒娃"。[15] 2016 年 Facebook 上的"母亲挑战"（Motherhood Challenge），召集妇女们发布一系列表现"当妈快乐"的照片，并附上她们心目中其他"伟大妈妈"的姓名标签，就是一个强化母育审查、向母亲施压的例子。[16]

近年来的政策话语和政治演说，鼓励也可以说参与了对母亲和母育的审查与监管。表面上，政策和政治话语视母亲与父亲同权同责，往往说"养育"，而非"母育"。在英国，戴维·卡梅伦自 2005 年当上保守党领袖开始，就一直强调对家庭结构持更为包容的态度，这在对待同性恋和民事伴侣关系*上尤为明显。[17] 作为其推动现代化和重塑保守党更为宽容、包容、与时俱进形象的宏大计划（其继任者特雷莎·梅也是该计划的重要支持者）的一部分，卡梅伦的政策和话语谈论的是家庭作为一个整体和父母**双方**的责任。例如，在 2014 年关于家庭的演讲中，他强调"不仅要支持母亲和儿童，更要支持整个家庭"[18]；在 2016 年关于人生机遇的演讲中，他提到"妈妈和爸爸确实在构建宝宝的大脑"。[19] 在这个语境中，卡梅伦是为了树立自己作为父亲和顾家男人的形象。[20] 2015 年，保守党政府为了让父母能在孩子出生第一年分担育儿工作，推出了共享产假制度（Shared Parental Leave）——不过时至今日，父亲们对这项制度的利用率仍然低得出奇。[21]

但与此同时，在上述人生机遇的演讲中，卡梅伦在强调优质培育对儿童成长的重要性时，也谈到"在妈妈和孩子之间建立终生的情感纽带"极其关键，并引用（第 3 章中提到的）《虎妈战歌》[22] 作为理想育儿模式的缩影。从广义上说，英国政府的政策话语一直保持着传统的家庭观，对妇女的角色和责任也秉持保守的价值观，即便在其领导人历史上第二次由女性担任时也不例外。[23] 英国政府的政策很大程度上仍旧沿袭了撒切尔主义的核心原则，即视强健的家庭关系和（异性恋以及符合异性恋规范的）婚姻为社会团结和稳定的基石，并出台强调家

112

---

*　指同性恋伴侣虽不具备法定婚姻关系，但享有与异性夫妻一样的法律权利。

庭责任的政策。在撒切尔政府的福利政策中，虽然"对家庭性别角色分工的说法含蓄了不少"[24]，但总体目标还是保持传统的家庭结构、角色和责任——暗示妇女，她们实际上只有继续照料家庭，才能拥有"平等"。[25] 因此，尽管政策和政治话语营造出平等的表象，但事实上它没有考虑造就母亲遭遇的顽固性别政治和阶级政治。[26] 随着政策和政治言辞不断强化妇女为儿童照顾主力的观念，尽管措辞含蓄，但母职仍旧承受着性别偏见。[27] 由于身边都是"女人的角色和职责就是当家长主力[28] 和好妈妈"这种强劲而一致的看法，我采访的女性退而认为她们的主要（甚至是唯一）职责就是抚养孩子——各类研究表明，诸多女性和男性都对这一观点深信不疑[29]——也就不足为奇了。

尽管如此，过去 20 年来，随着宏观社会和政治的变迁，母亲和母职的再现出现了一些重要变化，包括女性学历的提高、就业率的提高、女性主义的影响，以及母职的"酷儿化"*。[30] 和过往时代相比，当代再现对母职的刻画更为细腻和复杂。从好妈妈—坏妈妈二元对立衍生出越来越多的形象，动摇了生理性别与性别身份之间曾经认为理所当然的关联，也挑战了长久以来统治文化领域、传播"高度浪漫化但要求苛刻的母职观，成

---

* 原文为"queering"，源自酷儿理论（Queer Theory），兴起于 20 世纪 90 年代，起源于同性恋运动，后来扩展为为所有性少数群体"正名"的理论。酷儿理论挑战了主流文化和占统治地位的性别规范，反对异性恋霸权和性别的二元对立论。此处指如跨性别者、双性者等性少数群体或其他与主流意识形态相背的母职实践。

功标准可望而不可即"[31] 的"妈咪迷思"。

电视已经成为"越轨"母亲形象的重要生产源和传播口。从 20 世纪 80 年代末、90 年代初开始，诸如《拖家带口》（*Married with Children*）、《墨菲·布朗》（*Murphy Brown*）、《罗斯安家庭生活》（*Roseanne*）和《辛普森一家》（*The Simpsons*）[32] 之类的电视节目，到最近上映的影视剧《大小谎言》《傲骨贤妻》《绝望主妇》《单身毒妈》（*Weeds*）、《广告狂人》（*Mad Men*）、《极品老妈》（*Mom*）、《护士当家》（*Nurse Jackie*）、《谋杀》（*The Killing*，美剧）、《代班》（*The Replacement*）、《福斯特医生》（*Doctor Foster*）、《我的妈啊》（*Motherland*，英剧）、《权力的堡垒》和《丽塔老师》（*Rita*，丹麦剧），都刻画了更为复杂和多面的母亲形象。女性主义媒体研究者苏珊娜·达努塔·沃尔特斯（Suzanna Danuta Walters）和劳拉·哈里森（Laura Harrison）发现，美国大众媒体中出现了"反常的""毅然决然反常规"的新型反面母亲形象，她们抵制男权支配和常规的家庭主义。[33] 沃尔特斯和哈里森认为，像《傲骨贤妻》[34] 中出色的女律师艾丽西亚·弗洛里克、《广告狂人》[35] 中失意的家庭主妇贝蒂·德雷珀（Betty Draper）、《谋杀》中的女侦探萨拉·林登（Sarah Linden），以及网飞公司（Netflix）在国际发行的丹麦剧《丽塔老师》[36] 中的女教师丽塔这类角色，填补了"公众对母职的理想认知与复杂得多（也往往苛刻得多）的日常生活现实"之间的落差。[37] 即便是以散布带有性别歧视的刻板女性形象和守旧妈妈形象闻名的广告业，近年来也出现了越来越多非常规的母职再现，例如菲亚特汽车公司（FIAT）嘲弄完美、自然、幸福妈妈神话的商业广告"母亲的壮举"（The Motherhood Feat），或德芙食品公司（Dove）2017年"真实妈妈"（#RealMoms）的广告宣传。[38]

互联网在推动对母亲的审查、评判和自我监督日益强化的同时，也为表达和阐述更为复杂的母职状况提供了空间。近年来涌现出一大批"妈咪博客"、网站和社交平台，呈现出细腻而丰富多彩的母亲故事和形象。例如，关于Facebook"假正经妈咪"（Sanctimommy，与"sanctimony"［假装神圣/虔诚］谐音）社区的一项研究发现，通过嘲讽那些通常与"高强度母职"有关的自以为是——尤其是认为母亲天生是最能干的家长，要在孩子身上投入大量时间和精力的观念——该社交媒体平台提供了一块批判压迫性母职理想、交流其他母育办法的空间。[39]这类平台通过凸显母职的复杂性，即它不仅包含满足感和幸福感，也糅合了沮丧、失落、愤怒和忘恩负义等强烈情绪，来解构和重建母职的意义。

文化平台上这类更复杂的母职呈现，在受访女性的叙述中得到了回应。她们从母育工作中得到了非常多的乐趣，从母亲身份中获得不少满足感。她们很开心能积极地培养孩子，在"任何他们需要的时候"陪在他们身边，而不是依赖有偿保姆。但与此同时，她们常常也很坦率地谈到当母亲的挫败和困难。几乎每个人都碰到过忘恩负义、不知感恩的情况。有些痛苦地吐露，感觉自己的付出被视为理所当然，她们毫无存在感，就像一些人说的，总是处于"底层"。媒体上日益复杂、矛盾和"反常"的母亲形象，和交流母育平淡、杂乱而沮丧一面的平台的涌现，似乎为受访女性们表达当母亲的矛盾经历和复杂感受提供了许可和语言（事实上，部分人提到加入了"妈咪网"［Mumsnet］和"在家妈妈很重要"［Mothers at Home Matter］之类的网络平台）。[40]

然而，母职在公共视野越来越高的可见度和非常规母亲再现的涌现，掩盖了妇女生活的另一个基本方面。就像美国社会学家阿丽尔·库珀伯格和帕梅拉·斯通的研究（见第3章）显示的，"女性的新奥秘"出现了，其中"母亲角色取代了妻子角色"。[41]即使是《傲骨贤妻》这样一部标题表明直面妻子话题的电视剧，关注的重心也是女主角作为母亲和成功律师的角色。艾丽西亚·弗洛里克的丈夫在故事开始进了监狱，被释放后二人分居，因此剧中描绘现实中妻子身份的篇幅十分有限。在"女性的新奥秘"中，母亲身份挤掉了妻子身份。这一奥秘帮助受访男女隐藏起妇女因为人生中核心的妻子角色而做出的艰难妥协和矛盾心理，及其给她们的身份认同造成的深远影响。

妻职的私人表述

要把女性陈述中母亲角色的部分同妻子角色的部分分割开来比较难办，因为二者在她们的生活中是纠缠在一起的，而且她们还在极力压制妻子身份的核心地位。她们非常清楚妻职的贬义色彩，因此总是尽力把自己同母亲那一辈旧式、传统的妻子区分开来。然而在她们的叙述中，妻子身份尽管层层遮蔽，却从未被完全掩盖。

115　　　萨拉过去是美国一家跨国公司的财务总监，嫁给了一位事业成功的银行家，现在是两个孩子的全职妈妈。在她讲述的无私母亲放弃事业的故事中，就隐隐透露出了妻子身份：

　　　　我确实意识到自己所做的［从事高要求、长时间的工作］，对处于破碎边缘的家庭没有帮助。有点太自私了……继续工作是种自私的选择，因为你工作的理由是……它给予**你**过**你**的生活所需要的，我是指，给你规划，给你权力，给你从事这个行业的荣耀。就这点来说，它满足了我的需求，却满足不了我孩子或丈夫的需求。要想两个人都出去满足自个儿的需求，而不管家里其他人在受罪，我就得……母亲应该要无私，对吧？

　　　　但是……但是，天哪，你把这些都记下来了，我要想想有没有说错什么！

　　对照母亲应该无私奉献的主流期望，萨拉将她通过工作来实现自我解释为任性和自私的行为。她把离职选择描述为夹在两种相互冲突、无法调和的奉献之间的选择——一边是对自己的，一边是对孩子的。这一选择要她在从业者身份**或**母亲身份之间做出取舍。然而，隐藏在她叙述中的还有另一层重要的奉献：对丈夫的。她认为继续工作是"自私的"，虽然工作赋予她"荣耀""权力"和"规划"，但无法满足孩子们和丈夫的需要。在她满足孩子需求的诚恳愿望——这一点是主流再现所崇尚的——背后，还有满足丈夫的愿望。然而，不同于讲到为孩子奉献牺牲时的大谈特谈、引以为豪，还引用母亲应当无私的社会期望作为支持，她只是简单提了一下满足丈夫的需求，一带而过，弄得好像和满足孩子的需求是一回事（"或丈夫的"）。萨拉知道，承认她重大的辞职决定，起码有一部分是出于当妻子的考虑，就像"说错（了）什么"。因为（像她后来做的）承认离开职场部分是为了丈夫，不符合她很想坚信的"女性新奥秘"的主流价值观。

116

对大多数受访妇女来说，做出辞职决定的后果，便是像她们所描述的，"陷入"了一种"守旧""传统"的家庭模式。很多人承认，甚至在有孩子以前，婚姻生活就出现不平等了：虽然夫妻都有全职工作，但打理家务的还是妻子。大多数时候，是在第二个孩子出生后，双职工家庭模式才渐渐无法应付多重压力。于是妇女"选择退出"职场，而家庭转换为"传统""守旧"的模式。"我包下采购的活儿，包下烧饭的活儿。恐怕是，相当老式了。"达娜说这些时，不住地深呼吸。"我们陷入了非常，可以说是传统的家庭角色，〔深呼吸〕嗯，尽管我不是那种特别传统的人。"葆拉有些惭愧地解释道。"突然之间，我们就接受了特别特别传统的性别角色。"珍妮不安地吐露。

"老式"的家庭模式是怎样的？那种性别分工是如何影响女

性的生活和身份的？当前的文化想象，尤其是对母职的盲目崇拜和理想化，又是如何支持性别分工，以至于模糊了妇女妻子身份的核心地位，及其造成的复杂感受的？

忍受分工

我让受访男人和女人描述家里的家务分工情况。妇女们几乎都报以得意的微笑。例如，曾因工作出色获得过杰出表现奖的前会计师海伦就答道：

> ［笑］我丈夫工作，工作很辛苦。他回到家，就拿起他的平板。然后坐下来。然后打开电视，然后，嗯，基本，基本就这样了！［笑］啊……所有文书工作都交给了我。账单都我来结。假期我来安排。孩子上学我来管。我来……**所以他都用不着多想，或者沾手任何工作以外的事情**……因为那些都由我包办了。我要确保家里不会搞得一团糟。我要采购，采购食物，嗯，然后，啊，不过我也就随便，随便买买，可以这么说吧？［笑］

117　　尽管海伦只是"随便买买"，但她总要在担任一家大公司高级财务总监的丈夫晚上下班回来前，尽力确保"家里井井有条"——为此每天把孩子哄上床后，她还要花一小时整理家务。一年前，为了排遣无聊和"让大脑活动起来"，海伦开始攻读硕士学位。她过去习惯在床上温习功课，直到有天晚上丈夫说："你知道我最讨厌什么吗？最讨厌躺在你旁边听你划拉东西！"尽管在书页上划重点的声音或许的确让想在床上安安静静看书的人火大，但也可以说惹火海伦丈夫的并不是那声音本身。对他而言，海伦在课本上划重点的声音，是她母亲和妻子以外的身份和活动讨厌地侵入了他的栖息领地。他独占的经济生产公共领域，和她独占的社会生育领域，必须分隔开来，这样才像海伦坦言的："他都用不着多想，或者沾手任何工作以外的事情。"值得注意的是，海伦觉得不该在书房熬夜学习，身为妻子意味着晚上丈夫睡觉时，她也必须躺到床上。

我采访的妇女们，常在不知不觉中纵容了丈夫投身工作的公共领域、自己投身家庭领域这种几乎完全分隔的安排。历史学家叶利·扎列茨基（Eli Zaretsky）认为，这一性别分工的历史根源，在于资本主义和父权制的制度特性。[42] 早前介绍过的曾是新闻制作人，如今是两个孩子全职妈妈的苔丝，也闷闷不乐地谈到这点。她多次深呼吸、停顿或苦笑：

> 我丈夫晚上 8 点半才到家，所以不指望他能做什么。说实在的，到那时活儿都干完了，对吧［笑］。他其实也不做家务，我感觉他都几百年没拿过吸尘器了！［笑］……
> 周末的时候——我来，嗯，我会，基本上，大部分时候……好吧，是我来做饭，还有，你懂的，家庭聚餐之类的。［吸气］缺了什么（他）会去买，零零碎碎的东西。除此之外，他可能会带他们出去打一会儿板球，嗯……他

们的板球赛季快到了，但他，他会［停顿］……天气好的话，肯定会带他们出去练一会儿球。［吸气］但除此之外，我得说……他不怎么带孩子的。

　　　　其实……［停顿］……他不怎么管他们的家庭作业。他指导作业就是"去，去自己做"，你知道吗［笑］，就好像说"有问题再来找我"。但他不……我就觉得他不大愿意。我想会不会是因为……［吸气］……他在公司待得太多，太久了［停顿］。像是有点不再注意那些事儿了，真的［停顿］。但或许也是我给了他那样的机会，你知道。因为［吸气］，我好像，嗯……有点太把这些事往自个儿身上揽了，因为确实我有时候会想［笑］，我希望这些井井有条的，而不是［笑］，不是这不好那不好，一团糟。但是，对吧，要是这么做，某种程度上来说等于自讨苦吃。

苔丝的陈述鲜明地展现了她是如何放弃反抗不平等的可能，转而选择妥协的，而选择那种经济生产领域（顽固地被归为男性担当）和社会生育领域（归入女人的照料范畴）的旧式划分，又是如何在她家的日常生活中不断上演的。苔丝所说的丈夫"在公司待得太多，太久了"，可以看作一种基于历史传统的辩白：男人在经济生产领域待得太久，不再注意家庭了。"男人们周五工作完了，所有事儿一推，往往会想：结束了！现在是娱乐时间！属于我的时间！"苔丝后来补充道，她深吸了一口气，大笑起来。她属于英国社会学家罗斯玛丽·克朗普顿（Rosemary

Crumpton）指出的，那种打消了和丈夫争辩家务不平等的念头，而把问题和解决办法揽到自己身上的女性——几乎全靠自己找到应对家务和育儿责任的办法。[43] 造成这种情形，苔丝这样的女性也有责任，不管是过去作为家庭主妇，还是现在作为妻子和家庭 CEO。如此一来，她们不仅自讨苦吃，也让整个社会跟着受罪。"也许我确实有点太惯着他了。"苔丝一边承认，一边不安地咂嘴。

财务依赖

金钱是分隔经济／工作／男人领域与家庭／陪护／女人领域的关键标志。不同夫妻在财务方面的安排不同：有些女人和119丈夫办了联名银行账户，另一些有自己的独立账户。丈夫们都有自己的独立账户。有几位女人只有个人账户，依靠丈夫转账。安妮就是其中一个。她成长于英格兰北部一个工人阶级家庭，很小就学会了经济独立，从未向父母伸手要钱。她回想道："我觉得现在挺难的……因为我一直都很独立，一直都用自己的钱，但现在需要什么，就得去找我丈夫，跟他说：'我这个月的钱用完了，但是还需要做这个。'"不得不向丈夫要钱让安妮觉得既幼稚又窘迫。

其他女人——甚至那些有联名账户的——也反映经济上依赖丈夫弄得自己跟孩子似的。例如，本章前面提到的朱莉，就讲述了她因为两个孩子"总是向爸爸要钱"，还说她也和他们一样向爸爸要钱而感到恼火。曾是市场经理的露易丝则谈到女儿 5

岁时用游戏币玩的一次购物角色扮演游戏。"知道钱是哪儿来的吗？"露易丝问女儿。"嗯，知道！"女儿自信地答道，"是爸爸挣的！""她认为钱是爸爸挣的，这就像一巴掌打在她妈妈的脸上。"露易丝郁闷地承认。

然而，有些女人似乎并不为她们依赖丈夫的收入，以及时刻提醒这一依赖关系的财务安排感到困扰。蕾切尔过去是会计师，如今是三个孩子的母亲，已经离开工作岗位十年了。她说，虽然她和丈夫没有联名账户，但丈夫"毫无异议"，自己也"从不觉得亏欠什么"。但就连蕾切尔这样的女性也承认，对于经济独立的意义，自己多少也有些一闪而过的念头。几乎所有女性都强调，虽说理论上可以根据需要自由支配丈夫给的钱，但她们是"理性""合理""吝惜""谨慎"地使用的，尤其是在给自己买东西时。而另一边，很多女性表示，她们的丈夫"慷慨大方""品位奢侈"，喜欢在自己的爱好、小玩意儿和假期上，还有携妻子去餐馆、剧院等地方时花大把的钱。这些女性通过培养自我控制感和自我责任感（就像青少年因理性使用零花钱受到表扬一样），以及对消费行为进行自我监督，进一步加强了丈夫的资本领域与她们的照护领域之间的分化，也巩固了她们最传统意义上的妻子身份。正如女性主义社会理论家南希·弗雷泽敏锐地指出的，在一个金钱为主要权力媒介的世界中，无偿工作者"制度性地低有偿工作者一等，哪怕无偿工作为有偿工作提供了必要前提，哪怕前者顶着新女性家政理想的名义，也是混淆视听罢了"。[44]

空间分隔

丈夫的经济领域和妻子的家庭领域之间的划分，常常是通过空间分隔来形成和维持的。丈夫们通常早出晚归，很多人工作日期间在外出差过夜。而就像安妮说的，对妇女而言，家是她们的工作场所。很多用人单位引进和实行弹性工作制，试图推翻"出勤主义"，让员工能在方便的地方工作，这被视为打破性别分工的巨大希望。这种观点认为，若能让男人和女人在家工作，夫妻就能更平等地分担家务和养育责任。然而，尽管一些受访男士或受访女士的丈夫有时候是在家工作的，但他们仍要工作很长时间，几乎顾不上孩子和家务。罗伯托承认：

> 很多家务活儿、家务琐事，还是落在我妻子头上，因为我即便在家，也要坐在书桌旁看电脑。而且我真的走不开，因为这样……对吧……那样没法集中注意力的！所以，尽管我意识到……有必要，对吧，分担家务，但它不是……对吧，不像你想得那么简单。

另一位女人告诉我，她丈夫在家庭办公室门上贴了张"请勿打扰"的纸条，以防在家工作时受到孩子们（和她）的打扰。BBC 世界新闻（*BBC World News*）2017 年 3 月的一则采访，也滑稽地暴露了在家工作未能进一步实现性别平等的问题。采访播出后，一度在网上疯传。视频中，国际关系教授罗伯特·凯利（Robert Kelly）——一位白人中年男性——坐在自家书房的

121

办公桌旁,回应记者关于弹劾韩国总统的提问。没想到他身后的房门开了,4岁的女儿晃悠悠地走进来,兴奋地挥着胳膊向爸爸扑来。凯利注意到她进来了,但依旧面对屏幕,只是竭力想从背后把她推离镜头。几秒钟后,她的小弟弟也骑着娃娃脚踏车闯了进来。很快凯利的韩国妻子(全职妈妈,很多社交媒体用户误以为是保姆)[45]跟了进来,手忙脚乱地在房间里追赶,费了会儿功夫才逮住两个淘气的孩子,然后拼命矮下身子把他俩拽了出去。这则滑稽的片段(除了其他含义还)表明,男人能顺利、不受干扰地在家工作,起码部分要仰仗妻子管住孩子不乱跑,确保丈夫的家庭办公领域和家里的其他地带以及家务活动稳妥地分隔开来。[46]

　　至于受访妇女们是如何维护空间分隔,而它反过来又维持了妻子的角色,令她们"安守本分"的,安妮在采访中提供了一个鲜明的例子。安妮的丈夫在金融城当信息技术顾问。他一早离开家,通常要到晚上9点才从办公室回来。因此,工作日期间他很少送孩子上学或帮忙照顾他们。然而,他每周有一天在家办公。他还是个狂热的壁球爱好者,所以每周有壁球比赛的那天,他必定会在下午6点前赶到他家附近的壁球场。我很想知道安妮的丈夫在家工作的时候,会不会帮忙照料孩子和/或家务。我问安妮,他在家的时候情况会不会有所不同。安妮答道:

　　　　哦,有的!我往往得出去,因为他要工作。家里有三个孩子，没有固定给他办公的地方。所以他在厨房办公……周一由于［伦敦地铁］铁路罢工，他只能在家工作，而我要做饭。有一回上午10点，他说："你还要多久啊？乒乒乓乓太吵了！"我说我不知道，然后他说："我一天的计划都被打乱了，所以啥时候你快做好了，告诉我好吗？你太干扰我工作了！"［皱眉苦笑］多么讽刺！［她挖苦地补充道］

为了不被这种讽刺情形击垮，暴露出安妮那种对丈夫控制的屈服，也为了应付纵容丈夫导致的偌大让步和痛苦感受，女性们和丈夫制订了策略、说辞和计划来隐藏她们作为妻子的重要角色，压抑身处资本与照护、工作与生活、经济与家庭的性别分工之中所面临的冲突。正如下一节将探讨的，这种惯用的情感掩饰回应并利用了性别、工作与家庭的当代再现、话语和想象所提供的文化掩饰。

掩饰策略：家庭迷思、遁词与计划

本质主义的天然性别差异论

我采访的男人和女人用来证明（反过来又强化了）男女分管不同领域的依据之一，是本质主义的"天然"性别差异论。西蒙娜在解释为什么周末陪孩子做家庭作业的是她，而不是（一周大部分时间都不在家的）丈夫时说道："他可以说不管就不管，我就比较容易操心。"类似地，蒂姆解释说，他对青春期女儿的行为抱着无所谓的态度，不像他妻子那么紧张，也是由于他俩的处事方式有本质区别。但他没意识到这种区别可能不是天性使然，而是劳动分工导致的。"我妻子和我对这事儿的看法略有不同，我就不觉得叫女儿怎么怎么样能给我带来多大的自我价值和自我实现。我接受了她就这样，现实就这样，有些事不是想怎样，就能怎样的。"

与蒂姆不同，海伦说她的丈夫动不动就发脾气，而她相对要冷静一点，抱怨得也少一点。她解释说，这就是为什么，除了周一到周五照管孩子和家务，孩子们周末的活动也是她全权负责接送。因为她和丈夫的"性格"不同，所以海伦觉得，"老实说，我直接自己开车接送，都比叫他过来要容易点"。

不同受访者对男人和女人相反的性格有不同的描述。比如，西蒙娜说她更容易操心，而丈夫"说不管就不管"；但海伦说，相比于脾气暴躁的丈夫，她更冷静，处事更有耐心。不过，他们在描述妻子和丈夫的心理特质时，几乎都会重复这种二元论框架，把女人和男人划归进两个迥异、不相交的阵营。以这种方式解释他们的过往经历时，男女受访者们还引据了流传甚广的本质主义性别差异论，特别是性别差异源于心理构造的观点。这一观点在 20 世纪 90 年代约翰·格雷（John Gray）的畅销书《男人来自火星，女人来自金星》（*Men Are from Mars, Women Are from Venus*）[47] 出版后风靡一时，近年来在对发展心理学的广泛引用下又有所拓展，把性别差异解释成自然且不可避免的。[48]

把性别差异自然化有助于受访男女解释和捍卫自己的选择：既然无疑是天性造成的，那么他们改变不了，也没有直接责任。因此，平时和周末辅导孩子家庭作业的大多是妈妈们，因为她们不像"躺着偷懒""诸事不管"的丈夫，是"精神抖擞""尽心尽力"的。[49] 但同时，这类评价也充满了矛盾情绪。"我认为说男女之间存在差异不一定就是性别歧视……差别是有的，对吧，个体差异，或许有些人就更适合另一套过法。"夏洛特说道，像是为丈夫和她"天生"有些不同的说法辩解了一下。虽然受访男女们清晰地意识到这类观点和性别差异论中（很多人提到）的守旧倾向和性别歧视倾向，但这些观念有利于他们捍卫自己的选择，并维持不平等的现状。[50]

平等主义理想

奇怪的是，男人和女人在沿用两性存在"天然"心理差异的本质主义观点的同时，还常常说他们是平等型伴侣关系。受¹²⁴访男女们称自己的家务分工是建立在"绝对公平""平等的伴侣关系"之上的，哪怕丈夫们工作日基本不在家，而周末又常常由于太疲惫照顾不了孩子。他们采用一种自由个人主义和性别平等主义的想象，把家庭"看作一个整体或团队，是一种平等伙伴关系"，即便就像安杰拉·麦克罗比指出的，"这意味着爸爸全职工作，妈妈全职带娃"。[51] 例如，曾任高级会计师、现为三个孩子母亲的蕾切尔，是在第二胎出生后不久辞的职，当时恰好在同一家事务所工作的丈夫升了合伙人。蕾切尔的母亲在

20世纪60年代是护士，不过一当上母亲就"迫于那一代的压力，停了工作"，为此她"相当痛心"。"为了重回工作"，她不得不"极力拼搏"。因此当蕾切尔中止职业生涯时，她的母亲非常难过。"但后来她看到我俩实际上分工合作，关系平等，效果还不错"，蕾切尔说，母亲便接受了她的辞职。蕾切尔用平等主义迷思说服母亲，也说服自己，她和丈夫的"平等伙伴关系"切实可行，自己的经历与母亲大有不同。

蕾切尔坦言，她"有份好工作"，让她丈夫"也增光不少"。"他喜欢说，'我老婆以前在金融城里当什么什么，可不得了了'。"在公众面前夸耀他昔日事业有成的妻子——就像维多利亚时代人们常在公共场合炫耀自己的妻子一样——是这对夫妇维护表面风光的某种掩饰。这虽然说明蕾切尔不是（她母亲那样）屈服于父权支配的传统、守旧的主妇，而是实现了职业抱负、主动选择当全职妈妈的独立女性。但是，她丈夫用她以前的职业背景给自己"增光"，用炫耀她来突出自己的身价这点，正暴露了这对夫妻竭力掩盖的、根本不平等的权力关系。坚持平等型夫妻理想让蕾切尔和丈夫显得像一对自由、进步的夫妇，但实则维护了建立在她无奈主妇身份上的不平等和男性特权。"我俩在孩子们面前**表现**得像个团队。"曾是演员的珍妮特在回忆拥有事业、作为独立妇女的过去，反思如今严重失衡的婚姻生活时这样承认。类似地，罗伯托告诉我："**让我妻子感受到'你也是负责人''你也在掌控'，这点很重要。**"维持平等伴侣关系的神话，需要不断有意识地去表现和扮演。

125

我采访的男女们似乎创造了一种特别的说法，玛格丽特·韦瑟雷尔（Margaret Wetherell）、希尔达·斯蒂文（Hilda Stiven）和乔纳森·波特（Jonathan Potter）称之为"不平等的平等主义"论。[52] 20世纪80年代末，韦瑟雷尔等人调查了学生对于妇女就业机会现状的看法，发现受访者们同时采用两种论调。一边针对现实状况，采用本质主义论，把职场上的男女不平等解释为被建构出来的自然性别差异。另一边又表示支持平等主义（egalitarianism）、个人选择自由和平等分担责任这类笼统的自由主义价值观。参与者们将这两种意识形态结合起来，营造出韦瑟雷尔等人所谓的"理论—实际型"话术：他们一边维持父权制的特权和现状，一边又不断用积极的自由主义来粉饰自己。[53] 因此，尽管现实有力地削弱了理想，但重申理想令参与者能够展现出正面形象，同时接纳一种"特别的"自由主义。

彼得在为自己和妻子的选择辩解时，就体现了如何自相矛盾地一边利用本质主义差异论，一边大谈平等关系理念。彼得40多岁，是一家跨国技术公司的高级主管，有两个学龄孩子，妻子是全职主妇。他是公司里的"多元化捍卫者"之一，因拥护性别多元化、力求——用他的话说——"踏平性别偏见"而小有名气。他是这样描述自家的家务分工的：

> 我们把家务做了分工，这样大多是我妻子去采办食材，大多是她来做饭，对吧？我包了家里、花园里所有维修的活儿。我包了孩子们所有周末的体育活动，她包了所有平

时的。这样效果不错，感觉很平衡。我试过去采购，特别是有阵子我妻子回去工作。我把采购当作一种平衡性活动。吃是吃得饱［笑］，但不够理想。还是她做得来！同样，我修整草坪要擅长得多。她去修的话，线条总归不直［笑］。

　　彼得所描述的家务安排，无疑比大多数受访妇女们讲述的更公平。然而，即便这种彼得引以为傲的模式——"平衡""公正"、基于自己和妻子"天生"擅长的不同技能和强项，实际上也很不公平。虽然他有时候做饭，但妻子也做。另一方面，定期进行的采购，主要由妻子负责，而专门由他负责的修剪草坪，则是几周干一回的差事。周末带孩子做体育活动要投入的精力，和妻子负责的整整一周照料孩子，加上部分周末活动所耗费的精力，是没法相提并论的。彼得赞同平等主义设想，赞同各人做他／她理论上擅长之事的精英管理设想，并借用了职场上团队合作和保持平衡的花言巧语——"这样效果不错""感觉很平衡"。这一平等主义设想帮他掩盖了根本上的权力失衡，因为不容置辩的事实是，彼得是经济生产领域小有成就的高级专业人士，而他的妻子不再是职业人员，如今全权负责备受轻视、没有报酬的社会繁衍和照护领域，仅仅是母亲和妻子。

　　这种本质主义／平等主义叙事构成了阿莉·霍克希尔德所谓的"家庭迷思"（family myth）：夫妻双方共同打造的一种遁词，他们反复说与自己并且深信不疑，因为这样有助于避免冲突。[54]它掩盖了致使妇女做出离职"选择"的极不平等的外部环境，而她们仍生活在其中。塔尼娅的评论就揭示了，维持表面上的平等，能确保郁闷情绪得到压制，否则容易引发夫妻痛苦的争吵（部分妇女还可能会爆发）。"西蒙和我的关系还蛮平等的，"塔尼娅说道，"要是他敢阻止我做什么，我就会说：'你知道我为你放弃了自己的事业，而且我有权支配你一半的钱吗！'……嗯，我们永远不会弄到这个地步！"

然而，这种掩饰会时不时地突然崩塌，暴露出平等主义理想和不平等的生活现实之间的根本矛盾。利兹曾是一名学者，嫁给了一名律师，八年前在第一个孩子出生后中断了事业。她讲了一个短暂打破平等主义家庭迷思的小插曲。她9岁的儿子从学校带回来一份问卷，问他帮忙做过多少家务。他勾选了"我经常去采购，我经常打扫浴室"。利兹恼怒地质问他："好像不对吧！我没见你经常干这些！"儿子坚持说他经常干。这时，利兹的丈夫插嘴："不是啦，我去买东西时，他确实常跟我一起去。""但我一个礼拜采购三次，你俩从没帮过忙啊！"利兹生气地说。利兹的愤怒暴露了平等型夫妻不过是她悉心营造的家庭迷思。然而，像这样短暂地颠覆迷思，几乎无济于事。更重要的是，就像利兹的话暗示的，她的愤怒是针对儿子没能分担重任，而不是丈夫。最终，她压下了在这一事件中浮出水面的矛盾。"好吧，"她笑着总结道，"每人干多干少总归各有各的看法！"

抵制主妇定位

妇女们建立和维持平等主义家庭迷思的关键，在于不断努力拉开自己同家务或家庭主妇的距离。正如在第 3 章说过的，我采访的妇女与她们母亲那代被圈在家中"埋头洗碗碟"的主妇[55]——因《广告狂人》中的贝蒂·德雷珀等 20 世纪 60 年代妇女的当代再现和流行梗图中的复古主妇而流传开来的形象[56]——不同，她们强调自己并非家庭主妇。她们都强调自己是多么讨厌家务活，而且靠着有偿家政工的帮助，把要干的家务琐事压缩到了最小范围。丈夫们呢，他们通常鼓励妻子尽量把家务工作交给佣工去做。

我采访的妇女们采取了两个关键策略，来拉开自己和主妇生活的距离，而两种策略都仰赖了她们的经济特权。不过也正是这些本是为了避免成为**家庭主妇**的策略，维持甚至巩固了她们的**妻子**身份。策略之一是用和房屋相关的"创意"活动来取代传统的主妇工作。受访女性中有超过三分之二经常投身房屋的规划、管理，有时还部分地参与到房屋建设、装潢工作中。与打扫和做饭这类受人轻视的主妇职责不同，DIY 相关的活动被称为"项目"，让妇女们引以为豪，从中获得极大的满足感。夏洛特曾是律师，丈夫也是小有成就的律师。我去她家时，她自豪地向我展示了过去两年设计和装修的成果。之后的采访中，她巨细靡遗地讲述了房屋重建的"项目管理"中各种工作的细节。"房子里你看到的每一样东西，每一样最小最小最小的东西，都是我定下来的！每一样都是！"她心满意足、颇为自得地喊道。

有些妇女采用的另一种策略，是进行某种形式的进修。有几位决定通过远程在线学习或非全日制项目攻读硕士学位，有三人攻读博士学位，其余的在伦敦成人教育机构修习短期课程。就像她们经常说的，学习让她们"活动大脑"，而且重要的是，让她们确立自己除了家庭主妇之外的身份地位，尤其因为学业令她们身心都跨出了家庭及其延伸领域——学校、商店以及孩子们的课外活动场所。45岁的海伦就是一个例子，她过去是高级会计师，有两个年龄分别为6岁和10岁的孩子，丈夫是一家大型公司的财务总监。由于意识到陷入"完美"家庭主妇怪圈的危险——"必须把所有东西掸干净收拾好""把床铺像医院里一样折角铺叠"——她从两年前开始攻读硕士学位，但念得很慢，一门课一门课地念，以便每天送孩子上学和接他们回家。这样不但充实了孩子们在校时她的空余时间，而且（最重要的是）就像她用轻松的口吻说的："让我有足够的借口当个糟糕的家庭主妇了！"但是她在孩子们上学、丈夫上班期间花在大学里的"任性"时光，必须隐瞒起来。"我美滋滋地一周听几堂讲座，小孩们浑然不知。我丈夫也浑然不知。完全不受影响。我就这样上了两年，太爽了。"

要想脱离主妇生活，海伦必须先确保丈夫"完全不受"自己私事的"影响"。她需要向孩子和丈夫隐瞒她的其他活动。她丈夫工作一整天后回到家，经常是"没意识到发生过什么，说些'啊，今天和谁去喝咖啡啦？'之类的话"。其他妇女也多次提到的这种嘲讽言语，流露出说话者的少许愤懑和埋怨，背后是男人作为唯一经济支柱所承受的巨大负担和个人代价。然而，像大多数提到丈夫类似说法的女人一样，海伦也避开了对它们

129

的正面反驳或严肃讨论。"我们尽量不谈这个！"她自嘲地说。其他妇女也谈到丈夫偶尔发表类似的挖苦性评论："今天放假过得怎么样，开心吗？"莎伦的丈夫下班后有时会这样逗她："噢，整理这一大堆东西忙坏了吧，有没有累着？"塔尼娅的丈夫时不时也会发出类似的冷嘲热讽。"不过，你知道，他就是为了气我。我知道他不是说真的。"塔尼娅让自己放心。其他受访妇女有时感觉被这些话伤到了，但不会反驳，而是仿佛无视这种"玩笑"。要想像海伦说的，让丈夫的生活"完全不受影响"，要想维持目前的分工，她们就必须权当玩笑听听，避免造成冲突和不快。依靠打趣和沉默消弭摩擦或冲突，家庭生活才得以平稳运行。就像海伦回忆的（注意反复出现的"他"字）："我很擅长处理杂事，所以**几乎都用不着和我丈夫商量**就形成了一种状况，就是他，他，他，他干他的事业，干他的工作，而我去管其他事。"

感恩与幸运

我采访的所有妇女都说，自己很幸运能有这么支持她的丈夫（值得注意的是，我采访的男人中没人这样评价自己的妻子）。这通常与她们的经济特权带来的幸运感有关。丈夫的高收入使她们有条件辞职。社会学家帕梅拉·斯通对中断事业的美国高学历妇女的调查，也发现她们对丈夫给了自己辞去工作、待在家里的选择，抱有类似的感激之情。[57] 然而，我的研究发现，由于妇女们对自己的选择及其给她们的身份认同，尤其是妻子身份带来的影响持矛盾态度，上述幸运感和感恩心理在压抑矛盾情绪带来的复杂、往往痛苦的感受上起了重要作用。

凯蒂曾在一家总部位于伦敦的跨国金融公司当会计师，现 130
在是两个孩子的全职妈妈。她的丈夫是这家公司的保险经纪人。
她说：

> 我很庆幸有个特别好的、善解人意的丈夫。他说："你
> 知道，不管你想做什么，咱们都会想办法搞定，所以肯定
> 能，肯定能。"……但他也确实和我说过："我很高兴你没
> 回去工作，要是咱俩都出去工作，这些就不知道要咋整喽！
> 那样会……生活会特别艰难的！"

然而凯蒂对丈夫支持她的庆幸和感激，掩盖了她的痛苦心
情。痛苦源于自己的选择及其对身份的影响，这一点在以下片
段中体现出来。其中，凯蒂的视角在"我"（下加点）和"我们"（下
划线）之间无缝转换。丈夫的想法透过她的想法（**粗体**）传递出来，
阻断并重构了她的叙述，然后又回到了"我们"的共同视角（所
有着重标记由作者添加）：

> 我真的很喜欢我的工作……很不错，很充实，我真的
> 挺喜欢的……**我丈夫会说："你现在这样说，是因为只看到
> 它的好处，但工作时间太长了。"**需要出差……我过去常到
> 半夜才回家，有时还含着眼泪……我休了产假，然后我觉
> 得我肯定要回去工作的，但猛然间我就意识到，那样对我

们或许不是最佳选择……到了做选择的时刻，我，嗯，我们意识到，有了……一旦你从有了宝宝的冲击中走出来，看到生活起了多大的变化，是你以前从未想象过的［笑，怪声怪气地模仿自己的口吻］："没问题，我肯定能回去工作的，想想就开心！"我们意识到那样是行不通的。所以，由于**我丈夫常**到海外出差，我觉得**我们**就这么决定吧。我的意思是，我丈夫说过："**要是你真的，真的，真的想回去工作，当然咱们能想法子搞定，但是你知道，要是你觉得干脆停了工作也行，对吧，那也是绝对明智的**。"事实上，我觉得**他**大概**更希望**我别回去工作，因为他的下属和同事里**有太多**兼职工作的，所以**他特了解**其中的艰难……所以我就那样决定了，确实很为难，其实我还受到了情感、心理方面的创伤，因为这等于抛弃了你的人生呀。

凯蒂的丈夫提醒她，不当全职妈妈的话，生活会很艰辛，压力很大，不值得的。他用近乎可恶的口气描述了她回归有偿工作的可能性：她可以选择回去工作，但除非她是"真的，真的，真的"想回去，并用辞职当全职妈妈的"绝对明智"选择作为对比，从而再度上演了男人养家糊口／女人照顾家庭的模式。虽然凯蒂最后一句话点明了她的决定是个人选择——"我就那样决定了"——但是她的想法与丈夫的杂糅在一起，暴露出婚姻中隐藏的性别权力态势在很大程度上影响了她的选择。在凯蒂的庆幸背后，潜藏着对于辞职决定和随之而来的"情感、心理方面的创伤"的矛盾心理和痛苦感受。[58]

为了表达自己的幸运感和感恩之心，这些妇女不断称赞丈夫在家务和育儿方面的贡献。曾是艺术节主管、现有两个孩子的达娜，对此的描述就很典型：

> 我们采用了比较老式的分工，虽然他也带，所以，嗯，通常我带孩子，带得多点。我不做打扫那些事儿，我雇了个清洁工，会来家里。但是，对，我来采购，我来做饭。但同样的，要是我，要是他，虽然分工是蛮传统的，但要是他回来后，我说："我腾不出手来做饭，能不能你做？"他就会做了。所以，就像，对吧，这个样子，我们真的处得很融洽。他会做，房子里所有 DIY 工作都是他做。你知道吗，所有装饰都是他弄。
>
> 我认识其他全职妈妈，她们弄装饰，她们弄这些。

尽管达娜一开始是想讲丈夫的贡献的——"虽然**他**也带"——但顺着就讲到**自己的**工作负担上。为了缓和对自己和丈夫不平等分工的隐痛，她用了两种办法。首先讲了一个例外情况：丈夫偶尔会做饭。达娜用反例来说明自己身处其中并积极维护的那种不平等模式，让它不像看上去的那样死板，让她和丈夫的性别分工显得具有可塑性。另一种办法被阿莉·霍克希尔德称为"行情"（the going rate），即指明男人行为或态度的市价。通过对比其他女人丈夫们的行情，达娜感到幸运：她的丈夫比

132

他们好，包揽了所有装饰工作。霍克希尔德发现，行情是男性和女性在婚姻斗争中都会使用的一种手段，但主要对男性一方有利，因为它是"衡量一个男人的稀有程度和受欢迎程度的文化根基"。[59]

文化再现是提供丈夫行情标准的丰富来源。虽然再现在男人参与家务、照料孩子方面有了显著变化，但这种参与仍大多被描绘成特别的、值得称赞的做法[60]——也正是我采访的妇女每每赞誉的地方。雀巢棒冰的一则户外广告（见第 2 章）就说明了这点：广告展示了一个穿着超级英雄服的男人陪他年幼的孩子玩耍，呼吁男士通过购买棒冰和陪孩子玩假想的角色扮演来"当个超级爸爸"。相比之下，在当代再现中，妈妈们陪孩子玩耍则没什么大不了，自然也不够格被授予"超级妈妈"勋章。给孩子们买含糖棒冰，甚至可能成为指责她们为母失职的理由！

和霍克希尔德研究中提到的男人承担遛狗、烤鱼和烤面包之类的活计类似，在我的研究中，妇女们一厢情愿地把烹饪视为丈夫完全分担了家务的象征。与她们自己"基础的""无聊的""为填饱肚子"的做饭不同，她们称赞丈夫的烹饪是"美味佳肴""让人着迷"。例如，曾是出版商，如今是两个孩子妈妈的朱莉，有个"把上帝给他的所有时间都用在工作上了"的丈夫。她指出："我丈夫回到家，就和孩子们打成一片。他过来念故事给他们听，然后，嗯，然后他就下楼去处理邮件。但凡有功夫，他一定会去陪孩子。因为他不会做那些无聊的家务活，你懂吧。他会。他是个厉害的大厨，你知道吗，其实他是个厉害的、才华给浪费了的大厨［笑］。"

"那么，到周末，一般他会做饭吗？"我问。"很少，"朱莉答道，
"大多数时候他太累了［笑］。要做会做得很好，他也愿意做的。
不过，对吧，他周末也有工作要忙，所以……"因此，朱莉夸
奖的是丈夫**有能力**做美味的烹饪，而不是实际中常做。丈夫做饭
的理想形象，撞上了他周末得要工作的现实生活。朱莉意识到
理想和现实之间的矛盾，噗嗤笑了，然后为丈夫没能达到期望
辩解，把他描述成工作无助的俘虏。[61] 又一次，大量将男性描
述成贪婪资本主义机构无助奴隶的电影、电视剧和媒体报道（比
如，想想电影《华尔街之狼》［*The Wolf of Wall Street*］中的乔
丹·贝尔福特［Jordan Belfort］）为女性们把丈夫臆想成这类人
群提供了有力的依据。当然，她们的丈夫确实在要求高、压力
大的环境下夜以继日地工作。不过，正是认为男人对这一状况
无能为力的观点，让女性们维系了婚姻和家庭生活中一直存在
的、将她们困在妻子角色上的不平等。而**她们**整整一周照料全家、
经营家庭生活，到了周末也可能会疲惫这点，则极少被提到。

值得注意的是，我采访的几位男士并不认为他们是工作的
倒霉受害者。蒂姆在谈到他拥有和经营的科技公司时，把它当
作自己的"另一个孩子"；罗伯托强调，尽管有压力、有要求，
他还是无比喜爱自己的工作；彼得为自己能在公司里大显身手
而颇为自豪。不过，他们和妻子一样，也是参照行情来拔高自
己的。例如，蒂姆就感到颇为自豪，因为相比于他认识的另一
些父亲，"从来不管孩子，一大早起来，大半夜才回去，像工作

狂一样"，自己算把生活和家庭排到工作前面的了。然而他和妻子之间的性别分工，仍然极不平等。他在一份确实辛苦、压力重重的岗位上长时间工作，但做的是有价值、有报酬的事，被视为**真正的**工作。相比之下，妻子的工作——每天接送孩子上下学、采购食物、接送孩子参加课外活动、为全家人做饭——是没有存在感、没有报酬、不受重视的。"我晚上 6 点半左右下班回来，那会儿孩子们已经吃过，也洗过澡了，所以没我什么事了。"蒂姆承认。即便如此，那些完全缺位的父亲们造成的"低行情"倒衬托出了他的正面形象，并保证了现状不被打破。

[134] 无私忘我（Selfless）=失去自我（Self, Less）

帕梅拉·斯通提到，她采访的曾经事业有成的妇女身上有种弱存在感、被轻视感和缺乏自我价值感，和我采访的妇女表现出来的很相似。斯通认为，对她的受访者而言，丧失职业认同感是她们转型为全职妈妈后最普遍、最紧迫的问题。[62] 然而，对我所调查的女人而言，最普遍（尽管多数时候被掩盖了）的问题似乎更为严重，不仅仅是丧失职业认同感。她们面临的更深刻、更深远的问题是，在这个个人认同感本质上依赖有偿工作获得，而照护和其他生育领域的工作不断受到贬低的时代，她们的自我认同感流失了，不知不觉成了卫护妻道的共犯。[63]

正如本章好几处例子中指出的，受访妇女的想法常常同她们丈夫的掺杂在一起。其最极致的层面，体现在妇女的愉悦、想象和欲望中。例如，安妮就曾说：

> 当全职妈妈令我开心的一点，是能够好好购物和好好吃饭……我喜欢这样。昨晚我丈夫回到家说："哦！我闻到辣椒味了！我的最爱呀。"这样很棒！他辛苦了一整天回到家然后这样说，让我觉得很舒服。我知道不是所有女人都会这样觉得，但对我来说……我觉得我做到了这个角色。这就是我的角色。它关系到生活质量。

安妮听起来像个顺从的妻子，尽管她一直为自己是独立、有能耐的妇女感到自豪。当我问凯蒂如何想象孩子长大后自己的人生时，她的回答几乎全在谈**丈夫**的未来。"我想等我那口子退休了，我俩就做做自个儿感兴趣的事……我希望他能放松放松，打打高尔夫，做一些他……他没多久就要退休了。他想教书。他很想教历史，我就觉得那样挺好。我对我俩今后的生活就这么想的。"尽管这类说法很容易被看成妇女们被动地服从丈夫、坚守复古的主妇角色的证明，但从她们的叙述来看，实际情况要复杂得多，也矛盾得多。

妇女"陷入一种守旧模式"，意味着接纳妻道。这一点至少从某种程度上来说，是由于接纳了异性恋母职文化的两条核心准则：母亲应该是主要照料者，母亲应该无私。虽然如今母职的文化再现明显比过去更加多样化了，既容许出现不符合异性恋规范的母性形象，也允许表达从前被视为禁忌的感受和经历，但（常规的）母亲和母职仍占据和主导着大众的想象。政策和媒体告诉我们，异性恋婚姻是健康社会的基石，而照料家人主要是女性的任务。但妻子仍是不受欢迎、低存在感的身份：21世纪妇女的主要角色是职工和母亲，**而非妻子**。"大方地展现魅力、清爽职业范儿的""与工作和家庭都有丰富而深厚感情"的"个性妈妈"[64]受到赞赏，而"贤妻"则受到非难。这些信息和再现提供了一种文化掩饰，吻合并支持了受访妇女们的情感掩饰，有助于缓和矛盾，使她们忍受住转型做贤妻良母时滋生的复杂情绪和痛苦感受。

我采访的妇女不再像她们母亲那代的家庭主妇，会患上20世纪五六十年代医生称为"主妇综合症"或"主妇阴影"的病症。[65]但她们仍旧处在一种分裂中：一边是家庭和个人生活，另一边是经济与生产，同时还帮着恢复、维持甚至扩大了这一分裂。通过迎合这一性别分裂，迎合它所暗含的、不可分割的父权制和异性恋规范，这些女性一力促成了自我认同感的流失。她们在顺从当无私母亲，以及隐含的当无私妻子的要求时，渐渐丧失了自我。

虽然受访妇女与丈夫们想出了否认、压抑妻子身份的策略，但很多都明白，自己已在不知不觉中迎合了丈夫，把自我身份寄托在了丈夫身上。本章详细讲述过苔丝的经历，她就在描述周末例行家庭聚餐时痛苦地意识到这点：

> 我在想……当我把食物端上桌时，先是端上儿子们的，

然后是我丈夫的，最后是我自己。我在想，这不对劲，是吧？
所以我显然认为自己是，是最……的那个。我对此也没特
别，特别，特别地难过，别误会了。……但我就是注意到
这一点，你懂吧。

或许我应该更难过一点的，我也不知道。

你一定要再听一遍这些吗？［笑］已经谈到不少了，
是吧？

苔丝这段痛苦的自白，总结了这一章中描述的紧张关系。
她扮上了无私母亲和无私妻子的角色。然而，尽管前者得到社
会和文化观念的认可和鼓励（虽说也带来了矛盾和苦闷），后者
却让她很纠结：承认她在满足自己的需求之前，先满足了丈夫。
"你一定要再听一遍这些吗？"她尴尬地说。她知道自己"应该
更难过一点的"，然而要克服承认这点所带来的酸楚的唯一方法，
就是避免"对此特别，特别，特别地难过"——也就是说，要
否认愤懑，用母职的文化幻想来掩饰对于妻职的矛盾心理。

第三部分

回归何处？压抑的渴望

第 5 章

妈妈企业家 vs. 模糊的渴望

"等孩子们长大了你有什么打算？"采访接近尾声时我问那些女性。回答我的几乎总是很长一段沉默、停顿和踌躇。妇女们虽表现出回归上班族的渴望，但要具体设想和阐述这种渴望又很困难。一方面，她们反思了眼下不用上班的"轻松路线"，觉得这样下去不行。她们真心不愿继续当家庭主妇，渴望回归某种创造性的、有意义的工作岗位。一位妇女告诉我，即便已离职 11 年，她仍旧盼望着重新上岗。"有时候，我就想：'老天啊，给我份工作吧！'"她大喊。然而另一方面，她们无法想象未来的工作会是怎样的，那个模糊未来中的自己又是什么样的。这些曾经积极参与工作、自我认同感与职业生涯密不可分的妇女，为何在设想重返职场的未来时却迷茫了？倘若她们如此强烈地渴望回归某种有偿工作，为什么在说明它的具体内容时，又百般纠结？在回答这些问题之前，先来看一则纠结的案例。

工作与自我，模糊的未来

玛丽40出头，曾当过律师，现在是两个孩子的母亲。她丈夫杰克也是位律师。夫妻俩的父母都住在国外，所以他们在本地没有家人能够帮忙。玛丽是怀着沉重的心情辞职的，因为她在母亲的教导下坚信经济独立、事业在握是"实现自由"的重要基础。在访谈的开始阶段，自诩为女权主义者的玛丽痛苦但还算冷静地讲述了离职决定及其对她的身份和家庭的影响。可随后她的讲述就支离破碎了。"虽说为了照顾孩子才留在家里，但其实越来越像家庭主妇了"，她说这些时一会儿哭，一会儿笑，既为辞职决定难过，又为主妇的新身份尴尬。之后她没再用"家庭主妇"这个词，而是用沉默或抽象的"那个"来代替："我苦苦纠结当一个……［沉默］我不……［沉默］我只是觉得那个……我只是觉得那个……**那个**对我而言还不够。我觉得我必须做些事情。"我问玛丽"做些事情"大概指什么。同她在访谈前90分钟讲述离职决定时的滔滔不绝截然不同，她对这个问题的回答含含糊糊，似是而非，犹豫不决：

> 我不知道……［停顿］我是说，也许会做些不一样的事情。目前还没仔细想过……但是［停顿］……嗨……［停顿］对，我是说，仍然可以再干以前的工作。呃，我的意思是……我猜我得……［停顿］对，我是说我猜我得…嗨，我猜我得要……［停顿］嗨，我得要想办法追上去，但［停

顿]……嗯，但那还不至于……不至于让我打退堂鼓。

所以这的确是种选择。但我觉得我只是［停顿］……我必须做点其他事。我不能［停顿］……不能光待在家里，又没有孩子要照看，你懂我的意思吧…白天的时候。我觉得我要［停顿］……嗯，从早上9点到下午3点一直干坐在这里，感觉怪怪的。我是说家里就那么多打扫的活，我也不是特别享受做那些。我是说当一切都……当家里干净又整洁，的确很好，但实际上打扫，不，并不好。嗯，我不知道。我只是觉得，想要用我的人生做些别的［擦眼泪］。 141

玛丽对于未来要做什么结结巴巴、语无伦次的描述，同她不愿继续当全职妈妈的坚定明确形成了反差。她渴望"用她的人生做些别的"，而不是"朝九晚三"地坐在家里、打扫卫生。她一度考虑像以前一样去金融城当律师，并拼命想抓住这一可能性带来的希望——"这的确是种选择"，她坚持。然而，玛丽知道这不是一个现实的选择，因为正是丈夫和自己以前的工作状况迫使她辞职的。他俩都在英国领先的律师事务所当律师，这一行工作时间长，经常要熬夜，要出席晚间和周末的活动，到处出差，常规办公时间之外还得随时待命。玛丽黯然泪下——她竭力寻找，却找不到什么出路。

玛丽的自述和20世纪60年代贝蒂·弗里丹采访的主妇们的阐述，有引人注意的相似之处。弗里丹采访的妇女们在"洗碗碟、熨衣服、表扬或惩罚孩子"之外，还有种"含糊不清的、对于'其他什么'的需求"。[1] "女性的奥秘"对于女性莫名渴望"其他什么"的解决办法，是排除一切障碍，充分发掘她们做母亲和妻子的潜力。"妇女杂志给出的法子，"弗里丹反讽道，"是劝她们把头发染成金色，或者再生个孩子。"[2] 然而，在 21世纪 10 年代，给予玛丽这类妇女的解决办法已然不同。而正是在这些解决办法，即媒体和政策所提议和吹捧的新"奥秘"背景下，我们才渐渐理解玛丽的苦衷。

零工经济和妈妈企业家的新奥秘

现代工作结构，至少部分起源于 20 世纪 80 年代。当时企业家主义（entrepreneurialism）被视为理想的工作形式，宣告了传统谋生行业向更灵活的工种转型。当时工业化国家推行的新自由主义政策——众所周知由美国的里根总统和英国的撒切尔夫人奉行——提倡创业精神，是为了减少产能大量过剩、企业纷纷破产，导致爆发大规模失业的不良影响。[3] "自主创业和自谋职业被推崇为一种个人摆脱依附和失业的途径、国家开创经济复苏的手段。"[4] 企业家被塑造成能够重振萎靡经济的英雄人物，具有敢于冒险的精神。[5]

英国和美国的媒体、政策领域一向认为妇女是传统行业向灵活创业工作转型的理想受益者（反过来也是推动者）。其中一个鼓吹妇女创业、令人印象深刻的例子，是 1987 年好莱坞热门电影《婴儿热》。该片讲述了女主角 J. C. 威亚特（J. C. Wiatt）（黛安娜·基顿［Diane Keaton］饰）的故事。她是一名积极进取的职业妇女，在曼哈顿担任高级管理顾问，事业蒸蒸日上，直到在表兄身故后收养了他的孩子。应付这个强塞给她的小捣蛋鬼，把威亚特的生活搅得一团乱。就像玛格丽特·塔利（Margaret Tally）在分析该片时所说的：

> 虽然基顿的角色是想引人发笑，但你很快会发现，新添了个孩子后，就连基顿饰演的一个生活紊乱、一贯每周工作 80 小时的积极职业女性，也撑不住了。她不久便放弃了疯狂职场生活的紊乱，在一系列喜剧性小故事的推动下，体会到初为人母的快乐。[6]

然而，J. C. 威亚特并没有去当全职妈妈，为养女制作的美食激发了她开创新业务的念头。威亚特成了一名成功的母亲企业家，或"妈妈企业家"："餐桌上开创事业、餐桌下抚育孩子的妈妈"。[7]

珍妮特·纽曼（Janet Newman）对 20 世纪 80 年代指导手册的分析，发现了类似的提倡妇女创业的说法，即只要她有"足够的自立态度、金融头脑、竞争精神和克服障碍的决心"，就能成功，就能挣得职场上的一席之地。[8]文化分析家乔·利特勒指出，这类妈妈企业家形象试图朝着与"事业妇女"理念不同的方向，重构经济生产与家庭生育的关系。妈妈企业家力图将工作从男性化的公共领域搬到家庭领域，这一重新安排被视为自主赋权。[9]

143

利特勒还发现，20 世纪 80 年代母亲企业家形象的树立，在意识形态方面离不开撒切尔主义（及里根主义）对社会福利的冲击和对自由市场经济的支持。自 20 世纪 80 年代起，政府不断取消并妖魔化集体儿童保育（如日托福利），且随着 2008 年金融危机及后续的经济衰退变本加厉。正是在这样的背景下，妈妈企业家的形象才"被频频包装成一种诱人的唯才是用型就业方案，既有望解决工作的约束和育儿开销等问题，又能提供个人魅力和成就感"。[10]

过去数十年间，妈妈企业家获得了越来越多的媒体关注和文化再现，数不胜数的专门网站、专题会议、指南类书籍、通俗小说、"母亲传"（momoir），以及谷歌上该词条不断攀升的点击量都证明了这一点。[11] 此类表达中的形象，通常是一位从传统雇员转型为新兴企业主的女性，拥有并经营着更适合母亲角色的（有风险）项目。[12] 政策方面则一边用言论强调，一边用计划推动女性，尤其是母亲创业。例如，2005 年，英国政府成立了鼓励妇女，尤其是母亲创业的妇女企业工作组（Women's Enterprise Task Force）。[13] 接着出台了好几项计划，例如用于提升妇女信心和社交技能 [14] 的"超凡计划"（Prowess），以及"英国初创计划"（Start-Up Britain）。首相卡梅伦在 2012 年关于英国初创计划的演讲中，用美体小铺（the Body Shop）创始人安妮塔·罗迪克（Anita Roddick）从厨房开始事业的例子，说明了女性创业带来的好处。[15] 寻找"错失的百万"女性企业家，是卡梅伦政府"妇女与经济行动计划"（Women and the Economy Action Plan）

的核心。2014年，该计划推出"商业伟业"（Business Is Great）网站，为妇女提供创业方面的建议，并宣布拿出100万英镑的"妇女与宽带挑战基金"（Women and Broadband Challenge Fund）用于政府超高速宽带推广计划的一部分，鼓励女性领导的企业争取基金，创建线上企业。[16]

同样，美国政府的政策文件和计划也把妇女创业表述为经济增长的关键，是她们达成工作生活平衡、实现个人抱负的途径。2017年2月，美国总统特朗普和加拿大总理特鲁多（Justin Trudeau）宣布成立美加女性企业家和商界领袖促进委员会（US-Canada Council for Advancement of Women Entrepreneurs and Business Leaders）。白宫发表的一份新闻通告称："特朗普总统希望更多女性把她们独特的视角和优势带入商界，政府会为此铺好道路，在国民经济中充分发掘妇女企业家的潜力，让美国再度雄起。"[17] 在这一背景下，总统的女儿兼顾问伊万卡·特朗普一跃成为代表和引领女性创业精神的核心人物。伊万卡在其2017年著作《职业妇女：改写成功的规则》（*Women Who Work: Rewriting the Rules for Success*）一书中，讲述了她成功创建服装品牌及周边业务的妇女创业励志故事（需要注意的是，她完全不提自己坐享的资本和资源，那是很多试图创业的妇女所不具备的），为能成功成立和经营公司、同时承担起母亲和妻子的责任感到自豪。伊万卡·特朗普在大肆宣扬她的成功、进一步巩固其女权倡导者形象的同时，还在2017年7月的20国峰会上推出了女企业家融资倡议（Women Entrepreneurs

Finance Initiative，简称 We-Fi）——一项致力于推动发展中国家女性创业的世界银行基金项目。

媒体和政策再现上的妈妈企业家包含三大特点。首先，它被描述成解决了工作育儿两手抓的难题。[18]利特勒发现，很多流行文本都把妈妈企业家说成一种唯才是用的方法，能够解决因经济衰退，尤其是育儿成本高企以及很多岗位的性别歧视和缺乏弹性而加剧的一系列问题。然而，妈妈企业家在得到媒体和政府提倡的同时，也遭到了贬低。管理学学者凯特·刘易斯（Kate Lewis）指出了"在公众眼里，女企业家是如何不如男企业家专业、成功和目标明确的"。[19]刘易斯对媒体报道的分析指出，女领导的企业常常被表述成小型、呆板的企业，实践与绩效方面都不如男人掌管的企业；前者基本建立在传统意义的妇女技能上，在家庭环境下运转，不过是将女人的养育角色与经济服务对接起来的做法。

妈妈企业家的第二个特征，是个体经营。它的普及得益于2008 年经济衰退以来自营职业人数攀升的大背景，渐渐代表了当前自营职业的潮流，反过来也夯实了它的地位。[20]斯蒂芬妮·泰勒（Stephanie Taylor）在分析创业和当前创作类工作的话语时指出，自 2011 年起，英国准许失业人员申请"创业津贴"（New Enterprise Allowance），"期望想象中失业人士的死气沉沉能转化成企业家的元气满满"。[21]其中，创作领域的个体经营和创业越发受到重视，数字化小微企业就是常见的例子。这类工作常被媒体或政府描绘成自主、灵活、不受社会文化障碍约束的模样。例如，据《独立报》(*The Independent*)的一篇文章分析，2008年至2015年，英国自由职业人数惊人地上涨了36%，其中媒体等行业的自由职业人数涨幅更是高达115%。文章引用了为英国自由职业者和承包商提供支持的独立专业人员和自营职业者协会（Association of Independent Professionals and the Self-Employed，简称IPSE）首席执行官克里斯·布赖斯（Chris Bryce）的原话：

> 为自己工作有很多好处，从规定自己的工作时间，到协商自己的工资，再到做自己的老板……最重要的是，我们看到自营职业者能建立最适合自己的工作生活平衡……我们也看到自由职业妈妈的人数在大幅度增长——过去的五年中上涨了70%。很明显，自由职业能提供一种随机应变的生活方式，这是全职工作无法比拟的。[22]

布赖斯的评价，便是典型地将自营职业——尤其在零工经济和按需经济的背景下——说成自我支配、自由、自立、自主、自我满足和自我实现的希望，是摆脱福特式朝九晚五的日程枷锁的另一种选择，同时把妈妈们看作这一美好前景的主要受益者。"零工反映了我们这个时代无限个人化的价值观。"《纽约客》(*New Yorker*)专栏作家纳森·海勒（Nathan Heller）写道。[23]

与此同时，近期关于零工经济的讨论和奥巴马总统于2017年告别演说中提到的"自主化的残酷代价"[24]，都越发突出了

146

失去传统坐办公室工作提供的保障和福利会带来的风险和不良后果。但即便是对这种工作未来持批判态度的说法，很多仍旧（或许是无意间）提到自营职业更具弹性、自由和掌控，尤其适合母亲。比方说，《卫报》的一篇文章就指明，个体工作者面临不稳定和缺少保障的问题，越来越多的证据显示，按需经济中地位低下的务工人员，尤其承担着巨大的代价。文章探讨了他们缺乏假期、病假、生育津贴等员工福利和权利，在信用贷款、抵押贷款和保险等金融产品方面遭到不公待遇，初露头角的企业家因信用和 / 或资产不足无法从银行或贷款机构获得融资，在客户不认账的情况下无法实施债务管理，以及小型企业因合同条件苛刻、表格冗长或结算周期过长而面临的无数难以突破的困境。[25] 然而，所附的插图（图 5.1）却与文章完全不符：一位穿着白色针织衫的白人母亲平静地坐在家里整洁的书桌前，桌上放着一台笔记本电脑、一本书和一个咖啡杯。她一手查阅手机，另一手抱着惬意的宝宝。图片表达的蕴意与文字截然不同：它告诉读者，妈妈企业家是兼顾工作和育儿的理想途径，让你（中产阶级白人妈妈）在舒适的家庭环境里自由掌控，弹性工作，怡然自得。妇女的白色针织衫、婴儿的白色连体衣、背景中的白色五斗柜和整洁的物品摆放意味着秩序、平衡和宁静，掩盖了全职照顾新生儿烦杂，经常是混乱又紧张的经历，何况还要加上有偿工作的压力。这幅图粉饰了所有父母都非常清楚的一点：一边认真高效地做有偿工作，一边全职照顾婴幼儿，在现实生活中是不可能的。

图 5.1 妈妈企业家，"企业家想从'自营革命'中得到什么"，《卫报》，2016年 10 月 6 日。图像来源：Alamy.

正如图中显示的，妈妈企业家的第三个特征是在家工作，这点在自营职业者中很普遍。研究表明，很多居家工作者注意到工作与家庭的界线越来越模糊了。他们工作的时间比上班族还要长[26]，忍受着孤独[27]，还被指望表现出学者莉萨·阿德金斯（Lisa Adkins）和玛丽安娜·德弗（Maryanne Dever）所描述的持久"工作积极性"（work-readiness）——后福特式经济对于连续工作或时刻准备工作的要求。这一点抹杀了职工生活与工作的界线，还给了国家不断削减对个体工作者扶持力度的借口。[28] 然而，这些方面在居家工作的再现中大都没有得到体现。相反，在家工作被铺天盖地的正面词汇渲染成了便利的解决方案，特别适合扛着育儿重担的妇女。"想让更多妇女进入科技行业工作？"科技杂志《连线》（Wired）一则文章的标题写道："让她们在家工作呀！"[29] 梅利莎·格雷格对信息通信技术（information and communication technology，简称ICT）领域主流广告对妇女员工刻画的分析，揭示出流行文化和政府政策如何齐心协力地将在家工作打造成妈妈们的理想路线，从而维系了可以一边照顾幼儿、一边工作的谬见。格雷格指出，由此一来，政策和媒体的说法再度确认了妇女"天生偏好"弹性职业和居家工作的观念，毕竟她们（被建构）的首要身份是照顾者。[30]

这一迷思在当前关于妇女、家庭和工作的讨论中越发以讹传讹，以至于虽然工业化国家的大多数妇女都离家上班，在家工作的妈妈企业家形象却依旧随处可见、颇为盛行。时代杂志网（Time.com）上的一篇报道（2016年5月6日）就是例子，标题是"美国中西部地区的妈妈比其他地区更可能外出工作"。文章探讨了美国这些地区的妈妈们参与劳动力市场的比例较高的可能原因，指出当地（尤其是明尼苏达州）企业给妈妈提供较多福利，而且中西部一些州的男女工资差距低于全国平均水平。但奇怪的是，文章附带的素材图片，是一位年轻漂亮、身穿白色T恤的非裔美国妇女坐在自家书桌前，一边盯着笔记本屏幕一边打电话，膝盖上还坐着一个婴儿。[31] 图片明显和文章的意思相冲突：后者强调的是妇女**离家**工作的状况，而前者展现的还是妇女作为天生、理想的创业式**居家**工作者的迷思——一边工作、一边不间断地照顾孩子。

妇女与零工经济的选择性亲和

在这一背景下，零工经济、共享经济或按需经济常常被描述成妇女尤其是妈妈企业家们实现自我、获得成功的理想平台。虽然近期有部分政策和媒体报道谈到了零工经济中劳务的不稳定、脆弱性和不公待遇，但大多数讨论仍旧沉浸在乌托邦式的幻想中，认为共享经济是创造和扶持新就业模式，以及实现曾担任克林顿政府的战略家、本书写作期间任爱彼迎（Airbnb）全球政策和公共事务主管的克里斯·勒汉 (Chris Lehane) 所说的"资本主义民主化"所势在必行的。[32] 很多人认为数字化收益平台具备很大的优势，包括自由、灵活地选择工作时间和地点，还能把爱好或消遣转变为经济来源。[33] 有调查显示，目前享受这些所谓优势的人群中，男人多于女人。在英国，男零工人数大约是女人的两倍[34]；美国的零工经济报告虽显示男女比例稍为均衡，但男性人数仍占上风[35]。不过，某些零工经济领域的妇女从业人数更多，包括专业的自由职业者、直销和服务平台，因此有人认为妇女正在赶超男人。[36] 尤其是被视为成功、高收益职业跳板的社交媒体平台[37]，就很受妇女青睐。皮尤研究中心（Pew Research Center）的一项研究显示，妇女更喜欢利用社交媒体在网上兜售商品。[38]

妇女被日渐宣扬成零工经济的理想工作者：随着英国和美国的劳动力越来越多地转向自由职业和合同工作，新闻媒体和网站常常将零工经济描绘成妇女工作的未来。《今日美国》（*USA*

Today）上一则典型的报道称："零工经济的面貌越发女性化——和赋权化。"[39] 这类热情的报道常常称零工经济提供了一种理想的工作形式，令妇女尤其是母亲们能够平衡和克服就业市场上出现的种种不平等。[40] 按需经济下的妇女创业不断被渲染成脱离男性主导企业的一种积极谋生出路，给予妇女弹性工作、激发创造力和实现自我的机会。[41]

手工、古着和独特的工厂制工艺品交易网站易集（Etsy）就是这一模式的典范，它将妇女推至数字经济火热的机遇风口。这家工艺网站 2016 年的估值达到惊人的 33 亿美元 [42]，被誉为妇女实现创业精神（有本书称之为"易集创业精神"［Etsy-preneurship］）的理想平台，寄托着数字经济下性别乌托邦的愿景。[43] 网站上充斥着妇女——几乎都是宝妈——转型为成功易集店主的故事。例如，博文"我是如何（成功！）开办易集店铺的"就称易集"对有抱负的创业者来说是零起点的"，鼓励妇女实现自己"在易集上挂牌开业"的梦想，呼吁她们向其他女店主那样"把兴趣项目转化为收益"。[44] 此类故事常常把成为易集店主说成实现做（第 2 章讨论的）"平衡型女人"的理想。例如，一位手工家居装饰品卖家就在她的网站上讲述了自己是如何在打理生意的过程中明白了"平衡即一切"，如何在经营生意的同时，还成功地"把家打理得一尘不染，为家人做饭，和他们共享美好时光"的。[45]

易集和类似的工艺、时尚、美容网站和博客的成立和成功，离不开妇女的自我推销。[46] 对这类网站的分析显示，易集、易贝（Ebay）店主和时尚博主等发布的故事和个人育儿心得，强调了当孩子还小时，在家工作是多么重要——"是个两全其美的妙法"。[47] 妇女在这类网站上的自我呈现突出了生活光鲜亮丽的一面，把生意说成"激情狂购"[48]，而隐去了实现这种愿景需要付出的心血、资本和自律。[49] 安杰拉·麦克罗比指出，这种"激情工作"论代表着后福特主义工作模式的兴起，但其中至关重要的情感和精神劳动，却是受到忽视而不被承认的。[50] 布鲁姬·埃琳·达菲（Brookie Erin Duffy）和埃米莉·亨德（Emily Hund）在研究时尚博主时发现，博主们强调激情是为了淡化她们的创业艰辛，（再度）打造出"个人成功［是］靠发掘内在动力"[51] 的理念，也因此将失利归咎于个人：如果她没能在不断变化的职业领域获得成功，就是因为缺少激情。[52] 达菲认为，数字经济领域这种好高骛远的想法，"为该行业抹上了浪漫色彩，而实际上它的市场环境和可发挥的作用已经越发地高风险、不稳定、多变数——而且不浪漫了"。[53] 类似地，伊丽莎白·内桑森（Elizabeth Nathanson）分析经济衰退背景下的网络时尚博客发现，妇女的博客"通过时装展现了一种自我掌控和未来繁荣的幻想"，这一点既延续了消费主义构成女性气质的观念，也体现了即使制度性约束再大也能实现成功的观点。[54]

妇女在数字经济领域的成功，不但被描述成不受制度性条件的制约，最近一些讨论还称其为突破那些制度性约束——尤其是用人单位难以顾及照护责任的制度局限——的办法。安妮-玛丽·斯劳特的畅销书《未竟之业》就是这一观点的典型代表。

这位美国外交专家意识到了按需经济受到的批评，尤其是因优步（Uber）等案例而广为人知的员工工资低于最低标准、缺少福利和保障的缺陷。即便如此，她仍旧强调零工经济的"巨大前景"，尤其是对妇女而言。[55] 她写道：

> 按需经济开辟了更加灵活、自主安排工作的前景。我们知道，它指向了办公室的终结，那里不再是谋生的必要场所。这一点恰恰是许多力图协调工作与照护责任的职业人士所需要的。
>
> 随着收益的攀升，按需经济很可能变成需照顾亲属的专业人士的天赐良机。律师、企业高管、银行家、医生，以及很多其他领域的专业女性能够继续发展其职业生涯，或至少留在行业中，同时成为她们所期望的那种家长。[56]

然而斯劳特的热切描述所掩盖的事实是，不要说打破以往工作模式中男性主导的僵化制度、实现零工经济的诸多期望，在这一被大肆炒作的经济领域中，很多（甚至大部分）妇女充其量只能"留在行业中"，甚至可以说很多人连这点都做不到。

谷歌在全球多个城市（包括 2013 年在伦敦，获得当时英国妇女部部长［Minister for Women］尼基·摩根［Nicky Morgan］的支持）推出的"妈妈校园"（Campus for Moms），就完美体现了数字经济的乌托邦式性别愿景。家长们（顾名思义，显然大多数是妈妈）[57] 能选修各种由风险资本家和投资人

图 5.2 谷歌"妈妈校园"里的妈妈和宝宝,《抚养宝宝(同时打造线上帝国)》,《晚旗报》,2016 年 10 月 20 日。图像来源：Getty Images.

主讲的市场营销、品牌推广和资金募集方面的课程,可以带孩子一起参加。这一理念已传播到谷歌的其他国际网站,被誉为科技行业的标杆之一,激励其他公司"推行育儿福利改革"。[58]《晚旗报》(*Evening Standard*)一篇名为《抚养宝宝(同时打造线上帝国)》的文章就赞扬了谷歌"妈妈校园"倡议的女权性质,称"尽管仍存在一些男人主导的科技公司,但如今很多新企业的创始人都是 30 来岁的家长,企业理念比较照顾到孩子"。[59]文章插图中抱着孩子坐在笔记本电脑前的不再是老一套的中产白人主妇,而(像)是伦敦时尚街区肖迪奇(Shoreditch)谷歌"妈妈校园"里的一名时髦妈妈(图 5.2)。图中描绘了一个年

152

轻、黑发、纹身的女人，扎着挑染一绺金色的马尾，穿条纹短裙和无袖衬衫，戴一副看似很时髦的眼镜，盯着笔记本电脑屏幕，大腿上抱着一个婴儿。显然她没在照料孩子，但身穿时髦连衫裤的孩子乖巧而满足，貌似被照料得很好。

这幅图仍旧将育儿工作描绘成微不足道的任务，可以轻而易举地和具有创造性又自在满足的有偿职业协调起来。这一有害的幻想再度暗示妇女要承担主要照护责任。该图根本上的错误，在于忽视了妇女若要追求有意义的有偿工作，就必须从育儿工作中解放出来。虽然图中的妇女显然有别于妈妈企业家的刻板形象，但和后者一样，它也捏造了数字经济提供的新就业模式有利于妇女自我实现、赋权和性别平等的假象。文章以零工经济下一位体现了成功妈妈企业家迷思的典型代表做结，讲述了视频广告科技公司不羁（Unruly）的创始人萨拉·伍德（Sarah Wood）的故事。该公司 2015 年被新闻集团（News Corp）以1.14 亿英镑的价格收购，而在会见鲁伯特·默多克（Rupert Murdoch）宣布收购交易的当天，伍德由于分身乏术，不得不将生病的儿子也一同带到办公室。

泰勒认为，当代这类妈妈企业家的再现，构成了一种延续20 世纪 60 年代女性奥秘的"新奥秘"，用手工艺这类小型家庭创业项目将妇女束缚在家中，阻止她们成长为社会的一分子。[60]"打着为自己工作旗号的新奥秘，其本质依旧是排斥，它怂恿越来越多的工作者……接受新自由主义经济下的边缘地位。"泰勒如是写道。[61]

如果这一新奥秘的核心是妈妈企业家形象和对零工经济的热情描述，那么它们是如何塑造我采访的妇女们的想象、欲望和梦想的？又塑造到了什么地步？在当前妈妈企业家和零工经济再现所建立和鼓动的文化构想之下，我们该如何理解本章开头提到的纠结——妇女们难以具体地设想或阐述她们对未来有偿工作的愿景？

模糊的渴望

受访妇女们对理想未来的描述，与妈妈企业家和零工经济幻想的愿景惊人地吻合。大多数受访者希望用人生做点别的事情，也就是在家运营自己成功的事业，同时协调好育儿责任。在她们的想象中，未来最好是从事小规模的行业，大多独自在家完成，期望获得自我发展、自我实现、满足感和自豪感，从办公室全职工作的条条框框中解脱，收入稳定，工作内容还刺激有趣。[62]

凯蒂曾是一名会计师，过去六年里全职照顾两个孩子。她大声说："是时候向前走了！……我挺想自己创业做点什么的。"然而，在被问到想创办什么样的企业时，凯蒂却说不出未来要做的业务是哪种类型、在哪个领域。她也说不出想做什么性质的工作："我很想自己创业，只不过还没什么想法。"她和大多数受访者对想象中的未来的描述，似乎只是含糊地搬用了妈妈企业家和零工经济幻想的一些套话：自营职业、支配权、弹性、自我实现、激情和满足感。凯蒂解释说："嗯，自营职业，你知道的嘛，基本上就是替自己工作，我想，对吧……基本上，就是自营职业，可以自己安排工作时间和工作量，而且对工作比较满意。对工作比较自豪的那种。"

同样，九年前辞掉高级出版商工作的朱莉说："对于自身发展，我觉得独立工作、不受公司约束的想法蛮不错的。"然而，这类自我发展、自我决定的观念，却不包含具体的专业领域或技能。事实上，恰恰是自主创业模糊、不明确的性质，才使它显得诱人，就像一个许愿池，诱使女性投入自我实现、自我决定的幻想。达娜以前是艺术节主管，过去十年里全职照料两个孩子。她的自述就多少显示了未来工作的模糊性是如何被自我发展的光辉掩盖过去的。

我：等孩子们长大了你有什么打算？

达娜：唔……这一点我也常常在想。我觉得这是我眼下常常考虑到的问题。唔……其实吧，我还没有什么明确的计划，或者想法，但我常常会想这个问题。我在想啊，对吧，等我［小］儿子到 16 岁，对吧，还要再过十年。他现在是 6 岁。要知道，这么长时间里一点打算没有，说不过去吧。**不过我觉得，现在人的工作不像以前了。要知道，我们在不断地发展进步，对吧？真的，社会变了。**所以，我觉得我应该试着找份适合自己的活儿，我感觉比较舒心的，不管做什么。但是，要能多一点平静，我觉得。不是说我心里多不平静，只是还没找到真正的那种（平静）。

我：那么合适的活儿是指什么？

达娜：我还真不知道。

我：不知道？

达娜：不知道。我真的，真的不知道。我觉得，老实说，有很多，我说不准。

达娜完全不清楚将来要干什么似乎很让人吃惊，尤其要知道，采访时她的两个孩子都到了上学的年纪。她意识到"一点打算没有"是说不过去的，所以用了两种流行理论，来为自己对未来一片模糊辩解。第一种是自我发展的治愈论。达娜将自己缺少具体规划置于"我们在不断发展进步"的总体趋势中。治愈论认为，自我处于情感不断发展、不断成长的过程中。就像社会学家安东尼·吉登斯（Anthony Giddens）指出的，自我是个体需要不断调整、转变和提高的反思性工程。[63] 虽然这种说法暗示心理健康是个体的责任，但社会学家埃娃·伊卢（Eva Illouz）也发现，"它令人们摆脱了生活不如意是自身过错的道德压力"。[64] 因此，一方面，自我发展和自我转变的治愈论将情感和心理健康归责于自身：达娜一直在追求"找份合适的活儿"，以获得"舒心"和"平静"；另一方面，这种说法也让她摆脱了所有道德负罪感：过去十年里一直处于无业状态，也不清楚自己将来想做什么，被说成自我发展渐进过程的一部分。

达娜将自我发展的治愈论与另一套关于零工经济和未来工

作的流行理论结合了起来。她对未来工作的愿景与制度性市场环境是脱节的，而后者恰恰是零工经济的前提。她所追求的"适合的活儿"，只不过是理想工作领域的一抹幻影。按需经济的浮词烘托起一种未来职业无边界的幻想：不同于她过去的职业，将带给她极大的工作弹性和自我实现、自我发展的机遇。而认

156

为人们不再"像以前那样工作"，即结构分明的、坐办公室的工作，稳定、确定、有特定技能要求的专业性工作，这样的观念助长了对未来职业的幻想，令她不再积极寻找具体的未来工作。

类似地，蕾切尔也兴奋地谈到自营职业能带来弹性、满足和自由的幻想。十年前，蕾切尔辞掉了高压环境下的高级会计师工作。她激动地引述了从收音机中听来的一份报告，显示自营职业者工作满意度最高：

> 我觉得我没法给人打工，只能自己单干……我没法想象自己还能再在哪家公司受约束地做下去。我可以想象自个儿单干，获得报酬，但不会给别人打工。我觉得那种约束会把我逼疯的。所以说我喜欢自由，说真的——自由。有一则……［叹息］哦，老天，今早收音机上放什么来着？哦，是——有一则……不知道你有没有听今天早上的广播。有人发布了一项关于哪类职业工作满意度最高的调查。那个，很明显是今早发布的大新闻。先是有一段争论，然后结果基本上说——基本上，给人最大工作弹性和生活掌控感的职业最令人幸福。像农民，嗯，牧师，啊，私人教练

这些。全都是为自己工作的人，我觉得这点非常关键。我没法替人卖命、受制于人，我当自己的老板当了这么久，现在讨厌听别人使唤。必须按我的方式来。

蕾切尔的叙述和达娜一样，本质上也没说明白未来具体要做哪种有偿工作，而深信传统形式的工作不具备她所渴望的弹性、幸福和掌控感。无边界零工经济的畅想以及作为其典型形式的自营职业，为实现"替人卖命、受制于人"所无法获得的意义和好处打开了一条所谓的通途。

需要注意的是，被受访妇女视为掌控自己的生活、调整自己与工作关系的办法的，是在家工作。葆拉以前是一名律师，她后悔听从了母亲"法律行业特别适合女人"的建议，幻想着自己本来可以"在家做点什么"：¹⁵⁷

> 多希望我本来……是啊，我希望我……能在家里做点灵便的工作，特别适合我的状况的。比如说……当一个，一个美术设计师之类的，可以只在家工作，唔……我是说，要知道，美术设计只是……一个那样的例子……我认识一些人就做这个，还做得挺好的。她们虽然也很努力地工作，但那是在家工作，可以协调好七七八八的事情。我是说，那只是一个例子，还有，我是说，还有很多其他的选择。我是说，可以是进……进出版社之类的。我另一个朋友在出版公司，好像是，做文字编辑的，所以她也是在家工作。

她老抱怨自己的工作，但在我看来就挺理想的，因为它……我觉得很有意思，富有创造力，而且……她每天在家里做几个钟头，我觉得很完美了。所以，是啊，我本来可以……多希望我本来……

和其他妇女的叙述一样，葆拉对于理想工作的描述也相当模糊，不够具体明确，时不时地停顿、迟疑。然而，有一点她是明确的：理想工作的**地点**必须是在家。她无视了朋友对其工作状况的"抱怨"——那与居家工作是种解放的幻想相悖——而坚持觉得那"挺理想的"。

"快乐主妇在家从事创造性工作——绘画、雕刻、写作——的图景，是女性奥秘弄出来的错觉之一。"贝蒂·弗里丹写道。[65]然而半个多世纪后，在家工作图景的升级版——零工经济行业，诸如平面设计和手工艺品线上销售等，仍然很大程度上占据着妇女的想象和心灵。

这么多受访妇女对未来的视野都局限于家中，令人纳罕。毕竟对很多人来说，矛盾就在于家正是她们在日常主妇生活中经历不独立和不平等的隐痛、忍受孤独和隔绝的场所（好几位妈妈都承认有这样的感受）。久居家中削弱了她们的社交能力，而且关键是削弱了她们将喜悦和挣扎去个体化、去私人化的能力。但她们一谈到当妈妈企业家的未来生活构想，便仿佛忘却了所有由家造成的不平等和隔绝感。妈妈创业无形之中认同了家里的不平等分工。无论是妇女们的自述，还是媒体和政策话语，都把家重塑成一个近乎神奇的空间，是中产妇女从事创造性劳动的理想之地。妇女们设想自己是加入数字经济浪潮的自营职业者，实现了灵活的居家工作，享受着掌控、自由和独立——哪怕工作地点时时刻刻提醒着她们依靠丈夫过活的本质（第 4 章中讨论过这个问题）。她们把在家工作想象为健康、理智而平衡的选择，不同于**过去**在男人主导的公司里做过的职业，更重要的是，也不同于**目前**不平等婚姻关系中的全职妈妈职业。

在家工作的愿望常常伴随着对参与按需数字经济的向往。"数据分析相关的工作会蛮有意思的，想想就兴奋。"利兹说。她从前是学者，如今是两个孩子的全职妈妈。凯蒂以前是会计师，现在也是两个孩子的全职妈妈，她大声说："我就是想先学些课程，然后从家里走出去！我想学电脑排版［或者］……学新闻简报设计什么的……还要学一门类似社交媒体的课程，像'如何利用社交媒体来拓展业务'这类的。"

然而，"走出去"的条件是满足一项重要禁令："必须是在孩子身边工作"——妇女们在描述她们设想的未来工作时，常常会提到这一句。"那活儿必须在早上 9 点到下午 3 点之间，是我能在家做的，而且［那活儿］能赚很多钱。"凯蒂大笑着扬言。凯蒂真心希望未来能有所改变（她多次使用"我想""我想要"这样的句式）。她想照着妈妈企业家的成功经验来开始自己的事业，但也意识到实现这一目标的困难。"我们都在找那种能在早上 9 点到下午 3 点之间做的、很赚钱的活络工作。如果你找着了，告诉我呀！"她大笑着承认，掩盖了她的痛苦。"我是说，也没什么好问的……肯定什么地方就有？"她说着，再次放声大笑。

　　这些妇女没有深究**内部**问题，深究把家庭照护者和家庭管理员设定为她们首要（甚至是唯一）角色的不平等机制，而是转向**外部**，寻求某种能消除这些不平等、让她们的欲望得以释放或实现的外在力量。在过去 11 年里，每年 9 月到 12 月期间，珍妮特都会寻找那种外力，在妈咪网（Mumsnet）等网站上搜索能带给她"实现梦想、赚到钱而且适合边带孩子边做的完美、活络的兼职"创业项目。她和凯蒂一样，也认识到通过成为妈妈企业家来解决兼顾工作和育儿的难题，是眼下不平等的生活状况中无法实现的幻想：她是家长主力[66]，几乎总要在幼儿园和小学上课前后照料孩子们。但即便如此，珍妮特仍牢牢攥着这一幻想和它渺茫的希望。

　　因此，那种加入振奋人心的数字化按需经济，成为在家工作、自营职业的妈妈企业家的遐想，似乎在释放的同时又再度压抑了女性的欲望。它一方面满足了她们做更多事、走出去的梦想——通过做创造性、刺激、有意义且高回报的工作来发展和实现自我——但同时又提醒她们妈妈企业家中的"妈妈"身份。妈妈企业家的理念不仅没有质疑为何照护工作仍被归为妇女的主要责任，反而将公共和私人领域的职责融合成适于妇女的新模式，又制造了一种幻想。[67]

　　受访妇女们的丈夫会支持妈妈企业家的想法和数字化零工经济的前景，或许也在意料之中。很多妇女说丈夫（和弗里丹的一些受访者的丈夫一样）[68]鼓励她们"找出"自己"非常热衷"、未来"真的很想"做的事，而且是能在家里做的，"不影响带孩子"。蒂姆的妻子九年前辞掉了艺术馆馆长的工作，他本人就是按需经济及其承载的性别平等宏愿的狂热拥护者：

数字经济改变了工作，事实上我能做着自己的事情，又当女人，又养孩子，也没多大影响，因为我决定自己的工作时间，掌控着业务。要是我跟别人说，我们去我家附近的咖啡厅开会，或者我们在 Skype 上解决，或者你用邮件交待问题，都能做到，对吧？所以要是我能做到，其他人也能做到，对吧，而且随着工作的革新，它变成成果驱动、项目驱动，而不是出勤驱动的，而且越发依赖数字媒介，而不是物理媒介，所有这些都弱化了不少。

160

这就是为什么你在技术产业，尤其是社交媒体领域，看到这么多女性高管。因为她们的工作模式对家庭友好得多，本质上对生活友好得多。她们并不割裂工作与生活，她们家务也做，这样效果更好。所以你们有，对吧，谢丽尔·桑德伯格，你们还有，她叫什么来着，啊，啊，啊，雅虎那个女人？玛丽莎·梅耶尔！这些人非常适合作为新就业模式的典范……不过在传统一些的行业里还是，女人当银行家还是很蠢，女人当律师还是很蠢，因为这些人处理业务的方式，好像我们还在 19 世纪似的。

蒂姆认为，这种妇女在家工作并继续担当照护主力的"新就业模式"，可以实现他在后面采访中所谓的"超越性别政治"的乌托邦愿景。过去金融或法律等"愚蠢"而死板的行业里妇女在办公室遭受的不公待遇，似乎随着灵活的、"依赖数字媒介的"在家办公的兴起得到了解决。但讽刺的是，他视为新工作模式代表的妇女典范，谢丽尔·桑德伯格和玛丽莎·梅耶尔等人，从事的都是高强度、高时长的工作，正与家庭生活极不协调（见第 2 章的讨论）。最让人吃惊的是，蒂姆不觉得他或者广义上的男人，对于实现这种乌托邦愿景有自己的责任——他要求我们在他的办公室而不是家里见面。他的阐述从一开始就完全从妇女的角度展开："我能做着自己的事情，**又当女人**，**又养孩子**。"那种一个人可以既当个事业有成的男人，又照顾好孩子的可能性，是不在这种愿景的考虑范围内的。正如利特勒指出的："我们没听说有'爸爸企业家'（dadpreneur）一边在家带孩子，一边在家创业的。企业家的男人色彩是不言而喻的常态。"[69]

161　　目前为止我们看到，全职妈妈们对于回归有偿工作说不清道不明的愿望契合了妈妈企业家或数字型主妇的流行形象，也受到按需零工经济下工作时间灵活、自主安排的前景的激励。在家一手带小孩、一手经营事业的妈妈，理论上达成了照料责任与有偿工作的巧妙平衡，而且将妇女的企业家精神与母亲角色融为一体。然而，与这一形象的再现所激发的迷人幻想相反，我采访的高学历全职妈妈们似乎说不清未来梦想的实质内容，更别提实现它们的条件了。最近的研究表明，这一困难是当代工作形势和广泛就业形势的典型特征，是斯蒂芬妮·泰勒和苏珊·勒克曼（Susan Luckman）所说的"工作生活新常态"的一部分。[70]例如，罗莎琳德·吉尔对文化和创意工作者的研究发现，他们在乐观和悲观的说法之间摇摆不定，无法明确表达出想象中的未来。类似地，朱莉·威尔逊（Julie Wilson）和埃米莉·奇弗斯·约奇姆（Emily Chivers Yochim）在《母职飘摇路》（*Mothering through Precarity*）的研究中发现，美国居家工作的妈妈们虽然渴望拥有另一番天地，"但往往无法清醒地认识或想象它们"。[71]

不过，她们在想象未来时的苦苦纠结，虽然短暂而不完整，却也时不时地暴露出妈妈企业家幻想与就业前景之间的落差，揭示出数字经济下性别平等乌托邦式愿景的局限。

零工经济和妈妈企业家的假象

和我采访的大多数妇女一样，劳拉强烈表示希望重返某种有偿工作。她对于未来想做的工作类型和确切的开工时间，也是含含糊糊。但与她们不同的是，劳拉承认自己并不想按妈妈企业家的路子来：

> **劳拉：**我发觉自己真没有什么远大的抱负。要是我，比方说，恨不得孩子们马上去上学，这样我就能去写自己的小说或开一直想开的咖啡店，那倒好了，但我没什么特别想做的，也真不大想当企业家。所以我可能就找份兼职做做。所以

162

他们［孩子们］走了后我的人生会怎样，得看找了份什么活儿。我不太确定……也许会在以前做过的行业找份兼职。我没有再接受厨师或室内设计师培训的热切愿望，所以或许会回去干原来的。

我：你想过再接受室内设计师培训这样的事儿吗？

劳拉：没有啦！［笑］但很多人认为这是个机会："我想当顺势疗法医师""我想当室内设计师"，然后她们就去修一门相关的课。我想不到什么特别想做的。要是想得到就好了，因为我很想着手做点什么，而且感觉随便选个事干也没什么意义。所以，或许会回去干老本行吧。现在的心情，还是有点飘忽不定。

劳拉坦率、带有反思的回答，透露了她周围妇女的普遍梦想——那些文化再现所构建并推崇的梦想工作，但她没有照做或不想跟风。她对于妈妈企业家以及实践它的典型途径——写小说，开咖啡店，接受再培训当顺势疗法医师、厨师或室内设计师（许多妇女在接受采访时也谈到这些是她们未来的志向）——抱有矛盾心态。虽然没有直接批评妈妈企业家形象或心向往之的妇女，但她对自己位列其中的可能性嗤之以鼻。她的语气透露出对于将妈妈企业家建构为（她承认自己没有的）"远大抱负"的嘲讽，和对于零工经济下接受再培训进入潮流、弹性的"妈妈行业"的热切愿望和激情的不屑。她思考了把这类工作看成机会的常见观点，但暗示它们随意且肤浅："感觉随便选个事干也没什么意义。"

与此同时，劳拉又为自己的追求不符合妈妈企业家的流行模式和零工经济的热情工作模式而苦苦纠结。她说，要是她有那种"热切愿望""那倒好了"。"要是想到什么特别想做的事就好了。"和其他妇女向往的野心勃勃但缺乏制度保障的工作相比，以兼职模式回归老本行似乎是毫无魅力的原始办法，一种没有抱负、没有吸引力的选择。然而荒谬的是，比起受访妇女们向往的那些创业工作，这或许才是更可行、更可靠的就业前景，但在数字时代和零工经济的大背景下，它多半被排除在未来工作的想象之外了。

受访者们很少，或从未提过她们未来设想的自营职业生涯存在的风险。她们认为自己的适应力很强，能够承担这类不稳定工作的风险。我问，如果她们离婚了，或者丈夫下岗了，要怎么办。回答通常是"我会想出办法"或者"找到什么办法的"。曾是会计师，现在是两个孩子妈妈的海伦告诉我："那我就回去工作啦，肯定嘛，而且我相信我能过得下去。大概我动动嘴皮子就能搞到一份报酬合理的工作，不用费多大力气。"事实上，很多女性已经将近45岁，等她们再待业个十来年，回归全职岗位时可能都50多岁了，这在她们看来也不是问题。电视剧《傲骨贤妻》中的艾丽西亚·弗洛里克在当了13年全职妈妈后重返职场，顺利地干起高要求的职业。这类虚构角色的故事，似乎已经有力地扎根在这些妇女心里，（觉得自己）和艾丽西亚一样，一旦需要，他们也能毫无障碍地重塑自己、适应新局势。

然而，有两名受访妇女对这种说法提出了批判性的质疑，也对未来的自我提出了截然不同的展望。第一个是杰拉尔丁，以前是律师，过去13年一直是全职妈妈（就和艾丽西亚·弗洛里克一样！）。她20世纪90年代从赫赫有名的剑桥大学法律系（艾丽西亚·弗洛里克也学法律）毕业。取得律师资格后，当了几年辩护律师，但由于不喜欢上庭，于是接受了事务律师的再培训。她20多岁就获得了事务律师资格，在与其他优秀候选人的激烈竞逐中拔得头筹，被委任为英国一家龙头医院的法务经理。然而，她在所谓"需要开足马力、任务艰巨的工作岗位"上只干了几个星期。因为开始工作不久，她就怀孕了。"那份工作每天要花一个半小时上下班，天天如此，我每到一个地铁站台都要吐一阵。"在她丈夫（也是位事务律师）强烈而明确的支持下，新工作做了几个星期她就辞职了，但是"从没想过永远都不干了"。

杰拉尔丁辞职去照顾孩子时，她的丈夫似乎很支持，因为她当全职妈妈适应了他高强度工作和家庭的需要。然而12年后，他们离婚了。面临全新的形势，加上失去了对丈夫收入的经济依赖，杰拉尔丁被迫去找工作。她寻找的"不是仅仅不影响带孩子的兼职工作，而更像一种职业生涯……一份相当**全面**的工作"。和那种"不影响带孩子"，以及（据说）赋予女人自由感和满足感的无边界、弹性、业余性质的妈妈企业家式工作不同，杰拉尔丁在寻找一种能带给她稳定收入和经济保障的"全面的工作"。然而，她寻求这样一份工作"不仅仅是从经济角度考虑的",她告诉我,这也是从**尊重角度考虑的……我想要、感觉**也需要找回自己的世界"。杰尔拉丁想要的不是(妈妈企业家许诺的)自由和弹性,而是掌控自己的人生和获得认可。哪怕以她的条件,经济上能接受找份兼职性质、在家办公的妈妈企业家式工作,但她告诉我,那并不能让她找回"自己的世界"或与周遭世界的联系,更重要的是,不能找回她感觉已经失去的尊重——来自前夫、孩子们和社会的尊重。

妈妈企业家的选择没能赋予杰拉尔丁贝蒂·弗里丹50多年前宣称的"妇女脱离怪圈的出路":"一份能纳入她正经人生规划的工作,一份令她成长为社会一分子的工作。"[72]大部分妈妈企业家是业余人士,而非专业人士,而"从业余到专业的飞跃,往往正是一个女人要脱离'怪圈'所最难做到的"。[73]大多数妇女深信,倘若不得不重返全职岗位,她们会"找到办法"处理好的。杰拉尔丁则不同。她发现,离开劳动市场这么多年后,要重返职场、重塑自身是极其困难的。"如果计划赶不上变化,你不得不重回就业市场,"她声音颤抖,眼里噙满了泪水,"我要做什么呢?!要知道,退出职场十三四年,没有什么好位置留给我了。"

第二个故事是关于47岁的埃米莉的。埃米莉的父亲是位成功的商人,母亲是全职主妇。她是个优等生,读历史学本科以及后来在北美攻读竞争十分激烈的工商管理硕士(MBA)时荣获不少知名奖学金。她从一家跨国公司开始了极其成功的市场销售生涯,"打破了所有销售纪录",后来成为一家技术公司的首席运营官。40岁不到的时候,她嫁给了一位当时工资只有她一半的会计师。埃米莉跟随丈夫的工作调动搬到另一个国家，也离开了她的公司。在他们移居的那个国家，她怀孕了，而后的九年一直是全职妈妈。她回忆道："我设想的情况是，先把自己放一边，全力支持我丈夫的事业，直到他当上合伙人。但我真的低估了工作对我的影响，以及我对工作的热爱。"埃米莉告诉我，当她离开职场时，想当然地认为要是她想回来，"完全没问题……辛勤工作和努力付出——我是走到了这一步的！"然而，与杰拉尔丁一样，这一幻想破灭了：埃米莉打算重回带薪岗位时正值经济衰退、婚姻破裂，这才发觉自己离了婚，失了业，还是9岁儿子的唯一看护人。

在零工经济极具潜力的诱人报道鼓舞下，埃米莉和四名合伙人成立了一家初创公司，对它充满热情、兴致高昂。"我买下股权，只花了一点点钱，因为你希望，要是能，对吧，让这个初创企业腾飞起来，能挣上一大笔钱！"她回忆道。然而，创业最终失败了，埃米莉流着泪承认道：

> 好吧，我经济上不稳定。没做好财务保障。我花光了继承的财产和积蓄……我儿子，他会说要是我们需要买吃的或交电费什么的，他能提供自己的零花钱……所以我有几种选择。要么说："好吧，我去马莎（Marks and Spencer）[百货商场]干兼职，要是幸运的话，就一直熬着，住出租屋之类的，要么，我就下苦功夫，竭尽全力去争取我的事业。但不得不说，所有这些真的把我压垮了。

真的……我熬了几个星期……形势相当、相当惨淡，然后我就想，对吧，我要怎么，对吧，我要怎么熬到头？

埃米莉在采访中一直说，不希望自己的经历"听起来太过消极"，杰拉尔丁则说自己的处境"相当极端"。然而，她们的经历并不罕见。离婚并不稀罕（据估计，英国离婚率为 42%，美国为 50%），而零工经济虽在发展，初创企业和零工行业的失败率也在不断上升。杰拉尔丁和埃米莉的描述，辛酸地揭露了妇女要在长时间的空窗期后回归有薪岗位，把自己奇迹般地改造成妈妈企业家，享受按需经济下的掌控力、自由、灵活和自我实现，这一幻想是多么脆弱。这是一种在个体身上为制度性问题寻找解决方案的幻想。它给妇女提供的现成脚本要她们否认自身的渴望——让自己"走出去"——与阻碍它实现、把她们束缚在家里照顾孩子的制度性障碍之间的根本矛盾。正如利特勒指出的，妈妈企业家主义极少会鼓励男人多参与照护孩子，从而破除大男子主义。[74] 相反，它还是把母亲摆在育儿主力的位置上，同时要求她们居家的状态具备经济生产力。它巩固的还是那套女人应该"想出什么办法"来兼顾这两个领域的观念。下一章会说明，尽管我采访的妇女们真心想打破这一兼顾模式，但感觉自己几乎或完全无能为力。

第6章

自然的改变 vs.无形的枷锁

渴望改变却无能为力

正如第5章所示，我采访的妇女几乎都想回归某种有偿工作，以获得她们遗失了的意义感和目标感："自己想做的事儿""让我的大脑活动起来""找回我自己的世界"。然而受访者们不仅谈到改变个人生活的意愿，也热切地谈到改变社会的需要。她们谈到有害的新自由主义工作文化对她们辞职以及更大范围的职场妇女造成的压力。她们批判了丈夫的过度工作和在家中的缺位，表达了对不平等的家庭分工，以及文化对于妇女作为母亲兼照护者的压迫性要求的深切沮丧和愤怒。她们渴望职场环境和文化能有根本上的改变，她们希望两性薪酬差距能够消失，她们热情地谈到打破性别成见、挑战社会规范的必要。值得注意的是，四分之一的受访妇女指责前雇主有性别歧视，而且曾就工资、孕妇权利，以及育儿相关的不公待遇等问题提出抗议（常常是通过法律途径）。

玛吉就是其中一位妇女。她以前是一名记者，过去11年里是四个孩子的全职妈妈。她在英格兰南部长大，父亲是建筑工人，母亲是电话接线员。"我妈不得不上班。印象里她总是带着四个孩子辛苦工作。她晚上都不在家。"玛吉回忆道。成长经历造就了她很强的职业精神。"我一直认为女人应该工作，"她说，"你要是在我上大学那会儿跟我说，'其实，你会成为全职妈妈'，我肯定会惊呆的！"

玛吉的社会意识本质上受父母的影响，不过也受到了成长过程中文化和政治环境的重要熏陶。"你看，"她补充说，"我在女性主义的影响下长大……那个年代有格林汉姆公地和平营（Greenham Common）……有穿马丁靴的女人和矿工罢工……很多关于女性主义的讨论。做女人意味着什么……争取同工同酬……和自尊。""那个年代不算特别激进啦。"她笑着补充说，但20世纪80年代早期在英国流传的思想，尤其是媒体上大肆报道的格林汉姆公地和平营[1]这类女性主义抗议和矿工罢工[2]这类工人阶级抗议，深刻地塑造了她的社会意识。

玛吉是家里第一个受过高等教育的人。毕业后她当了一名记者，但在第二个孩子出生后辞掉了工作。像其他很多妇女受访者一样，玛吉丈夫高强度的工作和她自己高时长的工作，都与家庭生活极不协调。在整个采访过程中，玛吉对妇女肩负的不平等劳动和她日常生活中体会到的不平等分工表达了失望和愤怒，常常还带着明显的挖苦。她尤其激愤地讲述了在上一份工作中遭到的薪酬差别待遇，而且提出了申诉。

然而，尽管玛吉经受了挫败、遗憾和愤怒，尽管她真心渴望个人和社会能有所改变，但她觉得自己对于促成改变的作用有限。丈夫的裁员曾为她打开"一扇机会之窗"，回归有偿岗位的可能令她兴奋。"要是全家人和家务都扔给他管，就太棒了！"她喊道。然而，当丈夫几周后找到新工作时，这扇窗就关闭了。"那时候我们应该谈谈的。"玛吉懊悔地说。她没有主动谈论自己的欲望和需求，她渴望实现的改变停留在幻想阶段。"如果我丈夫，比如说，一周工作三天半，剩下的日子是我工作，那就好了！但这是不可能的，除非国家下达某项指令，要求缩短或拆分每周的工作时间。玛吉觉得，那种丈夫缩短工作时长，花更多时间在照顾孩子或家务上，好让自己重返职场的设想，是不可能实现的。对她来说，国家下达一项缩短工作时长的指令，是种空想的，甚至奇迹般的解决方案。

我采访的其他妇女和玛吉一样，认为政府应当带来她们想要的改变，但想象不出自己在个人生活和／或社会层面能做些什么来推动这一改变。另一些受访者指出，该由妇女"先锋"来引领性别平等。例如，安妮在满怀激情地谈到职场妇女的平等权利时说：

> 我感觉一说到职场，说到女人能干的职业，说到轮班制，女人还是受歧视的……是有些妇女，当然是地位比较

高的，在努力消除这些障碍，比如一起走出去、组团参加工作面试，来证明她们可以轮班……兴许等我女儿长大了……形势在变，机会确实越来越多了，但我觉得歧视没有变少……

我问安妮："那么改变从何而来呢？"她回答："由那些妇女先锋带来啊。有人已经想自上而下地证明首席财务官也是能两个女人轮班做的。越多女人能上前一步，有胆量这么做（就越有希望改变）——要位高权重的女人来证明职位是能轮班做的！""那你觉得男人也能实现轮班制吗？"我问。"那样倒好了！"安妮嗤笑着叹了口气。

安妮辞职时，曾在法庭上打赢了和老板的官司，起因是老板不许她在第一个孩子出生后转为兼职工作。然而11年后，安妮却觉得无力反抗不平等了。她指望着那些"有胆量"消除性别障碍、为她女儿开创别样未来的女性"先锋"们，却并不寄望于自己或丈夫。她嘲讽地回答我提出的男性轮班问题（那样倒好了！），表明她选择痛苦地忍耐父权制，仿佛那是固定、不容挑衅和无可避免的。在安妮看来，革命应该是站在顶层的女性一边轮班式工作一边照顾家小，而男性一直保持全职工作的特权，不承担任何实质性的照料责任。

美国研究员玛丽·道格拉斯·瓦夫鲁斯（Mary Douglas Vavrus）写道，像安妮和玛吉这样的女性，她们"聪明、有才华、有抱负、受过良好教育，只要她们想，就可以引领一场经济革命。

比方说通过迫使国内生产总值里计入'经济妇女'的劳动……这些女性就可以彻底改变轻视母亲劳动的体制。"[3] 然而，这些才能卓越的妇女脱离劳动市场当全职妈妈太久了，感觉已无力去改变自己的生活，更别说宏观的社会体制。[4] 怎么理解这一矛盾呢？如果玛吉和安妮她们那么渴望自己和后代的生活有所改变，过去也曾运用自己的力量与不平等抗争过，为什么现在觉得自己发挥不了作用了？

要回答这些问题，我们先看一下夏洛特的故事。它说明了推动这类变革真正有多么困难，哪怕她满心渴望，也采取了积极的行动。夏洛特十年前辞掉律师工作，当上三个孩子的全职妈妈，孩子们现在都上中学了。她的丈夫是个雄心勃勃的律师，基本顾不上孩子和家务。夏洛特为自己一直全职陪伴孩子感到自豪又快乐，因为她相信，尤其是相比于那些妈妈要工作的孩子，自己的全职陪伴对孩子更有好处。两年前，当孩子们渐渐独立时，夏洛特开始考虑回归有偿工作，重拾目标。"我现在的状态是，46岁，感觉啥都能干，很能干，啥都能干。你给我个什么事儿，我立马一头扎进去搞定，而且学得飞快！"她信心满满地说。

去年，夏洛特申请了一家著名国际非政府组织的高级职位。在此之前，她拿到了硕士学位，这对她申请那份工作特别有利。她觉得信心十足，很有把握做好。虽然已经脱离职场十年，但夏洛特还是进入了面试。一想到可能被录用，她就十分激动。但在得知面试日期后，她发现那天与定好的家庭度假冲突了。她把这一情况告诉那个非政府组织，说她只能用 Skype 面试。

171

然而，面试当天 Skype 出了故障，而她进行了电话面试。"所以显然，"她解释说，"我没能拿到那份工作"。

为什么夏洛特不能叫她形容"非常亲力亲为""非常支持我的丈夫"带孩子们去度假呢，这样她不就能参加面试去争取她梦寐以求的工作了吗？她毕竟付出了学习，而且能够胜任呀。她丈夫又为什么没有主动这样提议，好让她前去面试呢？为什么我见到的这么多女性都和夏洛特一样，要隐瞒自己的渴望，避免打破现状呢？

43 岁的妈妈珍妮特，11 年前辞掉了演员工作，现在很渴望回归某种有偿岗位。她给出了一种解释：

> 约定俗成就是这样的。你离开工作，回到这个环境里，差不多就定下来了……孩子们一天天大了，这个体系还是把你绑在家庭生活里。我气得恨不得掀了桌子，说：老妈要工作！［笑］对吧，你们不能再一个个地赖着我。老妈要工作！［笑］
>
> ……我为维持这个现状付出了很多，对吧，都是为了家人，到此为止吧！

珍妮特的讲述充斥着自嘲和苦笑，掩饰了承认事实带来的痛苦。她一针见血的评论显示，让她失去力量的是长期以来对家庭结构的屈从。现有家庭结构完全依赖她担当主要照护者和家务管理者。虽然公众对这一角色的认识有了重要改变，但它仍旧顽固地压在妇女头上，而且价值被严重低估。珍妮特承认自己助长和维系了现状。要想改变，就需要好好反思其家庭所依赖的整个结构，反思严重不平等的角色、劳动和领域划分。这意味着挑战珍妮特这类女人多年来遵从的规范，是一项需要勇气的艰巨任务。用珍妮特的话来说，这需要妇女们突破"把她们绑在私人家庭"领域，而把丈夫们绑在公共经济生产领域的心理机制，这种机制至今（就像另一位妇女说的）"完好无损"[5]、无人反对。

172

阻碍一些妇女去实现渴望中的改变的，还有另一个障碍：经济舒适与保障。利兹就这一点提出了见解：

> 有时候你做选择，只是因为有51%想要这一个，49%想要那一个。你选了51%的一方，然后就这样了……会有点后悔，因为你会想，唉……于是［停顿］，所以没法两全其美，对吧？……而且我丈夫的工作很要命。我也在想："好吧，要是我毅然坚持自己的立场，对他说：你得换份工作，会怎么样呢？"那不大可能，而且那样我们就不能住现在的房子了。要知道，我们都清楚房租和房贷贵死人，所以就当……是件倒霉事吧。我放弃工作是很糟糕，但又能怎么办呢？［叹气］

利兹放弃了一部分重要的自我认同来换取经济舒适。她考虑过坚定立场的可能性，但是代表家庭的"我们"压倒了她：

注意看从"要是**我**毅然坚持自己的立场……会怎么样呢",到"**我们**就不能住现在的房子了"的转换。她知道放弃自己的工作是"倒霉"又"糟糕"的决定,但直接承认太痛苦了。于是她权衡了一下放弃工作与放弃房子,指出比起不能住既不用贷款又不用租金的房子——英国大部分居民很少能有此奢望——辞掉工作更理智,也更安全。"但又能怎么办呢?"她认命地叹了口气,好像放弃一大块自我认同是必然的选择。

妇女们选择不打破个人或社会现状这点,意外地违背了当前规劝妇女向前一步、坐到会议桌前并承担管理职责的文化和政策叙事。夏洛特最终放弃梦寐以求的工作机会,珍妮特下意识地把家庭放在个人需要前面("老妈要工作!"),以及利兹的宿命论口吻("但又能怎么办呢?"),似乎都与提倡妇女自信、赋权和赋能的主流大众女性主义说法相左。

¹⁷³ 大众女性主义和新自由主义女性主义:赋权与赋能

女性主义媒介学者萨拉·巴尼特-韦泽(Sarah Banet-Weiser)认为,她称作"大众女性主义"(popular feminism)的内容近年来在媒体上的传播热度明显增高。[6] 她解释说,女性主义的大众化有两个层面的意思。首先,它在各种媒体渠道和社交媒体平台上传播,因而具有极高曝光度且可被大量访问。在这一背景下,随着"每日性别歧视项目"(Everyday Sexism Project)、反街头骚扰组织 Hollaback、"我也是"(#MeToo)和"是时候停止了"（#TimesUp）等运动的盛行[7]，以及大众传媒领域对性别不平等的广泛讨论，性别歧视显然再度成为公共话语的热点。女性主义批评家罗莎琳德·吉尔指出："至少在英国，每天都会有新闻报道关于性骚扰、薪酬不平等、企业董事会或政党内部性别结构失调、妇女名人遭受性别歧视，以及女孩和男孩之间有着'自信差距'的案例。"[8]其次，巴尼特-韦泽写道，女性主义大众化也指它广受青睐和尊崇："这种女性主义的主体性不再受困于后女性主义时代对女性政治的缄默和排拒，而成为常态甚至趋势"，在当代公共话语中"占据热点地位"。[9]这种"受宠"的女性主义，是由赋权理念，以及自信、自主、自尊和权利等主要文化概念主导的。[10]

引领大众女性主义潮流的，是位高权重的妇女，诸如Facebook 首席运营官谢丽尔·桑德伯格，外交政策专家、新美国智库主席兼首席执行官安妮-玛丽·斯劳特，以及当前美国总统的女儿兼顾问伊万卡·特朗普（在 2017 年出版的图书《职业妇女：改写成功的规则》中展示了她的"女性主义"计划）。虽然说法不尽相同，但这些妇女推崇的都是强调女人赋能的个人主义观念。她们呼吁职场上的妇女"向前一步"，坚守自己的位置，彰显自我，"从障碍丛中开辟道路，发挥她们的全部潜力"[11]（桑德伯格），"掌握大权"[12]（斯劳特），"胸怀大志""烙下你的印记"和"坚守你的阵地"[13]（伊万卡·特朗普）。

在这些位高权重的妇女——安妮和其他受访妇女所向往的"女先锋们"——备受瞩目、女性主义复兴、无数激励妇女赋权

174

的言论广为流传的大背景下，我的受访者们却感到无能为力，这点令人费解。她们是高学历妇女，广泛接触流行的女性主义电视剧（几位受访者提到了《傲骨贤妻》《女子监狱》[*Orange Is the New Black*]、《同妻俱乐部》[*Grace and Frankie*]和《国土安全》[*Homeland*]等剧集）、女性杂志、报纸、广播节目和社交媒体上妇女和女孩赋权、自信和自尊的当代言论。我在本书引言中曾提到理查德·桑内特和乔纳森·科布的"磁体"比喻，那会不会是这些当代的流行叙事"磁体"完全没能渗入她们的想象、影响她们的经历呢？[14]

答案部分在于大众女性主义受到的批判，以及女性主义学者凯瑟琳·罗滕贝格所谓的新自由主义女性主义的兴起。罗滕贝格和班尼特-韦泽、吉尔等人指出，在女性主义复兴的同时，它的面貌已经焕然一新。流传于当代自助和指南类书籍、电影、电视剧、应用软件和社交媒体中的新兴大众女性主义形态，已从推动早期女权运动的平等、社会正义、解放和团结的理念，转为注重妇女的个人赋权、自信、适应力和创业精神。前几章讨论过的很多媒体、政策再现和话语的例子，都属于女性主义最近的这种变体：劝导妇女拿出自信、鼓励她们向前一步（第1章），崇尚巧妙平衡工作与生活的平衡型女人（第2章），把妇女描绘成自由选择、精明能干的母亲形象（第3章和第4章），媒体和政策还强调了妇女在零工经济中的创业精神和自主赋权（第5章）。很多这类当代"女性主义"言论，不是批判支撑和维持性别不平等的制度条件，却几乎只要求妇女做出心态上的转变，而决定这种心态的资本主义和父权体制，以及客观存在的现实，大体上都维持了原状。[15]

的确，一些大众女性主义宣言和公开支持女性主义的高层妇女承认，存在着宏观制度上的不平等。例如，桑德伯格在其大受欢迎的女性主义宣言《向前一步》中指出，需要解决育儿成本、两性薪酬差距和性别刻板印象等制度性问题。这位社交媒体巨头的首席运营官在 2017 年母亲节时曾呼吁美国提高最低工资标准，实行带薪探亲假和提供实惠的育儿服务。[16] 安妮-玛丽·斯劳特则坚称，光叫女人拿出雄心、自信，培养乐意分担家务的伴侣是不够的，她呼吁出台重视照护工作的国家政策。[17] 伊万卡·特朗普一直标榜自己支持家庭，特别是职场母亲。她在 2017 年 5 月推出一项 250 亿美元的联邦带薪产假计划，为父母——包括养父母和亲生父母——提供由政府资助的产假（可能涉及增税）。[18] 随着 2017 年年末哈维·韦恩斯坦（Harvey Weinstein）性侵多名妇女事件被曝光且余波持续发酵，由 #MeToo 运动引发的讨论在探讨职场和一般社会上的性骚扰和性别歧视时，也已触及制度性和社会性问题。

然而，很多这类所谓的当代女性主义言论和评议背后的观念，都认为挑战制度性不平等太骇人、太过艰巨，因此是不现实，甚至不可能完成的任务。相反，她们通常强调以不断的自我调整和自我督促来实现微小改变的重要性，声称这种自我调整会带来赋权和自我转变。就像罗莎琳德和我所主张的，她们"提出的'女性主义'计划，是要妇女在当前的资本主义和企业现状下，积极、建设性地采取策略改变自我"，因为在她们看来，改变那些现实绝无可能。[19] 例如，第 1 章提到过的《纽约时报》畅销书《信心密码》，其中勉励妇女只有自信才能获得职场和其他领域的平等，便部分是建立在制度层面的男性主导和性别失衡基本上无可撼动的"务实"观点上的。"现实给人不好的预感"[20]，美国记者卡蒂·凯（Katty Kay）和克莱尔·希普曼（Claire Shipman）写道[21]，指责外部障碍"虽然容易，但入了歧途"[22]。相反，由于现实和环境无法改变，凯和希普曼呼吁女读者们找到"自我可控的部分"，然后通过一系列行为步骤和自我监督来改变自身，从而避免计较制度上的不平等。

　　事实上，媒体、职场和政府政策中流传的性别平等的再现，其核心要旨是妇女需要克服内心的障碍和"自己造成的"创伤，正是这些阻碍了她们变得自信、赋权和成功。关于妇女为何无法获得高层职位、取得职场成功，最流行的一种解释理论是冒牌者综合征。"哪怕已经成就非凡，甚至是该领域的专家，妇女似乎都无法摆脱这样一种感觉：被别人发现自己的真面目——技术或能力有限的冒牌货——只是时间问题。"桑德伯格在《向前一步》中写道。[23] 这个心理学概念时常出现在职场性别平等的政策讨论，以及帮助妇女解决和克服其"冒牌感"的项目中。[24]很多著名女演员，包括埃玛·沃森（Emma Watson）和凯特·温丝莱特（Kate Winslet），以及诗人兼民权活动家玛雅·安杰卢（Maya Angelou）都曾在媒体上承认遇到过这种症状。这一解释如此流行，以至于《赫芬顿邮报》记者萨曼莎·西蒙兹（Samantha

Simmonds）暗示，英国首相特雷莎·梅要求 2017 年 6 月提前举行大选的决定，是"我见过或采访过的每位成功女人"与生俱来的缺陷"冒牌者综合征"导致的结果。西蒙兹推测："或许她只是感觉首相并非当之无愧——感觉不算名副其实，或众望所归，而只有举行大选才能打消那些自我怀疑。"[25]（不过由于保守党在选举中失去了多数席位，这种推测是为了获得信心的策略自然适得其反了。）

因此，虽然当代妇女自我赋权的说法热烈支持和推崇通过个人转变来解决社会变革和性别平等问题，但对于促成宏观制度性变革的可能，却秉持了宿命论的态度。它们告诉我们情形不容乐观，同时又强调"事实如此"，因此，可以对抗的主要或者唯一障碍，就在于自身。法国社会学家吕克·博尔坦斯基（Luc Boltanski）和夏娃·基亚佩洛（Eve Chiapello）称，这种主流的宿命论意识对于资本主义的道德正当性至关重要。他们强调了文化再现在维系宿命论意识、削弱对资本主义的批判中的作用：

177

> 如果说，与通常预言其覆灭的推测相反，资本主义不仅存续了下来，而且势力不断扩张，那是因为它仰赖了许多能引导行为的、我们共享的再现和理由，它们把资本主义描绘成可以接受，甚至十分令人满意的社会秩序：唯一可能的秩序，或者所有可能中的最佳之选。[26]

各种自助和指南类书籍、电影、流行节目、社交媒体文章和应用软件（具体例子在前几章中讨论过）似乎正是这么做的，也就是提倡在当前秩序下做出微小改变的可行性和可取性，暗示当前秩序是唯一行得通的。它们敦促妇女通过自我调整来改变自己的想法、感受和行为，称这一方案不仅切实可行、立竿见影，而且终将带来宏观上的改变。社会心理学家埃米·卡迪在其广受欢迎的 TED 演讲中阐述了她主要有益妇女的能量姿势理论。正如她在其中总结的："细微的调整会带来巨大的改变。"

　　另外，那种据说能从微调中实现的巨变，即在公共和私人生活中实现性别平等，被说得好像不可避免，几乎是自然而然就会缓慢、稳步发生的有机变革。这一说法在 2016 年世界经济论坛发布的第九次《全球性别差距报告》（Global Gender Gap Report）中得到了生动的体现：报告发现，尽管全球女人和男人在教育等其他维度的差距正在缩小，经济差距却在不断扩大。与报告发现相关的新闻标题有："消除两性薪酬差距可能要花170 年"（《卫报》）[27]，"世界经济论坛：两性工资差距 170 年内不会消除"（半岛电视台 [Al Jazeera]）[28]，"170 年内女人收入无法超越男人"（NBC 新闻 [NBC News]）[29]，"性别平等有望到来——但要到 2095 年"（《每日电讯》[Telegraph]）[30]。理论上，这份报告和相关报道的目的在于呼吁采取紧急措施，消除性别平等差距。然而，科学的、事实化的用语，以及对于两性薪酬差距在近两个世纪的时间内不会消失的断言，都好像在汇报一则科学家们观测到却无法掌控的自然现象一样。它把两性薪酬差距的缩小描述为一种有机进程，会缓慢推进，170年后自然达成预期目标。

为了支持这一说法，自由民主的工业化国家目前的性别平等状况被反复拿出来与过去进行比较。这种历史对比能减轻对现状的不满和批判，毕竟，它表明，形势比过去好多了。这一说法将改变呈现为单向的、渐进的和稳步的，好像形势只会越来越好；把持续平等化的势头看作理所当然，好像不存在进展停滞或倒退的可能性。在政策和我这些年来参加的企业性别多元化相关活动中，常能看到这种表述。在很多这类活动中，要求改变职场状况、挑战维系性别不平等的规范和文化的呼声总会被"形势已大有改观"的安慰"和谐"。

在我2016年参加的一次座谈会上，一家全球领先公司的多元化和包容性负责人就用了这种说法。会议主席请他谈谈公司遇到的性别平等难题，这位主管讲了一则有趣的个人轶事："我孩子们还小的时候，家里养了只猫，结果我对猫很过敏。我就跟我女儿——她当时四岁——说，只能要么我走，要么猫走。然后她说：'哎，爸爸，反正你也不怎么在家嘛！'"发言人等观众们笑过，补充道："[好在]从那以后形势变了很多，那都是20来年前的事了！"

这则趣闻想说明的是，世道发生了很大变化，家庭内部已经实现了性别平等。虽然那名主管后来承认，他的公司内部存在一些持久的性别平等障碍；但他开场关于猫的故事暗示，无论当前这些障碍多严峻，最终都必将被克服。这位发言人和其他与会者没有仔细探讨需要克服的障碍，而是强调了一种积极、渐进改变的趋势。同样，在我参加的另一场职场性别平等活动筹备会上，组织者们——五名主张推进组织内部性别平等和多元化的妇女——就强调了要在活动中展现光明前途，凸显积极变化。"为了不打击大家的兴致，我们在标题里要避免使用'障碍'和'阻碍'这类措辞。"她们说，"我们应该强调，形势在朝正确的方向发展，但还有些工作要做。"

这种强调与展现女性赋权、自信和适应力等积极品质的当代再现是一致的。想想受积极心理学启发并以其为基础建立的"幸福产业"（happiness industry）[31]，以及一直以来推崇宁静、内心平静、温暖、幸福、成功和正能量[32]等妇女理念的新时代／自助型言论，当今无数针对妇女的信息都支持积极情绪，反对"消极"情绪，特别是恼怒、愤慨和抱怨这类。安妮-玛丽·斯劳特在性别平等论争中的表现，就很好地体现了这一趋势，反过来也推动了它。正如凯瑟琳·罗滕贝格指出的，斯劳特在其多次被人们引用的文章《我们为什么不能拥有一切》中详细阐述了她的性别平等计划，后来又扩写为《未竟之业》一书，但整个计划的立基都是要求中产阶级白人妇女"通过平衡工作与生活来实现幸福，而平衡本身就是妇女进步的标志"。[33]对积极态度和正能量的强调，也体现在对非白人职业妇女的劝勉中。例如，美国黑人职业妇女组织（US Black Career Women's Network）"致力于非裔美国妇女的职业发展"，并将"黑人职业妇女"定义为"自信、坚强的黑人妇女"，尽管面临诸多挑战，她们"仍旧秉持积极的心态和形象,建立社交网络,追求职业发展、教育和指导,以期实现自己的目标"。[34] 广告、社交媒体、女性杂志、自助书籍、应用软件和其他媒体中类似的呼吁,也套用那些诱导女性热爱自己、赞美自己的"励志"格言。"找到你的热情所在,创造你热爱的生活"(见伊万卡·特朗普《职业妇女》第一章),"相信自己,否则没人会相信你",诸如此类。[35]

这种对积极情绪和积极心态的赞扬和支持,以及相应对消极情绪和想法的否定,与新自由主义女性主义话语转向"当下"的势头密切相关。诸多诱导妇女"活在当下"的自助类文章、博客和信息都佐证了这点。例如,在《职业妇女》中,伊万卡·特朗普就敦促妇女"聪明地把握当下"[36],而不要徒劳无功地追求工作与生活的平衡。[37] 类似地,苹果公司零售部门的高级副总裁、博柏利(Burberry)前首席执行官安杰拉·阿伦茨(Angela Ahrendts)也在"商界领袖与女儿们"(Leaders & Daughters)建议网站上劝导女儿们"永远要活在当下"。凯瑟琳·罗滕贝格通过分析两个点击率很高的"妈咪博客"——博主是放弃在企业蒸蒸日上的职业生涯的美国妇女——显示了女博主们是如何翻来覆去地表达享受当下、把握眼前、充实而有意义地过好每一刻的愿望的。这一愿望与当代流传广泛的幸福与平衡论有着千丝万缕的联系。罗滕贝格认为,"活在当下是对现状进行情感投资",因此,转向当下既掐灭了设想另一种前景的可能性,也排除了为创造更平等的社会提出具体要求的念头。[38]

甚至对大众女性主义及其鼓吹的妇女赋权持批评态度的观

180

点，也往往带有形势在进步、改变乃大势所趋的意味。例如，蕾切尔·阿罗塞蒂（Rachel Aroseti）在《卫报》（2017 年 5 月 10 日）上撰文，讽刺有些"卖弄女权思想的电视剧"，诸如网飞出品的《女孩老板》（*Girlboss*），是"女性主义毫无意义的分支"。她批判《女孩老板》建议妇女"模仿男性举止，永远不能抱怨不平等，而要积极加入物化自我的行列"。然而，虽然阿罗塞蒂对该剧及其赋权式的女性主义提出了批判，但她以乐观基调收尾，与上文引述的主管的做法并无二致。她写道，该剧通过把我们带回"2006 年的黑暗岁月"，来"提醒我们现在（多数时候）的形势有多好"。[39]

　　如今形势已大为改观、进步会自然发生且不可避免的理念，以及对当下的注重，目的和结果都是呼吁妇女保持耐心。关于职场性别多元化的企业和政治话语，都强调性别多元化（更别说平等）需要时间和耐心。例如，麦肯锡公司一份关于职场妇女领导力的报告引述了一家医疗器械公司的董事长兼首席执行官的话，他解释说："解决这个问题需要时间和努力。"[40] 同一观点更气人的重申，来自国际知名西班牙建筑师圣地亚哥·卡拉特拉瓦（Santiago Calatrava）。2017 年 2 月，卡拉特拉瓦针对建筑业妇女调查（Women in Architecture survey）结果显示建筑业普遍存在性别歧视的现象发表评论，力劝女建筑家为薪酬平等"再等一等"。[41] 类似地，德高望重的法官乔纳森·萨姆欣（Jonathan Sumption）阁下在谈及英国司法体系明显缺少多元性时说道：

如果我们假装完全靠才华选拔出的队伍能立马组成一个完全多元或者还算多元的司法部，那我们就是在自欺欺人……在这个领域，和在平常生活中一样，我们没法随心所愿。我们必须做出选择，接受无奈的妥协。我们甚至必须学会耐心。[42]

进入妇女的想象：新自由主义女性主义的吸引力

有了这类话语的大背景，受访妇女的叙述便好像不难理解了。她们的心态、希望和信念，似乎已被性别平等和改变的当代主流叙事，以及新自由主义女性主义观念悄然（而且危险地）同化了。利兹"但又能怎么办？"的结论，珍妮特对现状无望改变的失败主义接受，都呼应了当代话语认为不平等的宏观制度无法改变的宿命论心态。安妮对于形势总归会自然、不可避免地好转的空洞希望——在接下来的讨论中会看到，其他受访者也反复提到这一点——也带有性别平等是必然、渐进的有机进程的当代叙事色彩。玛吉和其他妇女认为自己无法也无力推动她们向往的改变，呼应了当代许多流行文本中常说的推翻性别不平等是一项过于艰巨的任务。我采访的妇女们似乎听从了萨姆欣阁下的建议，学会了耐心。

主流的性别平等观，尤其是新自由主义女性主义，最明显的体现或许就在这些妇女对子女未来的期望，以及对子女未来的嘱托中。几乎所有受访者都自发地表示，非常希望孩子能生活在更加公平和性别平等的世界。有女儿的妇女们尤其强调，但愿女儿得到公平对待，不用经历她们中很多人遭受的歧视、不平等限制和性别偏见。

第 1 章中提到的在单位遭到歧视待遇，然后起诉了前雇主的市场经理露易丝说道：

> 我真的特别相信……我确信到我女儿这一代会大不一样，会有更多人提出质疑。嗯，我希望……希望那会儿和现在已经不一样了。真希望……我知道其实目前没有太大的改变，但我不敢想，等我女儿进入工作了，性别平等还没什么突破！我不敢想到那会儿还是老样子！现在关于机会均等和弹性工作不是吵得很欢吗！

露易丝希望的背后，是对于渴望的形势改变无法实现的深层焦虑。她从肯定性的"我真的特别相信"和"我确信"转到犹豫性的"我希望"（重复了三遍），最后承认她知道"其实目前没有太大的改变"。她知道，在"机会均等"被热议的同时，性别歧视仍旧猖獗。露易丝提到了各种她读到或见到的例子：妇女在工作上受到不公平对待、母亲们被女儿学校的校长嘲讽、日常的性别歧视，以及年轻女孩被束缚在传统性别角色中——包括她自己的女儿，后者认为"钱都是爸爸挣的"。[43] 不过，露易丝指望着，有了"机会均等和弹性工作"的热议，即大众女性主义争论以及政府和职场对于性别平等有望到来的承诺，她的女儿就不会面临与她的遭遇类似（或更糟）的不平等现实。但是，当被问到她为何这般坚信等女儿进入职场形势就会好转时，露易丝答道：

> 唔，我不知道。唔，我猜，我……我只是，[觉得]还是有几丝希望的。比如说在瑞典，他们即将要缩短每周工作时间了，男女都会缩短，还出台了规定父亲责任的法律……我认为这些希望会传播开来……而一旦人们……证明它们行得通，至少其他欧洲国家也会面临推行它们的压力。所以我觉得，我们希望这边有人带头……来证明这可以实现。然后有了压力，就有动力啦。
>
> ……我觉得应该由那些上了年纪、位高权重的狠角色来，他们比较懂那一套是怎么搞的，然后……然后你只要多花一点点力气去配合，多花一点点时间，对吧，差不多照做就行了！所以说会有人带头的，然后大家就会意识到，还非这样不可。

露易丝的叙述中有个明显的矛盾，和其他妇女异曲同工。一方面，她真心不满于现状——她诚恳地反复说，自己不敢想不会出现根本性社会变革的情况。露易丝自认是个女权主义者。她很关心，也热衷于妇女在职场和其他领域的平等权利。当谈到女儿成年后的未来时，她不禁落下泪水。另一方面，到了要明确实现梦寐以求的改变所需要的责任时，她又含糊其辞，不谈自身了。和关于性别平等进程的普遍公共叙事一样，她谈论"有几丝希望"和施加压力时的口气，就好像它们是不可阻挡的自然趋势。她先是寄希望于瑞典——好几位受访者都把它看成性别平等的乌托邦，然后以一种分散的、模糊的责任作结："会有人带头的，然后**大家**就会意识到，还非这样不可。"关于性别平等的争论压下了露易丝对不平等会延续下去的焦虑，而对那种缓慢，据说是有机、必然的进程保留着模糊的希望。

珍妮对女儿的期望，也借鉴了当代叙事中关于性别平等，尤其是大众／新自由主义女性主义宣扬个体赋权、自我实现和自我满足的说法。珍妮是一位 48 岁的全职妈妈，有一个 13 岁的女儿和一个 10 岁的儿子。她的丈夫是一位英国白人，在金融城当高级律师。她由做公务员的父亲和当过教师的母亲抚养长大。母亲在珍妮出生后就辞掉了工作，照顾三个孩子。珍妮告诉我，她从小就"很有政治意识"。中学期间，她创立了黑人女生协会，后来在大学里参加黑人女权运动。她的梦想是当工程师，但所有人都告诉她，这永远不可能实现，因为她是个女孩。在一次大学奖学金的面试上，她被问到父亲是否是工程师，或有兄弟是工程师，她说都不是。但珍妮很坚定，20 世纪 90 年代以工程学学位毕业。

毕业后，20 出头的珍妮在一家通讯公司做软件工程师。工作环境虽然苛刻（经常要求出差），但用她的话说，"很刺激""很自由"，而且"很通融"。她在事业上进展很顺利，九年后第一个孩子出生时，她听取了一位女同事的建议，转为兼职工作。

数年下来，这一安排都很顺利，但当公司被一家跨国企业接管后，工作条件和氛围急剧恶化，珍妮决定自愿接受裁退。之后，她接连在几家机构兼职，但三年前彻底辞了职。她在上一个单位做得很不开心——工作不刺激，薪水低廉，而且她签的是临时合同，没有工作保障。她的丈夫工作时间很长，工作日基本不在家。就在那段时间，女儿在学校受了欺负。珍妮意识到，自己和丈夫太忙了，以至于"完全忽视了女儿"。"这正好提醒我，需要多陪陪孩子，"她解释道，"于是我抽时间休了个短假，然后假期拖得久了些，然后……"因此，过去三年里，珍妮一直当着全职居家妈妈。

珍妮绝非那种老套的甜心妈咪或新传统主义者：她讨厌烘焙和烹饪，觉得待在家里与自己的身份格格不入。她恼火地回想，自从辞职后，她和丈夫便转向了更传统的性别角色，而后沮丧地叹道："我们不是这样啊，我们不是这个样子的，你知道吗！……我们不该这样的。我们，我们（本来家务）是一起干的！"珍妮带着深深的哀伤结束了访谈："16岁信奉女权的我，要是知道自己将来只能在家带孩子，会吓一跳的。"

32年前，16岁的珍妮是名女权主义者；32年后，她似乎已 接纳了另一种截然不同的女权主义，并将它传授给女儿：

> 有时候感觉，女权主义像是死掉了。但你知道吗，有趣的是，我认为它深深扎根在了我们孩子的心中。要知道，因为你是女孩，就说有些事儿你不能做，或者做不好，多

么荒唐！我绝对要叫我女儿意识到[女权主义]。我告诉她："知道吗，有时候只需要往前推自己一把。"我们常常鼓励她去关注我们发现她擅长的科目，让她逐渐意识到自己擅长数学……是啊，我们谈到她的学习和工作时也是这么考虑的。[我告诉她：]"你能做这个！那个也可以试试！"

那个 20 世纪 80 年代在学校创办黑人女生社团、大学期间成为女权活动家的女子，不畏质疑毅然成为工程师的女子，之后被新自由主义工作文化和家中的性别不平等伤到的女子，如今教导她的女儿像谢丽尔·桑德伯格的女权宣言所说的那样"内化革命"：有时候只需要往前推自己一把。由于缺少女权主义集体行动、团结互助的氛围和理论武器，珍妮便只能采用赋权、勇敢和坚韧这类个体化语言。她把自己的女权力量投入到女儿的教育中，教导女儿自信、自强，都是脱离了女权整体的个人行动。而她自己，却好像无力抵抗辞职后被迫背负的传统妇女角色了。16 岁的女权主义自我一直萦绕在她心头，但她感觉无法再像过去一样，无法打破现状。

像珍妮一样，很多受访妇女都热切地向女儿灌输自信和个体赋权一类的女权思想，极力确保她们受到良好的教育（通常是在私立学校），从而能在最佳的起点展开她们作为独立、赋权妇女的职业生涯。与此同时，几乎所有受访妇女都承认，希望女儿对野心和梦想稍加克制，以便选择的职业能兼顾到家庭生活。例如，前财务总监萨拉就说，她非常希望女儿能有尽可能

186

多的机会，这也是为什么她和丈夫决定送女儿去私立学校。她承认这是一笔不小的开销，但考虑到私立学校提供的优质教育和发展前景，他们认为这是值得的。谈到职业方面，萨拉反思道：

> 要是我女儿能找到一份可以兼顾家庭的职业就好了。她喜欢小孩子，和孩子们很合得来，所以我想有一天她自己也会成家。因为这个，我觉得她不会，对吧，只当个纯粹的职业女性。所以我希望她将来有可以退一步的基础……没错。不过我的意思并不是期望她基于这点去择业，但要是她能处于这样的一种位置会比较好……我会建议说，或许去当全科医生，比心内科医生要好一点……或者当普通教师，比大学教授要好一点。

令我惊讶的是，很多受访者好像无意中都接受了这种矛盾：一边在女儿教育上投注大量时间和金钱，把她们培养得多才多艺，不断鼓励她们去成为自己想成为的人，另一边又引导她们去适应文化中的妇道价值观，以及异性恋的家庭和关系理念。

尽管凯蒂认识到呼吁她们去适应"说来有些糟糕"，但她仍旧相信这是为女儿的未来打好基础的务实立场：

> 或许说来有些糟糕，但有时你私下里会想，要给孩子们最好的，要给女儿们最好的，你希望她们长大后成为聪明、独立的女人，但也希望她们成家。你几乎想告诉她们：

知道吧，你在学习上付出的所有时间精力，都要想想等你

知道吧，你在学习上付出的所有时间精力，都要想想等你成家了怎么办。因为有可能，如果你当了全职妈妈，就不得不放弃学了那么多年才得到的东西，所以想想看有没有什么工作，是在你成家后还能继续做的，还能保留的……

有些行业你会做不下去的，知道吧，但也有些行业能让这容易一点。

我采访的许多妇女都有类似的观念，即现实是固定的：一些工作天生比另一些更容易兼顾家庭，所以她们的孩子必须面对这一现实，选择更适应家庭生活的工作。此外，大多数受访者的考量似乎都没有脱离异性恋规范的框架，她们基本上想象孩子将来成为异性恋核心家庭的父母，几乎或完全没有意识到这一（认定的）现实可能会改变，而自己或子女是有能力去改变的。

值得注意的是，好几位儿女双全的妈妈对女儿和儿子表达了不同的期望。例如，育有三儿一女的前记者玛吉说道：

> 我希望孩子们都能找到想做的工作，但或许，对于女儿，对于女孩……还要好好想想有了孩子怎么办，她要怎么应付两头……找找有功夫带孩子的工作……也许到那会儿形势已经变了，对吧，也许会有……更多，那种，托儿福利，或者……
>
> 你知道，但还是……最可能的情况是，大部分带娃的

活儿还是落在女人头上，对吧，所以我必须让她做好准备。不过这并不是说，我不希望儿子们以后多陪陪孩子。但就职业道路而言，我会给女儿不同的建议。

女人的主要任务是照顾孩子，这一无数文化再现不断重复的"最可能情况"，指导了玛吉的思想和行动。她准备让女儿去适应一种不平等的体制，适应她认为是主流的妇女价值观。她希望等到女儿成年时，"也许形势已经变了"，但不觉得自己或女儿能推动形势的改变。葆拉的母亲是 20 世纪 50 年代英国电视行业最早的女导演之一，她自己也曾是一名成功的律师。她说，她不鼓励女儿"去做野心太大的事儿"，因为她希望女儿做好兼顾工作与家庭的准备。"你会对儿子说这些吗？"我问。她显然为给出"错误"的答案感到不安和尴尬，回答道："嗯……问得好……嗯，［沉默］不，不会。我是说我……我……我不确定，我不确定我会……这不大好，对吧，是吗？如果你……如果你是……唔，我不知道［沉默］。嗯，好像就是会更多地……落在做母亲的头上。多数情况下，不是吗？"[188]

葆拉、玛吉、凯蒂、珍妮、露易丝，以及我采访的很多其他妇女，都听从了 20 世纪五六十年代对家长们的严肃警告——别冒险去"激发［女孩身上］与当前女性价值观冲突的兴趣和能力"。[44]她们鼓励女儿压抑自己的梦想，克制自己的渴望，最终像她们的母亲一样，成为珍妮特所说的，"现状下的好女人"。那套赋权、自信、选择、积极和韧性的说辞，和优质教育将为女孩敞开大门、让她们成为任何想成为的人的理念，掩盖了母亲们——不管内心如何矛盾——对女儿倒退性的教导：要当全科医生，而不是心内科专家；要适应，而不是挑战现状。

另一条道路：愤怒与赋能

我遇到的很多妇女对生活和社会中的性别不平等表示沮丧、嘲讽、愤愤不平，却没有能力批判、抵制和挑战它。相反，她们选择适应，并鼓励女儿去适应那种狭隘的性别划分和妇女价值观。许多受访妇女都与朱莉·威尔逊和埃米莉·奇弗斯·约奇姆研究先进新自由主义社会的母育状况时所采访的美国妈妈一样，不断调整自己的愤怒和不满，在"控制住不生气"上耗费了很多情绪劳动。[45] 受访妇女们觉得无力展开必要的对话来明明白白地表达自己的愤怒。玛吉声称七年前丈夫被裁员时就该挑明的对话，至今也没有进行；夏洛特连梦寐以求的工作面试，都无力征求丈夫的支持。

但在我采访的 35 位妇女中，有一位站出来表达了继朱迪斯·巴特勒（Judith Butler）之后、安杰拉·麦克罗比所说的"清晰明了的愤怒"（legible rage）。[46] 41 岁的比阿特丽斯是两个孩子的母亲，三年前离开职场。她在拉丁美洲长大，在那里做了九年的记者。她的母亲是位教师，据她描述是个"坚强的女人"。在比阿特丽斯很小的时候，母亲就反复告诫她经济独立的重要性："永远要自己挣钱，这样才不至于叫老公给你买内裤！"母亲曾这样嘱咐她。2004 年，由于公司大规模裁员，比阿特丽斯被解雇了。在此之前几个月，她遇到了后来的丈夫，一位刚从大学毕业，即将开始律师生涯的英国人。比阿特丽斯跟随他搬到了伦敦。刚开始的时候，虽然有工作经验和名校授予的硕士学位，但她还是没能在新闻业找到工作。干了几个月咖啡师之后，她拿到了在英国的第一份新闻工作，在英国广播公司（BBC）当新闻制作人。签了三次定期合同（每年续签一次）后，她怀孕了。就在怀孕期间，她所在的部门进行了重大重组，雇主通知她，合同得终止了。她回忆道：

> 我气得不行，因为，你知道，我是有计划的！我想休完产假后回来工作！但突然之间，一切都变了。唔，然后，像，就，好像是，一场大战。我找了一名劳务律师……于是我去休产假，刚休不久就给我解了合同。他们说："嗯，就这样了。没有产假津贴。什么都没有。"我说："不行！如果你们不让我休完假回来工作，至少必须给我产假津贴。我为你们干了三年，这点最起码的要求不过分吧。"最终，他们同意将我的合同延长到涵盖 18 周的产假津贴。所以最终我拿到了补助。唔，但那是相当……相当难过的经历，因为感觉像又被炒了鱿鱼。

虽然比阿特丽斯觉得当母亲令人开心："打开了一个新世界"，但同时，由于家人都不在身边，而丈夫做着非常紧张的全职工作，当母亲也充满艰辛和孤独。孩子几个月大时，比阿特丽斯就开始申请自由记者的工作，努力抓住任何出现在眼前的机会。两年来，她在家以自由职业模式工作。然后她怀了第二个孩子，失业了九个月。两头兼顾太难了，况且自由职业变数多，薪水又低。比阿特丽斯决定重返全职岗位。"唯一能顾全两边的办法，"她告诉自己，"是找份合适的工作。"她在以前的工作单位找了一份刺激的新工作。然而，合同是临时性的，她常常接到临时通知，执行紧急任务。工作的高度不确定性和不可预期性给安排育儿托管带来了极大的难度。"因为我不是固定工作，"她解释说，"所以感觉没必要报全天的托儿班，但这样一来，当我因为出任务临时打电话找托儿所时，他们并不是总有空位。"

等第二个孩子上了学前班——当时由英国政府提供，每天两个半小时 [47]——她"开始变得非常沮丧"。"我该怎么办？一天工作两个半小时不够啊！他们希望我进办公室，在家里确实做不了什么。""我实在很迷茫。"她痛苦地承认。比阿特丽斯向一位（男性）职业规划师求助，后者给出的建议附和了妇女对工作和家庭的纠结大多是自寻烦恼的流行看法："你给自己太多压力了，如果你女儿只需要再在家里待一年，那你干嘛不停下工作去照顾她……然后试着，对吧，享受这段时光！完了就能好好考虑工作的问题了。"

比阿特丽斯的职业规划师要她"享受这段时光"的建议，还是那套鼓励女性要"活在当下、享受当下"的说辞。它弱化了当下以外的时间视域，而那正是政治动员所必需的视野，是畅想未来的基础。[48]"我也不想这样。非常、非常痛苦，但我还是决定辞职。"比阿特丽斯不情不愿地听从了叫女人"再等一等""享受当下"的意见。她勉强屈服于不平等的现状，以及为不平等辩解并维系它的看法。

遵从职业规划师享受当下、辞掉工作的建议，激发了比阿特丽斯心中的沮丧、痛苦和愤怒。这些压抑已久、为新自由主义女性主义的积极情绪驱动论所排斥的感受，随着比阿特丽斯隔代对比自身的处境，变得越发深重和强烈。"我就像我的祖母一样！"她沉思着说，"我基本上就像祖母一样，没有选择，不能工作，因为必须要照顾小孩！但不对啊，我是有选择的！"从这一刻起，比阿特丽斯的态度变了——既是就采访来说，也是就其人生轨迹来说。"直到这一刻，男人和女人之间的差别才真正吓到了我。"她郑重地说道。比阿特丽斯变得愤怒：

> 为什么对女人来说这么难，女人想**既**追求事业梦想**又**当母亲就这么难？为什么对男人来说这从来不是问题？为什么对他们来说就轻而易举？……
>
> 好吧，我是当了母亲。没错！而我以前……曾经全职工作。也没错！所以，对吧……人生就这样嘛。但不对啊！不该是这样！这个状况对我丈夫来讲没什么大不了，因为他啥都不用干……从来不用。他对现在的状况很满意，但他知道我特别难过。

这一刻，比阿特丽斯以不同于其他受访妇女的直率倾诉了愤懑：她把个人与政治、自己的命运与妇女的集体命运、亲身经历和感受与性别不平等的权力机制联系了起来。只有当比阿特丽斯人生中第一次建立起了这种联系、承认了这种根本性的愤怒，她才能指出并批判丈夫的态度和做法是大男子主义的，继而胆敢挑战它：

> 以前工作的时候，有几回需要我丈夫多照顾家里一点。也碰到过难堪的场面，因为，嗯，要知道……他收入高……而我，作为记者，赚得不多。有时候，他会很恶心地说什么："要是你怎么折腾都挣不到多少，还拼个什么劲儿？！"……而且［他］也会用相当大男子主义的口气……你知道，说："要是我被炒了，你怎么办？……［辞职］那是你的选择。"嗯……糟透了。
>
> 于是我们狠狠吵了几架，因为我反击了。我反击了，说："听好了，不准你这样跟我说话！我的位置不是窝在厨房里！做饭是很开心，但我更想工作！我是大材小用了。我喜欢当妈妈，但我不是……这不是我的全部。我也是有过辉煌的！"

比阿特丽斯的回应成了"清晰明了的愤怒"——这正是女性政治的生命力所在。[49] 斥责丈夫的态度和做法是大男子主义，是恶心的，令她得以批判和反抗那种"她在家遭遇的不公平总

192

归不可避免，由她在家照顾孩子是唯一可行之法"的观点。她终于能把自己所受的伤害与性别不平等的宏观社会背景联系起来，指出其中的不公，继而要求推翻不公——无论是在自己的人生中，还是在广义的社会上。结果，她的能动性被激发出来了。比阿特丽斯加入了英国妇女平权党（UK Women's Equality Party），一个最近成立的政党，主张在政治、商业、工业乃至整个职场生活中采用性别平等化再现。[50]在那里，她才意识到："哦，老天，我并不孤单啊！"平权党赋予她社会和政治空间，使她能够反驳诸多当代再现所宣扬、她的丈夫所呼应的狭隘性别角色和女性价值观，在那里她也能跳出"活在当下"的局限，去畅想和设计别样的未来。

很难确切地解释为什么比阿特丽斯跳出了其他妇女的局限，做出这种反应，走上政治化道路，为什么她会决定打破现状。想必某些经历起了推动作用。例如，她的母亲自始至终都直言不讳地要求她经济独立；她青少年时期在故国参加过反独裁抗议活动，这使她对于社会不公和与之抗争的迫切性特别敏感；而且她在日益新自由主义化的职场上，有过弹性就业的坎坷经历。不过，比阿特丽斯的叙述中特别有帮助的一点，是突显了语言在促使她言明并展示新自由主义和父权体制对她造成的伤害和不公时所起的重要作用。尤其是近年来公众宣传领域再度浮现的对性别歧视的批判，赋予了比阿特丽斯表达愤怒并付诸行动的语言工具和另一种畅想。"斗争才刚刚开始，"在访谈结尾，她以谨慎的乐观态度说，"不过……我希望等我女儿到了我的年纪，会对她的职场身份和母亲身份更加满意，能和伴侣平等地分担重任。"虽然比阿特丽斯对女儿的期望和我采访的大多数妇女对她们女儿的期望一样，但与其他人不同的是，她拒绝"耐心等待"。

结论

拒绝耐心等待

复古型主妇？

有人或许要问，这本书讲的不就是妇女价值观的倒退吗——女人退回社会生育领域、回归个人家庭。就像"复古型主妇"或"新传统主义者"这类称呼[1]所表明的，人们潜在地会把本书讲述的妇女故事看作有意地、怀旧地回归保守的性别角色。其中，这些妇女一门心思地把自己塑造成家庭 CEO，照顾孩子乃至整个家庭，可以说就是退回了 19 世纪那种传统的性别分工，女人既要负责做家务、带孩子的体力活，也负责呵护、提升每个家庭成员的幸福感与满足感。[2]

然而，正如我多次说明的，以这种眼光去看待她们的经历实属误解。本书讲述的故事都不符合那种职业女性为了家人和家务义无反顾地放弃事业的描述。事实上，她们都在抵制这种形象，辞职后积极寻找调整生活状态的路子，正是为了避开全职妈妈、家庭主妇和家务劳动的陷阱。

本书呈现的自述表明，这些妇女的辞职决定及其后的人生轨迹是在多种因素的共同作用下形成的，其中很多**不**在她们的控制范围内。这些因素包括：工作文化和制度与家庭生活格格不入、申请兼职形式工作遭到拒绝、男女工资差距仍旧存在、劳动合同不稳定、缺乏妥善而持久的育儿支持，以及最重要的，政府、媒体、雇主、同事、朋友、家人和——最悲哀的——她们自己用来衡量和评判妇女的，往往还是那套死板的社会标准和自相矛盾的文化再现。因此，这些妇女的辞职选择及其后的一系列决定，既不是出于自由意愿和个人意向，也不是完全自主的。

和弗里丹半个多世纪前采访的妇女一样，我采访的妇女们也深切渴望着"其他的什么"。[3] 她们希望与周围的公共世界接轨而不是割裂，以此找回自己的世界并实现自我。不过，当代妇女与她们的前辈不同的是，**她们**所处时代的主流文化观念又很矛盾地认同、鼓励、支持她们去追求其他梦想和渴望。正如女性主义学者南希·弗雷泽指出的，今时不同往日，如今的自由个人主义和性别平等主义理念认定，"女人各方面都和男人不相上下，理应在同等机会下大显身手，包括——不如说尤其是——在经济生产方面"。[4] 在当今社会，若说女人应当把成为贤妻良母当作自我实现的目标，那未免可笑。这一观念已经妥妥地过时了。妇女劳动力对于后工业时代的资本主义经济不可或缺，这一经济地位催生了无数自信、坚定、自力更生的职业女性形象和传闻——20世纪60年代弗里丹还叹息这一形象的没落。正如我们见到的，很多当代媒体中的妇女不仅生龙活虎地投身于经济生产、"向前一步"[5]，掌握了"信心密码"[6]，而且能巧妙地平衡有偿劳动领域的投入和无偿生育领域的责任，更重要的是，两边都红红火火。

如今的理想妇女不仅与20世纪五六十年代的妇女形象大不一样，而且也比80年代"秀发飘扬的妇女"[7]和90年代至21世纪初力图"拥有一切"的妇女形象更为成熟、从容和务实。说起来，21世纪10年代的理想女性正源自妄想"拥有一切"的妇女的彻底失败，没准，她还读过并认同安妮-玛丽·斯劳特被广为引用的、对这一失败的系统性阐述——2012年发表于《大西洋月刊》的文章《我们为什么不能拥有一切》。这一当代妇女理想仍旧追求工作与生活的完美平衡，追求公共生产领域和私人生育领域的齐头并进。但与之前的目标不同的是，它鼓励女性放松对家庭的掌控，就像斯劳特劝的，"随它去"（let it go），或者"白宫计划"（White House Project）前负责人、非裔美国女企业家蒂法尼·杜芙（Tiffany Dufu）新书的标题所写的，"撂下挑子"（Drop the Ball，也译作《自我赋能》）。[8]尽管"好妈妈"和"快乐主妇"仍然萦绕在公众想象中[9]，但当代许多电视剧、电影、自助类指南、回忆录、言情小说，以无数的网站、应用软件和社交媒体平台上的女主人公似乎可以不再是完美的快乐妈妈或快乐主妇了。相反，她们可以大大方方地不守规矩、肆

195

意行事，可以更坦率地表达自己的沮丧、失落和不满。（第 5 章讨论的）"妈妈企业家"就是一种女人、母亲、工作者三合一的典型代表，她利用零工经济的优势，使成功创办在家业务与悉心照料家人完美对接（除了偶尔抱怨一下）。因此，21 世纪 10 年代的理想妇女似乎已经破除，或至少大大缓解了长久以来横亘在公共生产领域（资本）与私人生育领域（照护）之间的性别分隔。[10]

新自由主义女性幻想的残酷乐观

正是在这种自由个人主义的、进步的、（理论上）性别平等主义的幻想背景下，本书讲述的女性经历与过去年代有着本质区别。早期盛行于 20 世纪 80 年代的"女孩力量"理论，以及后来表现并强化女性价值观——"选择女性主义"、自信、赋权和平衡——的形象和叙事，都深切影响着这些妇女的自我认知，滋养着她们的梦想。所有受访妇女无一例外，都幻想**既**能成为成功的职业女性，**又**能成为称职的母亲。周围的形象和文化观念赋予了她们一种表达志向、解释自身经历的框架——先是职业妇女，然后是母亲。这些文化理念总是将妇女的成功、选择、赋权与平衡个体化和私人化，受访妇女们对此深信不疑，把她们的失败归结为个人问题。

虽然受访妇女们能够指出造就她们人生轨迹，尤其是辞职决定的社会不平等力量，但她们很难跳出狭隘的、个体化的自信文化框架[11]去剖析自己的经历，毕竟这一框架认定，妇女在职场或其他人生领域取得成功的关键，在于通过不断调整个人的心态和行为，来克服她们内在自信不足的缺陷。明明她们描述的事业和人生历程不乏野心、动力、决心和付出，但她们坚持认为自己特有的人生轨迹没能达到"向前一步"和自信文化的要求："我的性格有点问题""我不是职场妈妈那种性格""我不是天生的（妈妈）""我不适合这种高强度的工作""我没有它需要的野心""我缺少做这种工作的自信"，她们纷纷说道。这些女性没有像桑德伯格呼吁的那样去"内化革命"，而是内化了指责。

她们在职场上多次遭遇制度性不公和压榨性要求，导致她们无法成为完美平衡工作与生活、公共身份与私人身份的平衡型女人。[12]由于丈夫工作日大多不在家，工作单位不能或不肯通融她们的诉求，因此一边要扛住职场上的竞争压力，一边还要顶住当贤妻良母的压力，她们没法撂下家里的挑子，随它去，自顾自地在职场上风生水起。而正如我们所见，平衡型女人的诱人理想压抑、掩盖了阻挠女性实现平衡的制度性限制。受访女性们不觉得自己的处境是家庭生活与夫妻俩的工作文化无法调和的必然结果，而坚持认为是个人的失败。因此，尽管平衡型女人的文化理想已然背离了生活实际，她们却依旧努力地用它来评判自己的经历，基于它来塑造自己的追求。

意识到转型为全职妈妈后已经当不了平衡型女人，受访妇女们试图重新定义自己的新角色和新生活。正是在这种情况下，

197

大众化的母亲形象和叙事为她们向自己和他人解释自己的选择、重塑自己的身份提供了强有力的文化模型或参照。这些关于母亲与家庭的当代文化叙事，结合平等主义和自由选择的自由主义话语，教她们将忐忑接受的主妇身份合理化，并说成是进步的表现。这类话语教她们用平等主义伴侣关系来掩盖极不平等的现实生活。然而这些妇女面临一个严峻的问题：一方面养育观仍以母育为重心，视母亲为家长主力；另一方面价值观和社会地位基本还是看重事业成就和经济收入，严重轻视照护和生育工作。在这种矛盾的情形下，她们的身份不断被削弱，自我意识令人难过地丧失了。

零工经济成了方兴未艾的妈妈企业家的乐土。这一文化幻想给受访妇女们提供了极具诱惑力的职业方案，让她们在家庭主妇的新境况下也能实现工作生活相平衡的理想，令她们对未来充满希望、信心十足。然而，这一迷思掩盖了阻碍很多妇女成为成功妈妈企业家的现实约束。它隐去了在缺乏制度保障的市场上工作的根本隐患，隐去了不稳定就业面临的一系列风险，自然也隐去了尽管声称可以享有弹性工作、成就感和自由，但身为家长主力 [13] 和家庭 CEO，她们毫无自由和弹性可言的事实。尽管如此，这一幻想仍牢牢占据妇女的想象，潜移默化地塑造了她们对未来的渴望。说到底，它引导她们在个体身上寻求制度问题的解决办法，而否认她们想要"走出去"、踏入公共职场的愿望与阻挠她们的障碍——致使她们离开职场、窝在家里照顾孩子和打理家务的制度约束——之间存在着根本矛盾。

198

当代媒体和政策再现中流传的关于妇女、工作与家庭的图像和话语，为受访妇女们认识自己的过去、现在，以及自己和孩子的未来提供了丰富而充实的参照。然而，很多这类再现所推崇的理想都否认了妇女所遭受的制度性不公，反而叫她们调过头去拼命克服"内心的障碍"。它一方面画了一个希望的大饼，似乎只消耐心等待，社会层面的性别平等就会逐渐自然地、不可避免地到来；另一方面却以宿命论的口吻表示，妇女对于宏观制度的变革无能为力。它为妇女们提供了一个想象自己的未来和期望中孩子的未来的角度，以赋权、自信和适应力这套个体话语麻痹她们，以避免打破现状。当代这类文化意象实则鼓励女性对深刻影响她们人生的、有害的不平等制度视而不见，而要隐忍自己的怒火和愤慨。

20世纪五六十年代贝蒂·弗里丹所说的"女性奥秘"无疑是压迫性的。它大量出现在杂志、报纸、图书、电视栏目中，"无数婚姻和育儿咨询师、心理治疗师和空言无补的心理学家"[14]都在竭力说明女人只有当母亲、当妻子才能实现价值。本书探讨的当代文化意象的压迫性不逊于弗里丹时代，而且出现得更加分散，因而更加阴险。[15]

它的分散，一部分是因为平台、渠道和媒体五花八门、数不胜数，难以指认是哪个特定的"奥秘"在兴风作浪。当代意象不再铁板一块，也因为它本身是为了反抗过去压迫性的狭隘妇女定位。例如，母职内涵的拓展和大量非常规妈妈形象的出现，至少部分来讲，就是因批判流行文化中局限的、过度理想化的母职标准而引发的改观。在当代公共媒体领域，同时流传着互相矛盾的信息：妇女一方面迫于女权观念和经济需要的压力，要成为公共领域的独立职业人士，与此同时又被要求抽出时间来生孩子，并待在家里抚养他们。[16]

如今妇女、工作与家庭的再现更为矛盾、更为分散的特质，可以说使得这些形象和叙事更加难以反驳。我的受访者对未来抱有模糊而乐观的憧憬，也是受到当前公共话语不断鼓吹性别平等势必会到来的影响。正如奥普拉·温弗里（Oprah Winfrey）2018 年 1 月在金球奖激动人心的演讲中宣称，后被 #MeToo 运动多番重申所放大的承诺："新的时代即将来临。"[17] 与此同时，受访男女们不约而同地认可了流行的宿命论观点，即推翻宏观制度上的不平等绝无可能。他们一边拿时兴的自由主义话语中平等型伴侣关系当幌子，一边接受了女人作为家庭主要照护者的主流观念。

妇女、工作与家庭的当代主流意象彼此矛盾、前后不一的特质，也使它们比以往的那些更为狡猾。首先，它在承诺妇女赋权与解放的同时，模糊了实现这些的根本性制度障碍。其次，本书探讨的一系列脱节，显示出虽然妇女的亲身经历通常与媒体和政策中的妇女、工作与家庭再现相去万里，但她们还是习惯用那些再现来界定和评判自己的人生。哪怕它们传达的妇女、母亲和成功的价值观或理想与她们的经历和感受相悖，也依旧是她们"内心的暴君"。[18]

这些妇女从媒体和广泛的文化中汲取了她们母亲那辈所不

具备的女权意识和言论，能够清晰地阐述限制了自己和其他妇女人生轨迹的深层社会因素。但同时，大多数女性还是把辞职决定及其后果归结为个人的失败，认为其根源和补救办法都得从自身寻找。她们痛苦地承认自己无形之中"跌入了传统女性角色"——一位妇女这样描述，同时又不断用自由个人主义和性别平等主义的幻想把自己的家庭，尤其是婚姻描绘成平等伴侣关系。总而言之，主流文化中关于成功女性、家庭和工作的观念，很大程度上脱离了受访女性的实际经历。但她们仍旧从中借鉴，甚至将之奉为圭臬，把自己的感受、行为、成功和失败都解释或贬斥为私人问题，与宏观制度性因素无关，也不受其影响。

本书讲述的妇女所面临的矛盾，在于她们所处的社会和文化虽然总是宣称她们在各个方面都有不亚于男性的个体能力，尤其是经济生产方面，却没有给予她们实现这一能力的必要资源。个体有能力实现平等和成功的说法非常诱人，但它在以贝兰特称作"残酷乐观主义"的方式点燃希望、引导妇女向往平等和成功的同时，又阻碍她们去解决扼杀希望的制度性问题。[19]

跑个步，掐灭欲望

采访中，妇女们谈到从机械的工作中抽离出来，把时间、技能和情绪劳动投入家庭，确实能收获一些实在的乐趣和回报。然而，她们的叙述也流露了沮丧、失落、遗憾等等压抑的感受。

事实上，所有妇女的访谈都有一个明确的规律，那就是一致、不断地压制失落感。海伦的访谈中就有一个特别生动的例子。她曾是会计师，九年前在第一个孩子出生后辞掉了工作。虽然产假结束后曾坚定地想重返职场，也参加过几场工作面试，但出于和其他妇女相仿的原因，她一直没能实现重返有偿工作的目标。在辞掉工作、开始全职妈妈的新生活后，海伦"曾一度为过着空虚的生活"以及"永远处于社会底层而焦虑不已"。辞职的头三年，她时常怀疑离开职场是个错误，还常常冒出联系老东家的冲动。她好几次产生了"无法遏制的冲动"，想拎起电话，问问他们能否让她回去上班的。不过，每当这种想法和感觉冒出来，每当出现这种冲动，海伦就会去跑一会儿步，"然后我就冷静下来了！"她笑着大声说。

确实，跑步或其他形式的体育锻炼常被自助（包括所谓的女性主义）专家、书刊、应用软件和电视栏目推荐为应对情绪问题、冲突局面或逆境的一种策略。[20]众所周知，运动有一种短期的功效，能促使机体释放内啡肽来激发积极的情绪。[21]然而，就策略本身而言，它倒像一种油滑的伎俩，鼓励人们回避痛苦、不适的感受。很多受访女性都和海伦一样，选择了象征意义上的"逃跑"——逃避那些非常痛苦以致不想面对的失落和焦虑。

不断使用象征（和字面）意义上的"逃跑"策略令这些女性感觉好受些，而且更重要的是，就像海伦说的，冷静下来了。然而，这种自我消声、对失落的自我克制，和对伤口的自我慰藉，不过是"幸福产业"和自信文化所鼓励的个人精神。它试图禁止消极、痛苦的感受，尤其是愤怒和埋怨，而代之以提倡冷静、乐观和正能量。19 世纪家庭主妇被鼓励和期望去培养的，正是自己和家人的这种"人性价值"。[22]

为"讲清楚"创造制度性条件

美国社会学家托德·吉特林（Tod Gitlin）在谈及 C. 赖特·米尔斯（他的著作《社会学的想象力》启发了我的研究）时写道：

> ［米尔斯］一而再、再而三地强调，人们的生活不但受到社会环境的制约，而且深受不由他们掌控的社会因素的影响，这一基本事实带来两个后果：一方面它导致大多数人的生活悲剧都有社会根源可寻，另一方面又暗示可以通过协作行动来大大改善生活境况——只要人们找到了前进的道路。[23]

我认为大多数受访者对自己生活的认识，与吉特林所说的前半部分是吻合的：她们谈到自己的生活受到社会、经济、文化和组织力量的强烈影响。不过，大部分人都没有找到"通过协作行动来大大改善生活境况"的具体前进道路。[24]

从这些妇女的遗憾中，隐约浮现出本来有望改善她们生活的办法。"事后想想，"曾经是教师，如今成为两个孩子母亲的西蒙娜告诉我，"有件事应该先做的……我应该好好弄清楚自己到底想要什么。"这听上去也许是件微不足道的事，但数十年来

202

的女性主义作品和行动已经充分显示，古往今来，界定、表达和追求自己的愿望对女人来说是何等艰巨而棘手的任务。西蒙娜说得没错，这需要"好好"努力——反抗父权秩序对女性欲求全面的遏制和压迫，需要强劲、持久的努力。"要说还有什么遗憾，"很多受访者告诉我，"就是我没有把自己想要的东西，跟自己、跟丈夫，还有以前的单位讲清楚。"

倒不是说如果她们跟丈夫和雇主讨论过，就必定会做出不同的选择，或许一些人还是会决定辞职。相反，她们想说的是，如果"讲清楚"了，她们就能更诚实地做自己，而不是一味迎合他人的幻想。[25]"讲清楚"本来可以让她们维持或重新获得他人的认可，而很多人感觉已经失去了那种认可。就像弗里丹指出的，或许当女性拒绝迎合丈夫的幻想时，"他才会猛地惊醒过来，重新审视**她**"[26]——他虽是她的丈夫，但也是更大的父权秩序的一部分。

不过我对这些妇女的采访也表明，她们大多缺乏"讲清楚"自身愿望的条件和工具。在这样一个鼓励妇女追求梦想、崇尚个人成就和自我实现的时代，本书妇女的经历却显示，她们没法谈论、没法实现心中所求。如果连这群受过教育、地位优越的妇女都无法表达和追求自己的愿望，那些不具备她们条件的女性，大概会觉得难上加难。

203

受访妇女们对自己的愿望说不出口，不是因为什么内在缺陷，而是因为当前的政治文化体系削弱了可以这么做的条件。尤其是她们成年后接触的两个核心（父权）场所——职场和家庭——本来可以，也应该促成"讲清楚"的对话，却没能为她们提供安心表达和实现愿望的空间。主流文化、政治和政策关于妇女、工作与家庭的再现和话语，很大程度上造就了这一结果。它们不推动、激励人们针对实现性别平等所必需的制度条件展开严肃对话，反而往往阻碍或消弥了这类对话。尽管 #MeToo 运动看似激发了对制度性不平等的新一轮讨论，例如对职场性骚扰和男女工资差距的讨论，但这一热议能否大胆、有效地促成对抗和战胜根深蒂固的不平等所必需的制度性改革，还有待观察。[27]

从本书中妇女的自述来看，具体是什么阻碍了这种对话的展开，又有哪些制度条件能促成这种对话呢？

职场

曾是市场经理的露易丝提到，关于职场性别平等现在"吵得很欢"。在美国和英国，随便哪一天都有关于性别多元化的新闻报道、如何实现性别多元的企业报告，或者政客发表亟需解决性别失衡问题的言论。无论这些争论真诚与否，由于大多都没有考虑家庭内部的平等问题，说到底还是片面的。就葆拉来说，如果在媒体公司担任高级职务的丈夫总要到 10 点半才回家，事务所允许她弹性工作也没用。除非在她和丈夫的工作单位，以及更广泛的公共领域（还有更关键的、就像我接下来讨论的那样，在葆拉和她丈夫之间）能就平等问题展开严肃对话，除非对话急切呼吁人们重视职场平等与家庭平等之间的密切关联，否则

204

依旧只是泛泛空谈。

从采访中尤其可以明显看到，很多用人单位典型的长时间工作文化令妇女——而且重要的是她们的丈夫——实实在在地参与家庭生活变得十分困难，甚至是不可能。哪怕丈夫们的工作单位被授予无数性别多元的奖章和证书，它们对员工把公共生活（职场）与私人生活（家庭）完全割裂开来的要求——即成为最大限度的员工和最小限度的父亲或丈夫——也瓦解了创建更平等社会秩序的所有努力。

事实上，很多受访妇女的丈夫由于频繁出差和/或早出晚归，通常在工作日都见不到孩子醒着的时候；而当他们在家时，对孩子的照料则既有限又片面。[28] 这种安排以牺牲妇女和孩子为代价，而且弄得好像为人父是次要、无关紧要的，可有可无。丈夫的单位和家庭联合起来，把父亲少之又少的家庭参与视为必要的妥协。

有人说，这种妥协只是例外。近期研究表明，父亲们，尤其是高学历的父亲，越发积极主动地参与带孩子。这既是性别角色和养育观念进步的表现，是鼓励性别平等的政策举措的效果，反过来也推动着观念转型和政策的实施。[29] 然而，正如夏洛特·费尔克洛思（Charlotte Faircloth）指出的，男人做父亲的经历和实践与政策、学术和流行观念中的"称职父亲"仍有着相当的差距。[30] 尽管承诺要做"新父亲"，但养家糊口的疲惫和经济压力致使很多父亲退回了父权式习惯。[31]

确实，大量研究表明，妇女一直以来负担着大半的养育和家务责任，而且切身感受到责任分摊的不公。^[32]在英国，男人平均每周花 16 小时在无偿照护工作上，包括照顾孩子、洗衣和打扫，而妇女每周要花 26 小时——统计下来英国父母在分摊育儿责任方面是发达国家中最糟糕的。^[33]一家名为"工薪家庭"（Working Families）的慈善机构 2018 年调查了英国 2761 名工薪阶层父母，发现父母们认为并证实由母亲辞职或抽空处理孩子问题，比父亲更合适。而且父母们相信，他们的雇主也希望他们采取这种分工安排。^[34]在美国，母亲平均花在照顾孩子上的时间是父亲的两倍：前者一周 15 小时，后者一周 7 小时。^[35]虽然父职研究所的联合创始人杰克·奥沙利文曾在 2013 年宣称，男人即将展开"非凡转型"，但这还有待实现。

因此，例外也好，极端也罢，受访妇女丈夫们的单位采用的模式，和他们家庭（哪怕无意中）采用的模式，都凸显出先进资本主义社会中"父亲缺位"的普遍规律。^[36]遍观发达国家，父亲对养育工作的分担比母亲少太多了。这是多重因素共同作用的结果，包括在孩子出生第一年，正是长期养育模式和技能形成的时候，男女产假权利不平等，共享产假实行率低——根据近期估算，英国实行率在 1%～3%^[37]；长期存在的两性薪酬差距，某些情况下甚至有扩大的趋势，加剧了父母分工的失衡；还有"母亲应为家长主力"的刻板印象再现，不断强化了根深蒂固的文化观念。因此，丈夫们的父职贡献少得可怜，并不像维多利亚时代人认为的，是由于男人"缺乏同情心"^[38]，而是"金融化资本主义拼命让生育服从于生产"的结果。^[39]这使得男人的养育者角色被"更重要的"资本主义生产者角色压了一头，同时又像弗雷泽说的，一边"免费蹭用"女人及其家政帮手——大多是女人、低薪——的养育劳动，一边又掩盖了后者的价值。

正如本书的案例分析强调的，即便在家办公被一些用人单位用作弹性解决办法，也被褒奖为零工经济的远大前景之一，但此时男人仍旧要工作很长时间，几乎顾不上孩子和家务。所以说，挑战当前的工作文化虽然是根本，但同时还要呼吁育儿工作平等化、照料工作"去性别化"。

要实现这一根本上的改变，除了其他方面的努力，还需要反抗文化、政治和政策话语。如我们所见，它们很大程度上巩固并正当化了对照护工作的贬低，以及妇女作为孩子主要养育者的观念。其中，流行再现把男性描绘为不管不顾、无用、无药可救的父亲——一些人称之为"荷马·辛普森﹡综合症"（Homer Simpson Syndrome）——维持了父亲有限参与育儿的模式。我们看到，这种观点在妇女的陈述中也多有出现。[40] 而当男人被描绘成顾家的父亲时，关注点往往集中在他们参与趣味性或教育性的亲子活动，因此进一步贬低了主要由女人承担的照料和家务活。此外，政府和流行文化鼓励男士多多融入家庭生活，

﹡ 原型为长篇情景喜剧类动画《辛普森一家》（The Simpsons）中的父亲荷马·辛普森。他头脑简单，对生活没什么积极性，在一家核电厂当安检，妻子是非常支持他的家庭主妇。荷马工作之外花在酒馆的时间比在家里多得多。虽然以自己的方式爱着家庭，偶尔也会心血来潮为孩子做点事（大多很滑稽），但基本上对孩子们采取放养，很少干涉。虽然他懒散又好面子、爱逞强，总是搞砸事情，但妻子和孩子都很体谅和爱戴他。

回归家庭？

比如第 2 章提到的那些例子，似乎针对的只是工人阶级父亲。这样一来，其实把本书关注的中产阶级父亲在家中的严重缺位合法化了，暗示为了让**这些**男人在资本主义生产领域全心投入、事业有成，他们在家庭中的缺位是一种正当的牺牲。担任高级职位的男人，例如很多受访妇女的丈夫，在流行电影和电视剧中的形象几乎都是一心一意扑在激动人心、丰富有趣、竞争激烈的岗位上废寝忘食地工作。我们轻易就能回想起缺眠少觉的高级侦探或律师在办公室夜以继日地攻克案件的场面，却很难想到他们的妻子或女佣照料家人和忙活家务的画面。虽然后者是位高权重的男人安心工作（往大了说，是资本主义经济安心生产）的必要前提，但它依旧隐藏在不为人知的幕后。

当然，男子气概的再现也出现了一些变化，尤其是父亲的形象，但太过微小和迟缓。尽管在描绘父亲和父育上做出的改进还很不足，但它们对于树立何为"正常"，何为家庭、职工和用人单位参考的标准和可取做法，起着重要作用。如果媒体和政策再现能够以父亲全面参与育儿代替有限或荒唐的参与，突破生产力导向的生命价值定位，展现另一种工作、家庭和关系模式，或许有助于激励平等对话。

采访中突显的另一个重要问题，是在本可以、本应当就妇女平等展开对话的两个关键时刻：妇女准备休产假和休完产假准备回归工作之际，妇女和丈夫的工作单位却总是保持沉默。很多雇主只是简单地对孕妇和丈夫表示祝贺，毫不在意她能否回来工作，不提她生完孩子返岗后的安排和应对细节，也不探讨调整丈夫工作安排的可能。当妇女告知公司产假后不打算回去时，大多数雇主都不会挽留，有挽留意思的也只是草草带过，有些甚至明确支持她们不回来的决定。例如，曾是副校长的克里斯蒂娜就回忆道：

> 我老板说，要是我不想回去，也没事儿，他们也不会要我退还产假工资……我感觉，要是我说会回去，她倒要意外了，因为她用的一直都是特别年轻、特别有干劲的副校长，能工作老长时间的，而且那所学校里有孩子的老师们确实辛苦。有孩子的老师在那所学校工作不容易。

克里斯蒂娜的讲述展现了现有工作制度、环境和规范是如何导致一些雇主回避与女性商讨离职决定的。他们知道父母兼顾工作与家庭有多难，但没有主动探讨如何改善这种状况，而是顺从了它，仿佛本该如此。结果，在本能挑战现状的关键制度时刻，沉默再度肯定和延续了现状。

这种沉默至少一定程度上，或许是当前的法律制度造成的。虽然根据英国法规，雇主可以非正式地询问雇员产假后是否打算回归原职，但实际上这是一个高度敏感的话题。按规定，雇主如果提出这类问询，则必须确保不构成性骚扰，不侵犯潜在的互信和隐私，更不得反复追问。[41] 当然，法律在此为的是保护妇女不受歧视；但在现实中的遵守却可能错失了开展平等对话的关键契机，女人和男人本可以借此机会同他们的雇主一起，探讨双方想要什么、需要什么，公司能否做出调整，满足员工**同时**拥有有意义的工作**和**家庭生活的需要，以及如何调整。有些受访者的工作单位确实曾就此展开对话，不过大多**没有**指出，要实现制度性的变革，或许还需法律来有力地推动和鼓励这类对话，既是为了维护妇女的权益，也是为了确保有更多公共机构支持照护工作。

因此，把成功的职业妇女树立为榜样，呼吁其他妇女通过（套用桑德伯格的流行说法）"坐到会议桌前"来效法，用埃玛·戈德曼（Emma Goldman）一个多世纪前的话说，实现的"仅仅是外部解放"[42]，而且只是极少数人的解放，因为它依旧忽视了餐桌几乎仍然全由妇女准备和收拾的事实。换句话说，它把职场上关于妇女赋权的讨论和措施，与她们在家中依然处于从属地位的现实割裂了开来，因而将妇女政治局限在了资本主义生产领域。正如 11 年前退出演员行业，现有两个孩子的 43 岁母亲珍妮特一针见血地指出的："家庭生活全靠我像出租车调度站、像中转站一样连轴转，才过得下去哟。"珍妮特要想在有偿工作领域实现自我，必须推翻现有家庭模式，这样才能"掀了桌子，说：'老妈要工作！对吧，你们不能再一个个地赖着我。老妈要工作！'"要想妇女在职场掌握话语权，必须先扭转职场和家庭的局面。

家庭

除了职场上，妇女家庭内部的平等也有很多争议。一方面，人们认为夫妻双方应当平等合作，共同致力于孩子的幸福和健康成长；另一方面，双方对于婚姻关系中极度不平等的实质，又一直闭口不谈。压抑和遏制不满最明显的表现，或许便是妇女们避免（就婚姻生活中的不平等）与丈夫进行艰难的对话。海伦通过跑步让自己冷静下来的做法，部分就是为了避免同丈夫认真谈论她当家庭主妇的沮丧。结果，传统的性别分工悄然恢复——"几乎用不着和我丈夫商量。"她坦言。

惊人的是，几乎所有受访妇女都提到，印象中没有和丈夫或伴侣好好探讨自己的辞职决定及其可能带来的后果。大多数妇女只是想象她们最终会回归某种有偿工作，但从未开启话题去明确表达自己的需要，讨论自己的愿望。而她们的丈夫似乎也无法挑起话头谈论自己的感受，尤其是他们对男人养家/女人持家模式的看法。他们不断冒出的挖苦，诸如前几章妇女在讲述中提到的"今天放假过得怎么样？"或"今天和谁去喝咖啡啦？"之类，流露出很多丈夫对想象中妻子的安逸生活的怨怼。这些愤怒和怨怼的情绪，至少部分是高度紧张、严苛的工作带来的压力，也有部分是独自承担养家重担导致的焦虑——尽管他们从男主外女主内的模式中受益不少，尤其是在职业发展方面。然而，丈夫们很少直接向妻子表露或谈论这些感受。和妻子一样，他们也回避正面表达自己的焦虑、不平、不满，以及作为唯一挣钱养家一方所做出的巨大个人牺牲。[43]

这一缄默确保了夫妻俩说服自己和孩子他们是平等伴侣关系的家庭迷思不被打破，确保了婚姻作为不公和支配关系发生场所的实质不被挑破。塔尼娅把丈夫嘲笑她整日无所事事的话当作玩笑；苔丝虽然觉得难过，但还是二话不说先给孩子和丈夫准备食物，最后才轮到自己；利兹压下了对家务分工不平等的怒火；海伦对丈夫气她在床上划重点默不作声；凯蒂对丈夫积极鼓励她辞职的态度一言不发，也把随后因"放弃自己的人生"（原话）遭受的"情感和心理创伤"（见第 4 章）闷在心里。这些沉默表明，妇女的人生在受到他人——主要指她们的丈夫和丈夫的事业——约束的同时，也受到自己的束缚。

采访中曾有一个令人心酸的例子，短暂打破了沉默。第 6 章提到的以前是记者、后来当了 11 年全职妈妈的玛吉，曾惋惜没能在生完二胎，以及之后丈夫两度被裁员时同他好好谈谈自己重返职场的愿望。在遗憾没能把握住后两次所谓的"机会之窗"时，她试图记起丈夫被裁员的具体年份。"我把他喊过来问问。"说着她大声叫丈夫从楼上下来。

"我在上厕所。"他应道。"哦，不好意思！"她大笑着回答。我跟玛吉说，她丈夫被裁员的具体时间细节无关紧要，她继续说就好。于是玛吉继续讲，想到有希望回去上班，把"一家子人和家务都扔给丈夫管"让她多么兴奋。他从男权支配地位上暂时（虽然是被迫）的脱离，给了她释放内心深处渴望的机会。但渴望很快被再度压下：玛吉伤心地回忆自己错过了"机会之窗"——丈夫找到了新工作，她没能挑起那个话题，在家庭 CEO 和主妇的位置上越陷越深。

之后玛吉听到了楼上冲厕所的声音。她又喊了丈夫几声，接下来是这样的对话：

> **玛吉**：你还记得你第一次被裁员是什么时候吗？
>
> **丈夫**（从楼上喊道）：怎么啦？
>
> **玛吉**：孩子那会儿多大？
>
> **丈夫**：嗯，啊……是……是在 2007 年年底。
>
> **玛吉**：没错。是达米安差不多 3 岁的时候吧？
>
> **丈夫**：对。
>
> **玛吉**：然后，你第二次被裁员，是在 2009 年，对么？
>
> **丈夫**：什么？
>
> **玛吉**：不对……好像不是……你下来一下啊！
>
> **丈夫**：你在哪儿？
>
> **玛吉**：我在……我们在客厅里。

几秒钟后，玛吉的丈夫下来了，靠在客厅门口。"好吧。在这儿。你好。"他说，肢体语言和简短的回应都显示他极不情愿过来。

点头打了个招呼后，我低头看向别处，觉得旁观这一幕很尴尬。玛吉问他："话说你**第二次**被炒鱿鱼就是那一年，对吧？""不对！"他气冲冲地回应道，"先是 2007 年！ 2009 年伊莫金出生。我被裁员是 2011 年，懂啦？！""对哦。懂了。谢啦！"玛吉大声说。

丈夫离开房间后，玛吉转向我。她苦笑，带着一丝沾沾自喜道："哈，我有点把日子搞混了，唉，反正我想说的是，他失业过一次，然后近几年又失业了一次，然后我还在想，说真的，或许这是我的机会呢！"

玛吉坚持要丈夫下来，到我们所在的客厅里来，显然并不仅仅是为了搞清楚日子。她要求丈夫来到她讲述自己痛苦地压抑个人需求的领地，她以这种牺牲换来家庭平稳运行和丈夫在公共经济生产领域安心工作，然后在这片他明显不愿意踏入的领地上羞辱了他。她通过反复提及他的伤痛——两度落魄下岗——来表明自己长久以来的伤痛。在另一位妇女（我）在场的情况下，玛吉不再像一直以来那样保持沉默。不管含蓄也好、短暂也好，她到底带着愤怒和深切的痛苦表达了抱怨。

玛吉表达的抱怨，暴露出她和丈夫在形势改变的关键时刻没能积极有效地沟通——无论是在孩子们出生时，还是后来丈夫两度被辞退时。玛吉在第二个孩子出生后辞职，整个家庭模式随之重组，她和丈夫在家中的角色也彻底转变了。后来，丈夫两度失业给了她扭转角色的机会。玛吉用"机会之窗"的比喻，昭示家庭可以采取灵活的结构，既允许成员转换位置和角色，又适应不断变化的形势和需要。

然而，从玛吉和其他受访妇女的陈述看来，她们的家庭结构似乎大都没能实现那种灵活性。确实，或许不只是职场面对员工的家庭需求不知变通，关键在于家庭自身的结构也死板僵化，而女性和她们的丈夫只会延续、巩固僵死的性别角色。严格性别化的家庭结构大多令受访妇女们深感沮丧：尽管她们已

212

经压抑了自己的欲求、默默承受深切的失落，但这种家庭结构以及异性恋规范的婚姻制度，仍旧死死把控着她们的思想、情感、希望和行动。本书前文出现的曾是学者的利兹，就谈到她被迫在保全工作还是保全婚姻（及传统异性恋家庭结构）之间做出取舍。最终她在 35 岁的年纪选择了后者："我丈夫的工作是在金融城没日没夜工作的那种……［我辞职］是被迫的选择。要我说就是被迫的选择，这压根儿不是我理想的人生。但是，就好像，我感觉要是想保住婚姻……就不得不选这条路。"[44]

利兹悲伤的承认表现出婚姻制度和异性恋家庭规范无比强大的情感约束力。为了保全婚姻，她感觉自己**被迫**——短短几句话中，她重复了两遍这个词——放弃的不仅是多年的教育，本质上还有很大一部分自我。利兹选择了婚姻和传统家庭，选择了迎合丈夫和家人需要的人生，与她向往的"理想"人生相去甚远。利兹，以及我采访的大多数妇女，都没有去改变自己"被迫"陷入的处境，而是选择适应它。

虽然距离霍克希尔德（和马畅）的重量级研究《第二轮班》已过去了 30 年之久，本书妇女的叙述表明，符合异性恋规范的婚姻仍旧是"牵制革命，使之停滞不前的磁石"。[45] 尽管弹性理念似乎引领了职场性别平等和多元化方面的争论和政策，而一些用人单位也为员工弹性工作做了不少努力，但弹性理念基本上还是没能进入关于家庭和婚姻的讨论，没能进入这些妇女的家庭生活和想象。

令人震惊的是，最近的研究表明，不光是我采访的这一代男女难以想象，更不用提实施灵活的性别角色和家庭分工。美国非营利、无党派的现代家庭委员会（Council Contemporary Families）2017年发布的一组报告显示，就连18~25岁的年轻人——部分属于千禧一代，被认为是性别平等的一代——也越来越相信，"男人在外谋事业，女人在家带孩子、做家务，对所有人都要好得多"。[46] 报告称，这些最年轻的千禧一代中，支持平等型家庭分工的人比20年前同年龄段的要少。[47]

这些年轻人和我采访的妇女有一个共同点，那就是他们周围的公共讨论几乎没有提到什么替代方案，包括非异性恋规范的家庭结构和角色，或者如何创建更灵活的家庭分工。尽管关于家庭的媒体、文化再现和政策话语都有所改变，但公共舆论基本还是由僵化、保守的家庭观念和性别角色主导的。[48]

容许抱怨

玛吉咄咄逼人地要求丈夫说出被裁员的确切时间，间接但有力地揭示出他们的婚姻关系是压迫和不公的包庇所，暴露了一直以来习以为常的性别歧视、她的妥协，以及因此遭受的不公。重要的是，这一要求是当着一位旁观者（我）的面提出的，因此私人关系中的不公变成了超越夫妻私人范畴的有案可稽、值得关注的问题。玛吉的做法便是劳伦·贝兰特所说的女性抱怨的一个例子，它是"父权压迫的强有力证据"[49]，"见证了斗争，记录了理想世界的幻灭，却并不想与之脱离"[50] 或改变主体斗争、

214

受难的环境。

贝兰特发现，女性抱怨已成为美国女性文化话语主流形式的一种类型，她在情节剧、电视剧、情景喜剧和说唱音乐等形式中都找到了不少它的痕迹。贝兰特认为，在她所谓的"美国女性文化产业"历史中，抱怨"一直充当着女性怒火和欲望溢出的'安全阀'"[51]，即一种应对对男性特权和压迫的反抗的模式。因此抱怨作为一种语言类型，既是自我表达，又是自我约束：它既开辟了抵制父权支配言论和做法的空间，又暗中否定了可以用行动来改变产生抱怨的根本环境。

在我看来，本书讲述的妇女经历所展现的，似乎是妇女的怒火和欲望受到公共和私人领域进一步的约束。这些妇女不但收敛住愤怒和沮丧，往往一开始都不表达出来，还直接把它们屏蔽在想象之外。当代关于妇女、工作与家庭的主流再现和话语大多对这类中产女性特别具有吸引力，但它们似乎不仅克制，而且越发禁止对男权主导表示愤怒和抗议。如果像贝兰特说的，妇女情节剧的"首要任务是把抱怨搬上台面"[52]，那么对本书探讨的很多当代"妇女"新自由主义女性主义文体来说，首要任务便是把自信、平衡和幸福搬上台面，**而不是抱怨**。情节剧会承认并说明女性的遭遇（尽管像贝兰特批判的，它的目的仅止于表达），而当代信心文化和新自由主义女性主义的文化符号则大体上否定了妇女的遭遇、失落和抱怨。[53]它们把这类消极情绪描绘成可鄙的、对身心有害的、难以想象的。[54]露易丝感到内疚，是因为她在对照那种压迫性文化形象——"不费吹灰之力"就处理好兼顾事业与家庭难题（见第 2 章）的平衡型女人——来评判自身。克里斯蒂娜为在孩子面前显露压力而自责，反映并印证了那种否认全职妈妈有压力、有焦虑的叙事和形象（见第 3 章）。比阿特丽斯无奈地听从职业规划师的建议，抛却被迫放弃事业的痛苦，去"享受当下"、品味"此时此地"，也和各种鼓励女性的励志语录一个调性（见第 6 章）。

当然，这并不是说公共话语中不再有妇女的愤怒（或许如今 #MeToo 和 #TimesUp 这类运动的盛行，正让我们见证了妇女愤怒的复兴）。而是说，从我采访的妇女们的叙述来看，她们表达愤怒的条件正不断受到打压。受访妇女们从职场、丈夫、媒体和政府那里接触到的，以及她们传递给女儿的主要思想，是"不要大惊小怪，习惯就好"和"保持冷静，继续前行"。这些想法在过去十年里因为经济崩溃和紧缩带来的动荡局势而广泛流传、大受欢迎。[55] 因此，似乎是由于缺乏可以——更别说支持或鼓励——表达失望和愤怒的环境和词汇，本书讲述的妇女才几乎完全放弃了抱怨。她们放弃批判不平等，转而妥协和适应男权统治的要求。这样一来，她们无形之中既压抑了自己的失落，也压抑了资本主义制度下资本与照护的根本矛盾，尽管她们的人生正饱受它的折磨。

第 6 章讲到的比阿特丽斯的故事，在此就很有启发意义，因为它表明，在公共领域营造安全空间，聆听妇女抱怨，使之不再是自我约束的表达形式，是可以做到的。对比阿特丽斯来说，这一空间就是女性平权党，它向她提供了环境和方法，把同丈夫和雇主私人相处中遭受的不公融入公共问题、投入公共讨论；帮她摆脱了令她沮丧、失望的父权环境，赋予她批判后者的语言，以及在生活中改变后者的助力。对其他人来说，这一安全空间可以是另外的某个论坛、平台、社区或互助小组。比阿特丽斯的故事有力表明的是，目前亟需营造和保护这类拒绝将妇女的斗争、痛苦和解决办法个体化、私人化，提倡批判而不是适应的集体空间，而且亟需在公共领域宣传和推广这样的空间。

本书所探讨的妇女，无论是她们不一般的经济优势，还是做出明显倒退的选择，放弃多年的教育、训练和成就去当全职妈妈这种不合常规的定位，显然都是妇女中的例外。然而，她们的经历揭露出我们时代对妇女的常规定位是打着进步自由主义的幌子，要求她们否定自己的欲求，维持极度不平等的性别分工，并忍受为之付出的沉痛情感代价和经济代价。我相信，贯穿书中妇女人生的矛盾——性别平等的愿景与性别不公长期存在的现实——也贯穿了当代发达资本主义国家很多其他妇女的人生。对比书中妇女所处的文化背景，恰恰因为她们做出了非常规的选择，并因此感到矛盾不安，她们的叙述才揭示出发达资本主义社会在公共与私人、资本与照护的性别分工上存在的明显断层。

我采访的中产阶级妇女，正如安杰拉·麦克罗比说的，属于妇女群体中的赢家，是早年女权运动的获益者。在 20 世纪八九十年代精英主义、机遇和竞争，以及当代自信、平衡和赋权等新自由主义思潮的鼓动下，她们被文化、媒体和政策视为潜力巨大的主体。但她们的叙述揭示，就像麦克罗比指出的，她们同时也是屈服于性别压迫、欲望禁锢和男权统治的输家。[56]由于她们被看作选择女性主义的幸运受益者，撷取了老一辈斗争的果实，获得了丰富的机遇，因此常理上，便好似失去了表露失望、提出其他需要和欲求的资格和余地。以至于她们自己都跟着挑剔地怀疑自己：选择面都已经这么广了，她们怎么还会失望，还会不满足呢？——一如本书开头引述的戴维·哈巴克等男性 20 世纪 50 年代站在父权角度提出的刻薄质疑。[57]

眼下似乎是个相当糟糕的时机，不利于这些妇女提出自己的需要和欲求。一方面，对养育话题的讨论尚未摆脱强调母育、美化母育的倾向，以及母亲作为家长主力的观念；另一方面，一个人的价值和社会地位仍主要来自有偿工作、专业性和经济独立，因此，那些不从事有偿工作的人被认为没有权利表示失望或不满，更别说她们扮演的角色仍然普遍被认作妇女的天职，是最重要的职责。如今，只有特定形式的工作得到重视和认可，而异性恋规范的婚姻和家庭观依旧是主流理想，带有强大情感和规训力量，在这样一种矛盾情势下，我采访的妇女们谨慎地不愿说出她们的失望。而要打破沉默，需要摆脱性别、工作与家庭的主流理想和幻想，要释放出批判的力量，以及随之而来的动摇，甚至骇人的爆发。

但要我说，本书所有妇女自述共同传达的诉求，便是解除那些强大的文化幻想和规范的约束，回归和发掘她们埋在心底的愿望，将公共和私人领域都改造成令她们安心实现愿望的场所。[58] 这一诉求希望容许抱怨，并将它去私人化，"直到她不再向它屈服"[59]，直到她能安心地表达愤怒，并要求建成更完善的社会体系，在职场和家庭中实现长久的、迟来的平等。

附录

附录一

受访者的主要特征

女性

	姓名	年龄	国籍和种族	最高学历	从前的职业	丈夫/伴侣的职业	孩子的数目和年龄	离开职场的时间
1	艾莉森	50	英国，白人	时装学学士	时装设计师	营销经理	2 (14, 11)	14
2	安妮	42	英国，白人	（无）	人事经理	IT顾问	3 (11, 9, 6)	11
3	比阿特丽斯	41	拉丁美洲，白人	工商管理硕士	记者	律师	2 (7, 4)	3
4	卡门	40	欧洲，白人	英语学学士	列车司机	财务总监	1 (5)	5
5	凯瑟琳	42	英国，白人	时装学学士	时装设计师	工程师	3 (12, 9, 5)	5
6	夏洛特	46	英国，白人	法学硕士	律师	律师	3 (13, 12, 10)	10
7	克里斯蒂娜	42	英国，白人	教育学学士	副校长	律师	2 (11, 8)	10
8	达娜	49	英国，白人	拉丁语与政治学学士	艺术节主管	财务总监	2 (10, 6)	10
9	埃米莉	47	欧洲，白人	工商管理硕士	运营总监	离婚，前夫是财务总监	1 (15)	11
10	菲奥娜	38	英国，混血	商科学士	出版经理	高级康体经理	2 (8, 5)	7
11	杰拉尔丁	44	英国，白人	法学学士	律师	离婚，前夫是律师	2 (13, 6)	13
12	海伦	45	英国，白人	会计学学士	会计师	财务总监	2 (10, 6)	9

	姓名	年龄	国籍和种族	最高学历	从前的职业	丈夫/伴侣的职业	孩子的数目和年龄	离开职场的时间
13	珍妮特	43	英国，白人	戏剧文学学士	女演员	电影制片人	2 (9, 11)	11
14	珍妮	48	英国，黑人	工程学学士	工程师	律师	2 (13, 10)	3
15	琼	45	美国，白人	文科学士	人事经理	律师	2 (20, 9)	8
16	朱莉	42	英国，白人	教育学学士	出版商	一家出版社的高级经理	2 (10, 7)	9
17	卡伦	43	英国，白人	英语学士	营销总监	财务总监	1 (11)	9
18	凯蒂	36	英国，白人	会计学学士	会计师	保险经纪人	2 (7, 4)	6
19	劳拉	43	英国，白人	古典文学与英语学士	软件程序员	场内交易员	2 (7, 5)	7
20	琳达	51	美国，混血	经济学学士	银行家	财务总监	3 (17, 15, 12)	17
21	利兹	43	英国，白人	犯罪学博士	学者	律师（一家事务所的合伙人）	2 (9, 7)	8
22	露易丝	38	英国，白人	俄罗斯研究与政治学	市场经理	工程师	1 (4)	3
23	玛吉	49	英国，白人	英语学士、新闻学硕士	记者	传播总监	4 (15, 11, 10, 6)	11
24	玛丽	41	英国，白人	法学学士	先是律师，后来是法律顾问	律师	2 (5, 4)	3

	姓名	年龄	国籍和种族	最高学历	从前的职业	丈夫/伴侣的职业	孩子的数目和年龄	离开职场的时间
25	纳塔莉	45	欧洲，白人	法学学士	律师	律师	3 (14, 11, 4)	10
26	葆拉	43	英国，白人	心理学学士，法学硕士	律师	媒体制作人	2 (12, 10)	9
27	雷切尔	46	英国，白人	会计学学士	会计师	一家会计师事务所的合伙人	3 (12, 10, 7)	10
28	萨拉	42	英国，白人	经济学学士	财务总监	银行家	2 (6, 4)	3
29	莎伦	42	欧洲，混血	社会工作学硕士	社会工作部门主任	能源顾问	2 (5, 3)	3
30	谢丽尔	36	美国，白人	商科学士	筹款人	技术公司首席执行官	2 (5, 2)	3
31	西蒙娜	35	欧洲，白人	教育学学士	教师	银行家	2 (4, 6)	4
32	苏珊	44	英国，白人	医学学士	医生	财务顾问	3 (6, 9, 12)	11
33	塔尼娅	48	英国，白人	法学学士	律师（一家事务所的合伙人）	律师（一家事务所的合伙人）	2 (6, 9)	7
34	苔丝	49	英国，白人	新闻学学士	新闻制作人	律师	2 (12, 10)	6
35	温迪	43	欧洲，白人	工程学学士	软件工程师	一家IT公司的经理	4 (12, 10, 4, 2)	9

男性

	姓名	年龄	国籍和种族	最高学历	从前的职业	妻子/伴侣的职业	孩子的数目和年龄	妻子离开职场的时间
1	蒂姆	46	英国，白人	工商管理硕士	技术公司首席执行官	艺术馆馆长	2 (14, 10)	9
2	罗伯托	39	拉丁美洲，白人	经济学硕士	财务顾问	会计师	1 (5)	5
3	理查德	43	英国，白人	工商管理硕士	IT顾问	工程师	4 (13, 10, 5, 2)	10
4	彼得	44	英国，白人	工程学士	一家技术公司的主管	教师	2 (6, 9)	5
5	约翰	50	英国，白人	工程学士	一家能源公司的主管	工程师	2 (16, 12)	11

附录二

媒体和政策再现列表

详细分析的主要再现以星号标记。其他列出的再现是次要 的，它们启发了研究，但在本书中未做详细分析。

媒体再现

广告：户外广告

*Ad Council and National Responsible Fatherhood Clearinghouse, "Take Time to Be a Dad" campaign, 2015, https://www.fatherhood.gov/multimedia.

*BBH for Barclays, "Barclaycard: Today I will Stress Less," 2015, https://www.theguardian.com/lifeandstyle/2015/jul/18/do-it-all-dads-men-career-family-friends (third image from the top).

*British Airways, "What if Your Only Job Was Being a Mum?" 2017 (no hyperlink).

*Hometown, UK for Powwownow, "Powwownow: Here's to Flexible Working" (with mother), print advertisement, 2016, https://www.adsoftheworld.com/media/print/powwownow_heres_to_flexible_working_2.

224 *Hometown, UK for Powwownow, "Powwownow: Here's to Flexible Working" (with man), print advertisement, 2016, https://www.adsoftheworld.com/media/print/powwownow_heres_to_flexible_working_3.

*Nestlé, "Become a Superdad," 2015 (no hyperlink).

Paul O'Connor for Legal & General, superheroes print advertisement, 2015, https://the-dots.com/projects/paul-o-connor-for-legal-general-jwt-london-154001.

商业广告

BBDO India, "Ariel, #ShareTheLoad with English Subtitles," YouTube, February 24, 2016, https://www.youtube.com/watch?v=vwW0X9f0mME.

FiatUK," 'The Motherhood' feat. Fiat 500L," YouTube, December 13, 2012, https://www.youtube.com/watch?v=eNVde5HPhYo.

*United Airlines, "1988 United Airlines Commercial," YouTube, https://www.youtube.com/watch?v=Zgd6K2vi0wk.

电影

*Baby Boom, directed by Charles Shyer, released October 7, 1987, United Artists/Meyer/Shyer, theatrical.

Horrible Bosses, directed by Seth Gordon, released July 8, 2011, Warner Bros., theatrical and DVD.

Nine to Five, directed by Colin Higgins, released December 19, 1980, 20th Century Fox, theatrical.

The Wife, directed by Björn Runge, film festival release September 12, 2017, Tempo Productions Limited, Anonymous Content.

Working Girl, directed by Mike Nichols, released December 21, 1988, 20th Century Fox, theatrical.

Meme和图像

Digital image, "I have so much housework . . . what movie should I watch?" https://uk.pinterest.com/pin/14566398778723544.

Digital image,"Taking naps sounds so childish.I prefer to call them horizontal life poses," https://uk.pinterest.com/pin/512636370061977284/.

*Digital image in Jon Card, "What Entrepreneurs Want from the Self-Employment Revolution,' " *Guardian*, October 6, 2016, http://www.theguardian.com/small-business-network/2016/oct/06/what-entrepreneurs-want-from-self-employment-revolution.

225

*Digital image in Lucy Tobin, "How the Google Campus Creche Is Revolutionising Workplace Childcare," *Evening Standard*, October 20, 2016, https://www.standard.co.uk/lifestyle/london-life/how-the-google-campus-creche-is-revolutionising-workplace-childcare-a3374221.html.

移动应用程序

Cozi Inc., Cozi Family Organizer, available on Google Play.

*Ministère des Droits des Femmes, Leadership Pour Elles, available on Google Play.

TimeTune Studio, TimeTune, available on Google Play.

Tsurutan, Inc., Daily Check: Routine Work, available on Google Play.

WonderApps AB, ATracker Pro, available on ITunes.

新闻报道

*Al Jazeera, "WEF: Gender Wage Gap Will Not Close for 170 Years," October 26, 2016, http://www.aljazeera.com/news/2016/10/index-gender-wage-gap-close-170-years-161026071909666.html.

*Rachel Aroesti, "Take That, Patriarchy! The Horrific, Cack-Handed 'Feminism' of Netflix's Girlboss," *Guardian*, May 10, 2017, https://www.theguardian.com/tv-and-radio/2017/may/10/girlboss-netflix-horrific-cack-handed-feminism-sophia-amoruso.

*Associated Press, "Report: Women Won't Earn as Much as Men for 170 Years," October 26, 2016, https://apnews.com/114bfd7fb7f94d3085d353b94db689ab.

*BBC, "BBC Interview with Robert Kelly Interrupted by Children Live on Air," March 10, 2107, https://www.bbc.com/news/av/world-39232538/bbc-interview-with-robert-kelly-interrupted-by-children-live-on-air.

BBC, "Facebook's Sheryl Sandberg in Call to Help Working Mothers," BBC Business, May 14, 2017, https://www.bbc.com/news/business-39917277.

226 Lisa Belkin, "The Opt-Out Revolution," *New York Times Magazine*, October 26, 2003, 42–47, http://www.nytimes.com/2003/10/26/magazine/the-opt-out-revolution.html.

*Elizabeth S. Bernstein, "Why Is Obama Sticking It to Stay-at-Home Moms?" *Washington Post*, April 3, 2015, https://www.washingtonpost.com/opinions/why-is-obama-sticking-it-to-stay-at-home-moms/2015/04/03/c0aeaaf0-c756-11e4-aa1a-86135599fb0f_story.html.

*Jon Card, "What Entrepreneurs Want from the 'Self-employment Revolution,' " *Guardian*, October 6, 2016, http://www.theguardian.com/small-business-network/2016/oct/06/what-entrepreneurs-want-from-self-employment-revolution.

*Kerry Close, "Moms in the Midwest Are More Likely to Work Outside the Home than Anywhere Else in the US," *Time*, May 6, 2016, http://time.com/money/4320772/midwest-highest-rate-working-moms/.

*Lauren Davidson, "Gender Equality Will Happen—but Not Until 2095," *Telegraph*, October 24, 2014, http://www.telegraph.co.uk/finance/economics/11191348/Gender-equality-will-happen-but-not-until-2095.html.

* MacLellan Lila, "The Canada-US task force of women CEOs in a photo opp with Trump and Trudeau seems to have 'vaporized,' " Quartz, April 26, 2017, https://qz.com/966970/trump-and-trudeaus-canada-us-task-force-of-women-ceos-seems-to-have-disappeared-two-months-after-its-photo-opp/.

*Peter Dominiczak, "We Have Done Enough for 'Admirable' Stay-at-Home Parents, Insists Clegg," *Daily Telegraph*, March 29, 2013.

*Peter Dominiczak and Rowena Mason, "David Cameron's 'Slur' on Stay-at-Home Mothers," *Telegraph*, March 19, 2013, http://www.telegraph.co.uk/news/politics/9941492/David-Camerons-slur-on-stay-at-home-mothers.html.

*Steve Doughty, "Working Mothers Risk Damaging Their Child's Prospects," *Daily Mail*, N.D., http://www.dailymail.co.uk/news/article-30342/Working-mothers-risk-damaging-childs-prospects.html.

Maggie Haberman, "Ivanka Trump Swayed the President on Family Leave. Congress is a Tougher Sell," *New York Times*, May 21, 2017, https://www.nytimes.com/2017/05/21/us/politics/ivanka-trump-parental-leave-plan.html.

Felicity Hannah, "80 percent of Self-Employed People in Britain Live in Poverty: Freelance Perks Mask Growing Fears of Financial Ruin for Millions," *Independent*, June 8, 2016, http://www.independent.co.uk/money/spend-save/80-of-self-employed-people-in-britain-live-in-poverty-a7070561.html.

Mina Haq, "The Face of 'Gig' Work Is Increasingly Female—and Empowered, Survey Finds," *USA Today*, April 4, 2017, https://www.usatoday.com/story/money/2017/04/04/women-gig-work-equal-pay-day-side-gigs-uber/99878986/.

Nathan Heller, "Many Liberals Have Embraced the Sharing Economy. But Can They Survive It?" *New Yorker*, May 15, 2017, http://www.newyorker.com/magazine/2017/05/15/is-the-gig-economy-working.

*Issie Lapowseky, "Want More Women Working in Tech? Let Them Stay Home," *Wired*, June 4, 2015, http://www.wired.com/2015/04/powertofly/.

*Wednesday Martin, "Poor Little Rich Women," *New York Times*, May 16, 2015, http://www.nytimes.com/2015/05/17/opinion/sunday/poor-little-rich-women.html.

*Claire Miller, "A Darker Theme in Obama's Farewell: Automation Can Divide Us," *New York Times*, January 12, 2017, https://www.nytimes.com/2017/01/12/upshot/in-obamas-farewell-a-warning-on-automations-perils.html.

*Erika Rackley, "So, Lord Sumption Says to Be Patient—We'll Have a Diverse Bench . . . in 2062," *Guardian*, November 20, 2012, https://www.theguardian.com/law/2012/nov/20/judiciary-uk-supreme-court.

*Samantha Simmons, "The Election—Is Imposter Syndrome to Blame?" *Huffington Post*, June 12, 2017, http://www.huffingtonpost.co.uk/samantha-simmonds/the-election-is-imposter-_b_17017264.html.

*Anne-Marie Slaughter, "Why Women Still Can't Have It All," *Atlantic*, July/August, 2012, https://www.theatlantic.com/magazine/archive/2012/07/why-women-still-cant-have-it-all/309020/.

227

Jennifer Steinhauer, "Even Child Care Divides Parties. Ivanka Trump Tries Building a Bridge," *New York Times*, March 11, 2017, https://www.nytimes.com/2017/03/11/us/politics/ivanka-trump-women-policy.html.

228 *Lucy Tobin, "How the Google Campus Creche Is Revolutionising Workplace Childcare," *Evening Standard*, October 20, 2016, https://www.standard.co.uk/lifestyle/london-life/how-the-google-campus-creche-is-revolutionising-workplace-childcare-a3374221.html. In hard copy this article appeared as: Lucy Tobin, "Bringing Up Baby (While Launching an Online Empire)," *Evening Standard*, October 20, 2016.

*Jill Treanor, "Gender Pay Gap Could Take 170 Years to Close, Says World Economic Forum," *Guardian*, October 25, 2016, https://www.theguardian.com/business/2016/oct/25/gender-pay-gap-170-years-to-close-world-economic-forum-equality.

通俗小说

Amy Chua, *Battle Hymn of the Tiger Mother* (London: Penguin, 2011).

*Helen Fielding, *Bridget Jones: Mad About the Boy* (New York: Knopf, 2013).

Allison Pearson, *I Don't Know How She Does It* (New York: Anchor: 2003).

Allison Pearson, *How Hard Can It Be?* (London: Borough, 2017).

通俗学术研究

*Ernest Dichter, *The Strategy of Desire* (London and New York: T. V. Boardman, 1960).

*Catherine Hakim, *Work-Lifestyle Choices in the 21st Century: Preference Theory* (Oxford: Oxford University Press, 2000).

*Carmen Nobel, "Men Want Powerful Jobs More than Women Do," *Harvard Business School Working Knowledge*, September 23, 2015, http://hbswk.hbs.edu/item/men-want-powerful-jobs-more-than-women-do.

*Heather Sarsons and Guo Xu, "Confidence Gap? Women Economists Tend to Be Less Confident than Men When Speaking Outside Their Area of Expertise," *LSE Impact Blog*, July 2, 2015, http://blogs.lse.ac.uk/impactofsocialscienc

es/2015/07/02/confidence-gap-women-economists-less-confident-than-men/.

Felice Schwartz, "Management Women and the New Facts of Life," *Harvard Business Review* (January-February 1989), https://hbr.org/1989/01/management-women-and-the-new-facts-of-life.

自助和指南类书籍

Tiffany Duffy, *Drop the Ball* (New York: Flatiron, 2017).

* Helena Morrissey, *A Good Time to Be a Girl: Don't Lean In, Change the System* (London: William Collins, 2018).

*Katty Kay and Claire Shipman, *The Confidence Code: The Science and Art of Self-Assurance—What Women Should Know* (New York: Harper Collins, 2014).

*Sharon Meers and Joanna Strobber, *Getting to 50/50: How Working Couples Can Have It All by Sharing It All* (Berkeley: Viva Editions, 2009).

*Sheryl Sandberg, *Lean In: Women, Work, and the Will to Lead* (London: WH Allen, 2013).

* Anne-Marie Slaughter, *Unfinished Business: Women, Men, Work, Family* (London: Oneworld, 2015).

* Ivanka Trump, *Women Who Work: Rewriting the Rules for Success* (New York: Portfolio, 2017).

社交媒体宣传

Dove US, "Baby Dove | #RealMoms," YouTube, April 5, 2017, https://www.youtube.com/watch?v=9dE9AnU3MaI.

Everyday Sexism Project, http://everydaysexism.com (accessed June 13, 2018).

Hollaback Project, http://www.ihollaback.org (accessed June 13, 2018).

*#MeToo, Twitter, https://twitter.com/hashtag/metoo (accessed June 13, 2018).

*Motherhood Challenge, Facebook, 2016.

电视节目

Ally McBeal, created by David E. Kelly, 1997–2002, Fox.

*Big Little Lies, created by David E. Kelley, 2017, HBO.

Borgen, created by Adam Price, 2010–2013, DR Fiktion.

Commander-in-Chief, created by Rod Lurie, 2005–2006, ABC.

Desperate Housewives, created by Marc Cherry, 2004–2012, ABC.

Doctor Foster, created by Mike Bartlett, 2015–2017, BBC.

*The Good Wife, created by Robert King and Michelle King, 2009–2016, CBS.

230 *Grace and Frankie*, created by Marta Kauffman and Howard Morris, 2015–present, Netflix.

Homeland, developed by Howard Gordon and Alex Gansa, 2011–present, 20th Century Fox.

The Killing (US), developed by Veena Sud, 2011–2014, AMC/Netflix.

Mad Men, created by Matthew Weiner, 2007–2015, AMC.

Married with Children, created by Michael Moye and Ron Leavitt, 1987–1997, Fox.

Mom, created by Chuck Lorre, Eddie Gorodetsky, and Gemma Baker, 2013–present, CBS.

Motherland, created by Graham Linehan and Sharon Horgan, 2017–present, BBC.

Nurse Jackie, created by Liz Brixius, Evan Duncky, and Linda Wallem, 2005–2015, Showtime.

Orange Is the New Black, created by Jenji Kohan, 2013–present, Netflix.

The Real Housewives franchise, 2006–present, Bravo.

The Replacement (UK), written and directed by Joe Ahearne, 2017, BBC.

Rita (Denmark), created by Christian Torpe, 2012–present, SF Film Production.

Roseanne, created by Matt Williams, 1988–1997, ABC.

Sex and the City, created by Darren Star, 1998–2004, HBO.

The Simpsons, created by Matt Groening, 1989–present, Fox.

Weeds, created by Jenji Kohan, 2005–2012, Showtime.

网站、博客和社交媒体文章

Angela Ahrendts, "Apple's Angela Ahrendts: Always Be Present," *Leaders and Daughters*, March 6, 2017, http://leadersanddaughters.com/2017/03/06/always-be-present-read-the-signs-stay-in-your-lane-and-never-back-up-more-than-you-have-too/.

*Amy Cuddy, "Your Body Language May Shape Who You Are," TEDGlobal, June 2012, https://www.ted.com/talks/amy_cuddy_your_body_language_shapes_who_you_are.

*Black Career Women's Network (BCWN), https://bcwnetwork.com (accessed June 13, 2018).

Brittany Frey, *Handcrafted Brunette* blog, February 17, 2017, https://www.truthinkapparel.com/single-post/2017/02/17/Handcrafted-Brunette, last accessed October 24, 2017.

*Jessica Mairs,"'Women Are the Salt of Our Lives. They Give it Flavour,'says Santiago Calatrava,"*De Zeen*, February 17, 2017, https://www.dezeen.com/2017/02/17/women-salt-lives-architecture-gender-discrimination-santiago-calatrava/.

Mothers at Home Matter (MAHM), http://mothersathomematter.co.uk/ (accessed June 13, 2018).

Mumsnet: By Parents for Parents, https://www.mumsnet.com/ (accessed June 13, 2018).

*Sheryl Nance-Nash, "How I (Successfully!) Started an Etsy Store," *Muse*, N.D., https://www.themuse.com/advice/how-i-successfully-started-an-etsy-store.

Dana Smithers, "Enjoy the Present Moment," *Law of Attraction Blog*, March 12, 2014, http://www.empoweredwomeninbusiness.com/enjoy-the-present-moment/.

*Ivanka Trump, Twitter post, September 23, 2016, https://twitter.com/ivankatrump/status/779304354817773569.

231

政策再现

企业和非政府组织的政策报告

*Joanna Barsh and Lareina Yee, "Unlocking the Full Potential of Women at Work," McKinsey & Company, 2012, https://www.mckinsey.com/business-functions/organization/our-insights/unlocking-the-full-potential-of-women-at-work.

*Charted Management Institute, "Women in Management: The Power of Role Models," 2014, https://www.managers.org.uk/~/media/Research%20Report%20Downloads/The%20Power%20of%20Role%20Models%20-%20May%202014.pdf.

*Katie McCracken, Sergio Marquez, Caleb Kwong, Ute Stephan, Adriana Castagnoli, and Marie Dlouhá, "Women's Entrepreneurship: Closing the Gender Gap in Access to Financial and Other Services and in Social Entrepreneurship," European Parliament, Policy Department C: Citizen's Rights and Constitutional Affairs, 2015, http://www.europarl.europa.eu/RegData/etudes/STUD/2015/519230/IPOL_STU(2015)519230_EN.pdf.

*McKinsey & Company, "Women Matter 2: Female Leadership, a Competitive Edge for the Future," 2008.

*Klynveld Peat Marwick Goerdeler (KPMG), "KPMG Women's Leadership Study: Moving Women Forward into Leadership Roles," 2015, http://womensleadership.kpmg.us/content/dam/kpmg-womens-leadership-golf/womensleadershippressrelease/FINAL%20Womens%20Leadership%20v19.pdf, p. 12.

232

政府报告、讲话和声明

Lorely Burt, "The Burt Report: Inclusive Support for Women in Enterprise," February 2015, http://www.weconnecteurope.org/sites/default/files/documents/Burt_Report.pdf.

*David Cameron, "PM Transcript: Start-up Britain Speech in Leeds," January 23, 2012, https://www.gov.uk/government/speeches/pm-transcript-start-up-britain-speech-in-leeds.

*David Cameron, "David Cameron on Families," August 18, 2014, https://www.gov.uk/government/speeches/david-cameron-on-families.

*David Cameron, "Prime Minister's Speech on Life Chances," January 11, 2016, https://www.gov.uk/government/speeches/prime-ministers-speech-on-life-chances.

Department for Digital, Culture, Media & Sport, "Women and the Economy Action Plan," 2013, https://www.gov.uk/government/publications/women-and-the-economy-government-action-plan.

Emily Gosden and Steven Swinford, "David Cameron's 30-Hour Free Childcare Plan 'Underfunded,'" *Telegraph*, June 1, 2015, http://www.telegraph.co.uk/news/politics/conservative/11642734/David-Camerons-30-hour-free-childcare-plan-underfunded.html.

*Philip Hammond and Theresa May, "Spring Budget 2017: Support for Women Unveiled by Chancellor," March 8, 2017, https://www.gov.uk/government/news/spring-budget-2017-support-for-women-unveiled-by-chancellor.

*Barack Obama, "Remarks by the President on Women and the Economy," October 31, 2014, https://obamawhitehouse.archives.gov/the-press-office/2014/10/31/remarks-president-women-and-economy-providence-ri.

*Donald J. Trump, "Remarks at Aston Community Center in Aston, Pennsylvania," September 13, 2016, http://www.presidency.ucsb.edu/ws/index.php?pid=119193.

附录三

研究方法

招募受访者

为了找寻受过高等教育、生育后离开职场，而且乐于（但愿！）同我分享经历的妇女，我向伦敦中产阶级和中上阶层社区的学校家长邮件名单，以及各种社交媒体上的伦敦妈妈群——其中可能聚集了大量高学历妈妈——发布了招募信息，并在这些社区的当地图书馆、社区中心和休闲/体育俱乐部的公告栏上发布了告示。我还在自己工作的伦敦政治经济学院的校友通讯上发布了招募研究对象的消息。另外，我采访过的一些妇女把我介绍给了她们认识的妇女，也有朋友和同事把我介绍给他们认识的符合要求的妇女，以及部分妻子符合要求的男人。

受访者样本

依靠这些关系网络、滚雪球抽样和推介，我的目的是使样本囊括各种经历、职业背景和特征的妇女，包括离开职场的时间、孩子的数目和年龄，以及住在伦敦哪个区域。通过以上列出的丰富多样的来源招募受访对象，可以确保其经历和特征的广泛多样。尽管我希望这一妇女群体样本尽可能多样化，但这项定性研究的结果不能代表所有受过高等教育的全职妈妈的状况，因为我采用的是目的性抽样，而不是代表性抽样。[1] 比如样本主要由白人女性组成，只有一名黑人和三名混血妇女。尽管如此，但英国全职妈妈的统计分布情况（见附录四）表明，绝大多数全职妈妈是白人（72%）。

样本包含 35 名居住在伦敦、脱离职场 3~17 年的女性。样本大小是由"饱和点"（saturation point）决定的，即研究者收集的新材料开始与已有材料出现较大重合。帕梅拉·斯通即采用类似的抽样策略，她指出："此类研究的一般准则建议样本容量在 20~50 之间。"[2] 附录一列出了受访者的主要特征。

虽然样本中这些妇女的丈夫足以靠一个人的收入养活家庭，但她们算不上大不列颠阶层调查（Great British Class Survey）所说的"精英阶层"。[3] 一些人属于第二富裕的阶层，即"老牌中产阶级"：英国人口中富足、稳定的群体，也是该调查区分的七个阶层中最庞大的群体。另一些属于"新兴富有工薪阶级"，即拥有中等经济资产的阶层，包括"传统工人阶级"的后

234

代。传统工人阶级已因限制工业化、大规模失业、移民和制造业向服务业岗位转型而解体。所有受访者都拥有房产，但不是所有人都住得起独栋住宅。有些住在中产阶级社区的公寓里；有些靠收房客的租金补充家庭的单一收入，让全家人能住上私人宅邸。

受访对象所生活的伦敦市，是英国全职妈妈比例最高的地区（见附录四）。它是全球金融中心，也是世界各大龙头企业的总部所在地，是很多受访女性曾经的工作地，也是她们伴侣或丈夫目前的工作地。正如她们在书中的陈述所示，影响她们辞职的因素，就部分和伦敦的生活密切相关。这些因素包括工作文化，尤其是伦敦金融中心——即很多妇女和她们的丈夫所供职的"金融城"——的金融和法律公司的工作文化，伦敦许多工作要求的上下班长途通勤，首都高昂的生活成本，以及定居伦敦的大量高技术移民（包括部分受访者）和低收入移民（通常是受访者孩子的保姆或家政佣工）。大部分受访者与其他家族成员分隔异地，要么父母和公婆年事已高，无法经常提供帮助，要么父母或公婆已故。有些特质是伦敦独有的，但采访中妇女和男人思考的很多方面都是大城市家庭代表性的经历，很可能引起住在世界其他城市、拥有类似社会经济背景的读者的共鸣。

美国文化在伦敦的存在和影响也值得关注。虽然所有受访者都住在伦敦，他们的经历和文化参照很多是英国，甚至是伦敦所特有的，但与此同时，他们提到并用以解读自身经历的许多问题、争论、形象和例子，都源自美国文化。我的受访者讲述的高学历女性在伦敦（主要是在中产阶级社区）的生活经历，与美国的文化再现、文化参照和理念之间，似乎有着研究员伊冯娜·塔斯克和黛安娜·内格拉所谓的高度"话语一致"（discursive harmony）。[4]另外值得注意的是，将近半数的受访者提到自己以前供职的地方或丈夫的工作单位有美国背景，要么已被美国公司接管，要么深受美国公司影响。出于这个原因，我把受访者的讲述同英国与美国的媒体和政策再现放在一起对比。

采访的进行

我发布的招募信息，尤其是发到家长邮箱的那些，短短几天就收到了 17 份回复。这一相对较高的回复率或许是缘于对"守门人"的信任——有些家长正好认识帮我转发消息到各个群组的那些女性。一些回复并表示对采访有兴趣的妇女"警告"我说，这是个非常敏感的话题，她们很可能在采访中哭出来。

所有采访都是面对面进行，只有一个例外。当时那名妇女没法亲自同我会面，所以通过电话完成了采访。就像引言中提到的，约半数的采访在受访者家中进行，其余在她们家附近的咖啡店或其他公共场所。所有受访者对采访录音和逐字转录，以及在匿名的前提下将采访内容用于本次研究，均给予了知情同意。

首先我向受访者简明扼要地介绍了本项研究的目的。然后用一个宽泛的问题开场："可以讲讲从你在职工作的最后几年到现在的状况吗？"这个问题的目的在于请受访者回顾她们的人生经历，自由表达她们认为重要的事情，并按照自己的理解讲述。[5]从这一刻开始，我把自己的干预降至最低。我着重于倾听，当发现可能存在矛盾或细节有出入时，再进行追问或请求进一步说明。

我的采访大纲上包含三个主题的问题：妇女们的供职经历、辞职决定和辞职后的生活。我极少问遍大纲上的所有问题，因为大多数受访者在回答开场问题时就自然地涉及了这些问题。我故意没有直接问媒体、政策报道和形象**本身**的问题，因为我想知道她们是否，以及何时会直接或间接地提到媒体和政策的再现和话语，而如果提到，它们又是如何塑造或框定她们对自身经历的描述的。

不过，除了笼统的开场问题，另有两个问题如果（往往也是由于）她们没有主动谈到，我就会提出来："目前生活中，你最满意的是什么？"和"孩子们长大后，你打算怎么办？"这两个都直接借鉴自贝蒂·弗里丹向受访者提出的问题[6]，我希望将当代妇女的回答与20世纪50年代同类调查的结果进行对比。我所采访的伦敦女性与弗里丹调查的上一辈美国妇女之间的纵向对比贯穿了本书始终。

对男士们的采访，则是根据他们的要求，在办公室或工作相关的场所进行的（例如，有一次是在公司开会的会场）。访谈遵循同以上类似的方法和原则，但提出了一些不同的问题和挑战。开场提问改为"可以从孩子出生前几年说起吗？"之后问的一些问题是想了解他们的妻子为什么决定辞职，他们参与决定的程度，以及对这一决定后果的看法，还有他们如今的生活状况，其中特别问到了他们和妻子的家务分工情况（明显的是，这一点大多数妇女都是自发谈到的）、他们觉得目前生活中比较满意的地方，以及孩子们长大后作何打算等等。回复我的招募信息的五位男士都非常自信、果断和健谈。虽然他们坦率地表达了对妻子辞职决定的遗憾和矛盾心情，但对自己多大程度上影响了这一决定，以及它给妻子人生带来的后果，认识非常有限。正如之前提到的，本书关注的重点是女性的陈述。从男性访谈中提取的例子，是为了说明某些要点，或者为受访妇女的看法提供另一种视角。

采访资料的分析

我从瓦莱丽·沃克丁等人的研究 [7] 中获得了很大的启发，将访谈分析分为三个阶段，分别代表三个层次。首先，像很多定性研究一样，我梳理了每一份个人叙述，搞清楚它们的大体情节、主要事件、人物、主题和情景。以此为基础，把每篇采访对应到叙述者的人生轨迹。在第二阶段，整合每篇采访中出现的主题，进行主题分析。包括找出各个访谈主题之间的异同点，并加以归类。例如，工作与生活相平衡的主题就几乎覆盖了所有访谈，类似的还有家庭劳动分工的主题。超过三分之二的访谈中出现受访者母亲反对辞职决定的内容，而有五篇提到孩子

238

的健康是影响妇女辞职的因素之一。我基于其中最常出现的主题组织了本书的讨论框架，大致对应各章的内容。如果语境需要，一些不常提到的主题也会顺带讨论一下。

由于我对经验的建构性本质，以及妇女的主体性、愿景、幻想和深层欲望受到媒体与政策再现和话语怎样的影响或引导很感兴趣，因此研究的第三阶段是深层次的阐释分析。在这一阶段，我仔细考察了受访者是**如何**描述她们的生活和经历的：她们所用的特定措辞、意象、比喻、话语、语气和语域；它们的出现和反复；叙述中的不一致、张力、歧义、微妙语义和矛盾；还有最重要的，那些省略、避讳和沉默——往往是妇女说不出口、避而不谈或无以言表的东西。这一层次的话语分析对妇女的思想情感与文化表述之间的关系提供了有价值的见解，尤其揭示出这些话语难以表达，却依旧把控着她们的思想、情感、行为和自我认识的时刻。

媒体和政策再现样本

高学历全职妈妈的经历有其所处的文化背景，她们在访谈中多次提到，日常生活中也极力与之调和。但要勾勒出这种文化背景，则是非常艰巨的任务。捕捉当代文化中流传的所有关于性别、工作与家庭的社会和文化图像、叙事和话语，是不可能的：它们数量庞大，在多种媒体、网站上传播，而且历时数年。正如在引言中说明的，我的目的是设计一个由**说明性**而非代表性例子组成的媒体、政策再现和话语样本（见附录二），可以和受访者亲身经历的讲述构成呼应和 / 或矛盾。

收集的材料包括广告、电影、报刊文章和其他新闻报道、自助和指南类书籍、流行小说、电视剧、网站、社交媒体（如博客、Instagram 上的梗图）和通俗学术文章。最后一项指用作分析资料的学术出版物，其中提到了妇女、工作和家庭方面的流行理论或观点。

另外，由于公众对妇女、工作与家庭的看法深受政策话语的影响，而受访者也多次提到相关讨论，所以我把政策再现也纳入了分析样本。然而，鉴于这是个相当宽泛的领域，我收集的数据仅限于两类资料：政府政策报告、讲话和声明，以及企业和非政府组织的政策报告和文件，例如职场性别平等政策的实施报告。但不同于实证主义的做法，本书把公共政策看作一种话语，着重点在于政策问题和话题的社会建构，而非政策或实施的细节。[8] 虽然有些例子引用了政治言论，例如政治领袖的讲话或声明，但那总归是为政策讨论服务的。

媒体、政策再现的样本在附录二列出，几乎都源自英国和美国，原因是英美文化之间具有紧密的"话语一致"（如上所述），而且受访女性提到的参照都来自英国或美国文化。

访谈的主题分析和话语分析为确定媒体和政策再现奠定了基础。[9] 每当受访者提到文化、媒体和政策再现的具体例子，我就把它们纳入分析样本。其他再现的收集则参照了人类学家乔治·马库斯（George Marcus）论述多点民族志研究方法的文章，

"结合多个活动地点来考察一种文化的形成"[10]，建立起女性自述、媒体再现和政策再现三个领域在主题、语体和形式上的关联。马库斯列举了在同一个复杂文化现象的不同地点追踪研究对象的许多技巧。虽然我做的不是多点民族志研究，但其中的两种技巧，或马库斯所谓的"建构方法"（practices of construction）[11]，对我的探究特别有用。第一种是"追踪隐喻"[12]，类似福柯（Michel Foucault）的谱系学方法[13]，即追踪不同话语场合下对特定问题的看法和说法，并从发现自貌似不同、不相关的文化地点的比喻中找到联系。例如，受访者们在解释工作和家庭经历，尤其是自认为的个人失败时，常用到的一个隐喻是平衡和失衡。于是顺着这个重要的隐喻，我搜索了它在妇女、家庭与工作的当代和部分过往（如第 2 章讨论的欧内斯特·迪希特 20 世纪 40 年代的作品）媒体和政策再现中的使用情况。

另一个技巧是"追踪情节、故事或寓言"[14]，寻找不同文化地点的故事和情节之间的关联和联系。这对于发现妇女自述中的幻想，与媒体、政策再现所鼓动和（再）制造的幻想和迷思之间的关系，是特别有效的办法。例如，第 5 章讨论"妈妈企业家"时，我用到了很多助长这种妈妈在家工作带娃两不误的迷思的媒体和政策再现案例。这些例子就是在追踪妇女叙述中"妈妈企业家"这一突出的幻想时，发现并收入样本中的。

此外，正如马库斯指出的，追踪故事和迷思，能令人发现违背或打破主流看法的叙事、情节和寓言。比如，我就收集了质疑和驳斥盲目崇拜、过度美化母亲的媒体再现和话语的例子，进而探讨它们如何塑造了女性的思维和感受，同时又模糊了哪些事实。因此，马库斯的技巧指引了我对媒体再现的选择，它们或呼应、印证、巩固了其他再现或受访者的说法，或提出了质疑和不同看法。此外还有一部分样本取自已有的关于妇女、家庭与工作的媒体、政策再现研究。

最后，由于本书关注的是全职妈妈，以及妇女自身对于这241一身份名词的成见，因此有必要对全职妈妈在英国和美国媒体、政策中的再现有一个全面的了解。除了以上方法，我还进行了专题搜索，为的是找出媒体和政策描述全职妈妈的主要模式。由此得到大量再现样本，包括 299 篇报刊文章，以及另外 118 则取于杂志、电影、通俗小说、自助 / 指南类书籍、名人、广告、社交媒体、通俗学术报道、政策报告、演讲和公文的再现。

媒体和政策再现的分析

我（和萨拉·德·贝内迪克蒂斯）对 299 篇报刊文章做了内容分析，主要考察全球经济衰退及其余波（2008—2013 年）期间英国报刊对全职妈妈形象的报道。完整的分析已另文发表[15]，它为第 3 章讨论媒体和政治话语对全职妈妈的刻画奠定了基础，也为其他章节的讨论提供了依据。

对于样本中剩下的 118 篇再现，有 62 篇采用了定性的阐释分析方法，尤其是话语分析和图像分析，在附录二中用星号标了出来。我对媒体文本和图像的解析，用到了很多以符号学分析媒体再现中性别建构的女性主义研究，在分析大众文化时还特别借鉴了罗兰·巴特对神话的研究。[16]此外，我也深受福柯的著作，以及其他受福柯影响的文化和媒体分析作品的触动和启发。具体来说，本书的分析所关注的，是媒体和政策再现如何建构了约束和规训妇女的思想、隐秘情感、判断和最深层次渴望的文化意义。

附录四

英国全职妈妈的特征

符合该特征的全职妈妈比例（%）：

最小孩子的年龄：	
小于2岁	25
2～4岁	29
5～9岁	23
10～15岁	16
16～18岁	5
孩子人数：	
1个	38
2个	35
3个	18
4个以上	9
伴侣关系：	
结婚	53
同居	15
单身，但结过婚	11
单身，未结过婚	21

符合该特征的全职妈妈比例（%）：	
年龄：	
小于25岁	10
25～29岁	18
30～34岁	20
35～39岁	18
40～44岁	15
45岁以上	20
最高学历：	
学位教育	19
高等教育	7
高中	16
初中	26
其他	15
无	17
种族：	
白人	72
亚洲人	16
黑人	6
其他/混血	6

英国各地全职妈妈的比例（%）：

东北部	4
西北部	11
约克郡/亨伯赛德郡	9
东米德兰兹郡	7
西米德兰兹郡	10
东部	9
伦敦	18
东南部	11
西南部	6
威尔士	4
苏格兰	8
北爱尔兰	3

注：样本为 2015 年第二季度至 2017 年第一季度劳动力调查报告中的 5791 名无业母亲，
　　分析数据由前沿经济学咨询公司的吉利恩·波尔整理。

注　释

1. 在英国和北爱尔兰，由地方市政府出资建造的一种公共或社会住房。

2. 关于 20 世纪八九十年代多变的经济、社会和文化状况，及其对工人阶级女孩生活影响的精彩讨论，参见 Valerie Walkerdine, Helen Lucey, and June Melody, *Growing Up Girl: Psychosocial Explorations of Gender and Class* (Basingstoke, UK: Palgrave, 2001)。

3. Isabella Bakker, "Women's Employment in Comparative Perspective" in *Feminization of the Labour Force: Paradoxes and Promises*, ed. J. Jenson, E. Hagen, and C. Reddy (Cambridge: Polity Press, 1988), 17.

4. Walkerdine, Lucey, and Melody, *Growing Up Girl*, 158.

5. 这一主题在第 2 章中展开，用到了凯瑟琳·罗滕贝格的"平衡型女人"概念。参见 Catherine Rottenberg, "Happiness and the Liberal Imagination: How Superwoman Became Balanced," *Feminist Studies* 40, no. 1 (2014): 144–168。

6. Allison Pearson, *I Don't Know How She Does It* (New York: Knopf, 2002).

7. 参见 Walkerdine, Lucey, and Melody, *Growing Up Girl*。

8. Rosalind Gill, "Sexism Reloaded, or, It's Time to Get Angry Again!" *Feminist Media Studies* 11, no. 1 (2011): 66.

9. 美国数据来源于 "Women, Work and Children: The Return of the Stay-at-Home Mother," *Economist*, April 19, 2014。英国数据来源于对《英国劳动力调查报告》（UK Labour Force Survey, 1997—2017）的分析，出自 Presentation by Shani Orgad

and Gillian Paull (Frontier Economics) to the Policy Lab and Government Equalities Office, July 17, 2017。

10. Betty Friedan, *The Feminine Mystique* (1963; reprint, London: Penguin, 2000), 49. 朱迪丝·哈巴克在 1957 年出版的《上过大学的妻子》（*Wives Who Went to College*，London: Heinemann, 1957) 一书中针对英国妇女提出了类似的问题。

11. Friedan, *Feminine Mystique*, 34.

12. Friedan, 198.

13. Sheryl Sandberg, *Lean In: Women, Work, and the Will to Lead* (London: WH Allen, 2013).

14. Sarah Banet-Weiser, *Empowered: Popular Feminism and Popular Misogyny* (Durham, NC: Duke University Press, 2018); Catherine Rottenberg, *The Rise of Neoliberal Feminism* (Oxford: Oxford University Press, 2018); Anne-Marie Slaughter, "Why Women Still Can't Have It All," *Atlantic*, July/August, 2012, https://www.theatlantic.com/magazine/archive/2012/07/why-women-still-cant-have-it-all/309020.

15. 参见 Anne-Marie Slaughter, *Unfinished Business: Women, Men, Work, Family* (London: One-world, 2015)。

16. 例如，参见 Business in the Community, "Business in the Community Toolkit," 2017, https://gender.bitc.org.uk/all-resources/toolkits/business-case-gender-diversity; Berkeley Executive Education, "Berkeley Insight," 2017, http://executive.berkeley. edu/thought-leadership/blog/business-case-gender-diversity; Vivian Hunt, Dennis Layton, and Sara Prince, "Why Diversity Matters," January 2015, http://www. mckinsey.com/business-functions/organization/our-insights/why-diversity-matters; Carline Turner, "The Business Case for Gender Diversity: Update 2017," Huffington Post, April 30, 2017, http://www.huffingtonpost.com/entry/the-business-case-for-gender-diversity-update-2017_us_590658cbe4b05279d4edbd4b。

17. Angela McRobbie, *The Aftermath of Feminism: Gender, Culture and Social Change* (London: Sage, 2009); 参见第 1 章中的讨论。

18. 英国数据来源于英国国家统计局（Office for National Statistics）发布的《劳动力调查报告》（2018）表二，https://www.ons.gov.uk/employmentandlabourmarket/peopleinwork/employmentandemployeetypes/bulletins/uklabourmarket/latest (accessed July 9, 2018). 就业人口指所有从事有偿工作者，包括职工和自营职业者。就业率每季度更新，仅限 16—64 岁妇女。美国数据来源于美国劳工部（US Department of Labour）妇女局（Women's Bureau）2016 年发布的《劳动力市场中的妇女》（Women in the Labor Force），https://www.dol.gov/wb/stats/NEWSTATS/facts/women_lf.htm (accessed July 9, 2018)。

19. 例如，参见 Alison Wolf, *The XX Factor: How Working Women Are Creating a*

246

New Society (London: Profile, 2013)。

20. Spencer Thompson and Dalia Ben-Galim, *Childmind the Gap: Reforming Childcare to Support Mothers into Work* (London: Institute for Public Policy Research, 2014), 2.

21. "专业"妇女在此处的定义,是指从事或从事过《英国劳动力报告》中前三类职业的妇女:1. 经理、总监、高级官员;2. 专业人士;3. 专业辅助人员、技术人员。表一中的分析由吉利恩·波尔(前沿经济学咨询公司)整理,出自 Shani Orgad and Gillian Paull (Frontier Economics) to the Policy Lab and UK Government Equalities Office, July 17, 2017。

22. 兰迪瓦尔(Liana Cristin Landivar)分析美国就业趋势时发现,"育有学龄前孩子的妇女离开劳动力市场的概率,比无子女妇女高出 1.9 倍",而育有孩子的妇女离开劳动力市场的概率是无子女妇女的 2 倍。Liana Cristin Landivar, *Women at Work: Who Opts Out?* (Boulder, Colo.: Lynne Rienner, 2017), 84.

23. Claudia Goldin and Joshua Mitchell, "The New Life Cycle of Women's Employment: Disappearing Humps, Sagging Middles, Expanding Tops," *Journal of Economic Perspectives, American Economic Association* 31, no. 1 (2017): 161–182. 英国国家统计局数据显示,英格兰和威尔士妇女生育子女的平均年龄为 30.3 岁,其中高龄产妇的比例自 20 世纪 70 年代中叶以来不断上升。参见 UK Office for National Statistics, "Statistical Bulletin: Births by Parents' Characteristics in England and Wales: 2015," November 29, 2016, https://www.ons.gov. uk/peoplepopulationandcommunity/birthsdeathsandmarriages/livebirths/bulletins/ birthsbyparentscharacteristicsinenglandandwales/2015。

24. Pew Research Center, "Parenting in America," *Pew Research Center*, December 17, 2015, http://www.pewsocialtrends.org/2015/12/17/1-the-american-family-today/.

25. Gillian Paull, "The Impact of Children on Women's Paid Work," *Fiscal Studies* 27, no. 4 (2006): 506, 508. 传统观念认为,孩子入学是母亲重返工作岗位的关键时期。但事实上,有很大一部分母亲在此时退出工作岗位。

26. Slaughter, *Unfinished Business*, 54.

27. UK Labour Force Survey (2015). Analysis prepared by Gillian Paull (Frontier Economics) for presentation by Shani Orgad and Gillian Paull to the Policy Lab and Government Equalities Office, July 17, 2017. 参见 Shani Orgad, "Heading Home: Public Discourse and Women's Experience of Family and Work" (London: London School of Economics and Political Science, 2017), http://eprints.lse.ac.uk/81486/。

28. John Bingham, "Middle Class Mothers Deserting Workplace to Care for Children, Government Study Shows," *Telegraph*, January 30, 2014, http://www.telegraph. co.uk/women/10608528/Middle-class-mothers-deserting-workplace-to-care-for-children-Government-study-shows.html.

29. 数据来源于对英国《劳动力调查报告》(1997—2017)的分析,出自 Presentation

247

by Shani Orgad and Gillian Paull (Frontier Economics) to the Policy Lab and UK Government Equalities Office, July 17, 2017。见本章注释 21。

30. Landivar, *Women at Work*, 92.

31. 例如，参见 Catherine Hakim, *Work-Lifestyle Choices in the 21st Century: Preference Theory* (Oxford: Oxford University Press, 2000)。

32. Hakim, *Work-Lifestyle Choices*. 哈基姆的理论在第 1 章有更详细的讨论。

33. Lydia Saad, "Children a Key Factor in Women's Desire to Work Outside the Home," *Gallup*, October 7, 2015, http://www.gallup.com/poll/186050/children-key-factor-women-desire-work-outside-home.aspx.

34. 例如，Anne Mari Ronquillo, "Why I Chose to Be a Stay-at-Home Mom," I Am Claire blog, August 25, 2017, https://www.iamclaire.com/story/2017-08-25/why-i-chose-to-be-a-stay-at-home-mom; Nicole Caruso, "Why I Chose to Be a Stay-at-Home Mom," December 2, 2016, https://nicolemcaruso.com/motherhood/why-i-chose-to-be-a-stay-at-home-mom; Jamie Smith, "Why I Don't Regret Being a Stay-at-Home Mom," Huffington Post, November 3, 2017, http://www.huffingtonpost.com/jamie-davis-smith/why-i-dont-regret-being-a-stay-at-home-mom_b_3849263.html。

35. 例如，对朱尔斯·奥利弗（Jools Oliver）的全职妈妈再现的讨论，参见 Sara De Benedictis and Shani Orgad, "The Escalating Price of Motherhood: Aesthetic Labour in Popular Representations of 'Stay-at-Home' Mothers," in *Aesthetic Labour: Rethinking Beauty Politics in Neoliberalism*, ed. Anna Sofia Elias, Rosalind Gill, and Christina Scharff (London: Palgrave Macmillan, 2017), 101–116。另见 Candace Bure, *Balancing It All: My Story of Juggling Priorities and Purpose* (Nashville, Tenn.: B&H Publishing, 2014)。

36. Kate Conger, "Exclusive: Here's the Full 10-Page Anti-Diversity Screed Circulating Internally at Google [Updated]," *Gizmodo*, May 8, 2017, https://gizmodo.com/exclusive-heres-the-full-10-page-anti-diversity-screed-1797564320.

37. Angela Saini," Silicon Valley's Weapon of Choice against Women: Shoddy Science," Guardian, August 7, 2017, https://www.theguardian.com/commentisfree/2017/aug/07/silicon-valley-weapon-choice-women-google-manifesto-gender-difference-eugenics.

38. Katerina Gould, "Is Lack of Confidence Getting in the Way of Your Return to Work?" *Working Mums*, June 1, 2017, https://www.workingmums.co.uk/is-lack-of-confidence-getting-in-the-way-of-your-return-to-work-2/.

39. Keith Kendrick, "Maternity Leave Mums Suffer Confidence Crisis After 11 Months," *Huffington Post*, May 22, 2015, http://www.huffingtonpost.co.uk/2014/08/14/maternity-leave-mums-suffer-confidence-crisis-after-11-months_

n_7367786.html.

40. 这些概念在本书第 1 章中有详细讨论。

41. Francesca Gino, Caroline Ashley Wilmuth, and Alison Wood Brooks, "Compared to Men, Women View Professional Advancement as Equally Attainable, but Less Desirable," *Proceedings of the National Academy of Sciences of the United States of America* 112, no. 40 (2015): 12354–12359, http://www.pnas.org/content/112/40/12354.

42. Lisa Miller, "The Retro Wife," *New York* magazine, March 17, 2013, http://nymag.com/news/features/retro-wife-2013-3/.

43. Victoria Coren Mitchell, "Women Can Still Have It All. Can't They?" *Guardian*, June 11, 2017, https://www.theguardian.com/commentisfree/2017/jun/11/girls-depression-can-women-still-have-it-all.

44. Pamela Stone, *Opting Out? Why Women Really Quit Careers and Head Home* (Berkeley: University of California Press, 2007).

45. 一部相关的作品是伯尼·琼斯（Bernie Jones）的《选择退出的妇女》（*Women Who Opt Out*），它证实了斯通的观点，即妇女被迫退出是由于工作环境对妇女和孩子不利，无法协调照料家庭的责任。它是一部编选的合集，因此给出的必然是对争论和问题的宽泛概述，而非对妇女经历的深度解读。另外，它对其他社会（如丈夫的工作境况、不平等的家务劳动）和文化因素，尤其是媒体和政策再现的提及也十分有限。参见 Bernie Jones, ed. *Women Who Opt Out: The Debate over Working Mothers and Work-Family Balance* (New York: New York University Press, 2012)。

46. 参见 Banet-Weiser, *Empowered*; Rosalind Gill, "Post-postfeminism? New Feminist Visibilities in Postfeminist Times," *Feminist Media Studies* 16, no. 4 (2016): 610–630; Rottenberg, *Rise of Neoliberal Feminism* (Oxford: Oxford University Press, 2018)。

47. 例如，Heather Addison, Mary Kate Goodwin-Kelly, and Elaine Roth, *Motherhood Misconceived: Representing the Maternal in US Films* (Albany: State University of New York Press, 2009); Heather L. Hundley and Sara Hayden, *Mediated Moms: Contemporary Challenges to the Motherhood Myth* (New York: Peter Lang, 2016); Rebecca Feasey, *From Happy Homemaker to Desperate Housewives* (New York: Anthem Press, 2012); May Friedman, *Mommyblogs and the Changing Face of Motherhood* (Toronto: University of Toronto Press, 2013); Jones, *Women Who Opt Out*。

48. Hochschild with Machung, *Second Shift*; Rosalind Coward, *Our Treacherous Hearts: Why Women Let Men Get Their Own Way* (London: Faber & Faber, 1993).

49. Hochschild with Machung, *Second Shift*, 59–60.

50. 对这一点提出批判的作品还有：Cynthia Carter and McLaughlin, "The Tenth

249

Anniversary Issue of *Feminist Media Studies*: Editors' Introduction," *Feminist Media Studies* 11, no. 1 (2011): 1–5; Margaret Gallagher, "Media and the Representation of Gender," in *The Routledge Companion to Media and Gender*, ed. C. Carter, L. Steiner, and L. McLaughlin (Abingdon, UK: Routledge, 2014.); Laura Grindstaff and Andrea Press, "Too Little but Not Too Late: Sociological Contributions to Feminist Studies," in *Media Sociology*, ed. S. Waisbord (Cambridge: Polity, 2014), 151–167; McRobbie, *Aftermath of Feminism*。

51. 有两个例外，分别是 Lara Descartes and Conrad P. Kottak, *Media and Middle Class Moms: Images and Realities of Work and Family* (New York: Routledge, 2009), 和 Rachel Thomson, Mary Jane Kehily, Lucy Hadfield, and Sue Sharpe, *Making Modern Mothers* (Bristol, UK: Policy, 2011)。

52. Charles Wright Mills, *The Sociological Imagination* (Oxford: Oxford University Press, 1959).

53. Mills, *Sociological Imagination*, 8.

54. Mills, 8.

55. Nicholas Gane and Les Back, "C. Wright Mills 50 Years On: The Promise and Craft of Sociology Revisited," *Theory, Culture & Society* 29, no. 7–8 (2012): 6–7.

56. Richard Sennett and Jonathan Cobb, *The Hidden Injuries of Class* (Cambridge: Cambridge University Press, 1972), 152.

57. 参见 Shani Orgad, *Media Representation and the Global Imagination*. (Cambridge: Polity, 2012)。

58. Mills, 8.

59. Joan Wallach Scott, "The Evidence of Experience," *Critical Inquiry* 17, no. 4 (1991): 773–797.

60. Friedan, 296.

61. Janice Radway, *Reading the Romance: Women, Patriarchy, and Popular Literature* (Chapel Hill: University of North Carolina Press, 1984).

62. Valerie Walkerdine, "Some Day My Prince Will Come: Young Girls and the Preparation for Adolescent Sexuality," in *Gender and Generation*, ed. A. McRobbie and M. Nava (Bath, UK: MacMillan, 1984), 162–184; Walkerdine, Lucey, and Melody, *Growing Up Girl*.

63. Kim Akass, "Motherhood and Myth-Making: Despatches from the Frontline of the US Mommy Wars," *Feminist Media Studies* 12, no. 1 (2012): 137–141; Melissa A. Milkie, Joanna R. Pepin, Kathleen E. Denny, and Trinity University, "What Kind of War? 'Mommy Wars' Dis-course in U.S. and Canadian News, 1989–2013," *Sociological Inquiry* 86, no. 1 (2016): 51–78.

64. Michèle Lamont, *Money, Morals, and Manners: The Culture of the French and the American Upper-Middle Class* (Chicago: University of Chicago Press, 1992). 关于"研究上层"的女性主义阐释，可参见，Joey Sprague, *Feminist Methodologies for Critical Researchers: Bridging Differences* (Oxford: AltaMira, 2005); Michelle Fine, "Working the Hyphens: Reinventing Self and Other in Qualitative Research" in *The Landscape of Qualitative Research: Theories and Issues*, ed. N. Denzin and Y. Lincoln (Thousand Oaks, Calif.: Sage, 1998), 130–155。

65. Mike Savage, Fiona Devine, Niall Cunningham, Mark Taylor, Yaojun Li, Johs Hjellbrekke, Brigitte Le Roux, Sam Friedman, and Andrew Miles, "A New Model of Social Class? Findings from the BBC's Great British Class Survey Experiment," *Sociology* 47, no. 2 (2013): 219–250.

66. Laura Nader, "Up the Anthropologist: Perspectives Gained from Studying Up," in *Reinventing Anthropology*, ed. D. Hymes (New York: Pantheon, 1972): 284–311. 250

67. 参见 Hochschild with Machung, 19.

68. Friedan, 15.

69. 女性主义学者罗莎琳德·吉尔（在另一个背景下）曾呼吁，我们必须把特权和剥削结合起来分析。参见 Rosalind Gill, "Academics, Cultural Workers and Critical Labour Studies," *Journal of Cultural Economy* 7, no. 1 (2014): 12–30。

70. Virginia Nicholson, *Perfect Wives in Ideal Homes: The Story of Women in the 1950s* (Stirling-shire, UK: Penguin, 2015), 193.

71. Nicholson, *Perfect Wives*, 195–196.

72. 女性主义学者琼·威廉斯（Joan Williams）指出："选择就是常见的、在有限条件下做出决定的过程。" Joan Williams, *Unbending Gender: Why Family and Work Conflict and What to Do about It* (New York: Oxford University Press, 2000), 37。

73. Sennett and Cobb, *Hidden Injuries of Class*, 23.

74. Sennett and Cobb, 45.

75. 感谢达夫娜·列米什（Dafna Lemish）指出这一点。

76. Les Back, "Broken Devices and New Opportunities: Re-imagining the Tools of Qualitative Research," *NCRM Working Paper Series*, 2010, http://eprints.ncrm. ac.uk/1579/1/0810_broken_devices_Back.pdf. 巴克引用了好几种对于访谈的批判看法，包括罗兰·巴特（Roland Barthes）对访谈环境的评述，保罗·阿特金森（Paul Atkinson）和戴维·西尔弗曼（David Silverman）对"访谈社会"（interview society）的著名批判，以及霍华德·贝克（Howard Becker）对社会知识如何通过各种不同讲述形式进行传播的探讨。参见：Roland Barthes, *The Grain of the Voice: Interviews 1962–1980* (London: Cape, 1985); Paul Atkinson and David Silverman, "Kundera's Immorality: The Interview Society and the Invention of the Self," *Qualitative Inquiry* 3, no. 3 (1997): 304–325; Howard Becker, *Telling about*

Society (Chicago: University of Chicago Press, 2007); David Silverman, *A Very Short, Fairly Interesting and Reasonably Cheap Book About Qualitative Research* (Los Angeles: Sage, 2007), 56。

77. 参见 Ann Crittenden, *The Price of Motherhood: Why the Most Important Job in the World Is Still the Least Valued* (New York: Picador, 2001); Silvia Federici, *Revolution at Point Zero: Housework, Reproduction, and Feminist Struggle* (New York: Common Notions, 2012); Nancy Fraser, "Contradictions of Capital and Care," *New Left Review* 100 (July-August 2016)。

78. Lauren Berlant, *Cruel Optimism* (Durham, N.C.: Duke University Press, 2011).

79. Berlant, *Cruel Optimism*.

第1章　选择与自信文化 vs. 有害的工作文化

1. 关于 20 世纪八九十年代兴起的"新性别契约"的回顾，参见 Angela McRobbie, *The Aftermath of Feminism: Gender, Culture and Social Change* (London: Sage, 2009)。

2. Heather L. Hundley and Sara Hayden, *Mediated Moms: Contemporary Challenges to the Motherhood Myth* (New York: Peter Lang, 2016); Emily Nussbaum, "Shedding Her Skin: 'The Good Wife's Thrilling Transformation," *New Yorker*, October 13, 2014, https://www.newyorker.com/magazine/2014/10/13/shedding-skin; Kathleen Rowe Karlyn, "Feminist Dialectics and Unrepentant Mothers: What I Didn't Say, and Why," keynote lecture at the University of Warwick, UK: Television for Women Conference, 2013; Suzanna D. Walters and Laura Harrison, "Not Ready to Make Nice: Aberrant Mothers in Contemporary Culture," *Feminist Media Studies* 14, no. 1 (2014): 38–55.

3. Arlie Hochschild with Anne Machung, *The Second Shift: Working Families and the Revolution at Home* (New York: Penguin, 1989), 1.

4. Hochschild with Machung, *Second Shift*, 22.

5. 关于 20 世纪 70 年代至 21 世纪 10 年代美国媒体上超级妈妈文化理想的有趣回顾，可参见 Amanda Westbrook Brennan, "The Fantasy of the Supermom," *Gnovis* (April 26, 2013), http://www.gnovisjournal.org/2013/04/26/the-fantasy-of-the-supermom/。

6. United Airlines, "1988 United Airlines Commercial," YouTube, https://www.youtube.com/watch?v=Zgd6K2vi0wk.

7. 虽然大多数工人阶级妇女总要出门上班，但 20 世纪 20 年代中产阶级家庭数量的攀升，使得大多数中产阶级妇女成为家庭主妇。许多中产阶级妇女在第二次世界大战期间重返全职工作，但战后被迫回归家庭，直到 20 世纪六七十年代才再度

251

大面积地涌向劳动市场。关于英国妇女就业数据，见英国统计局 2017 年发布的《劳动力调查报告》表二，http://www.ons.gov.uk/employmentandlabour market/peopleinwork/employmentandemployeetypes/bulletins/uklabourmarket/latest (accessed July 9, 2018) ；美国数据见美国劳工部 2016 年发布的《劳动力市场中的妇女》，http://www.dol.gov/wb/stats/facts_over_time.htm (accessed July 9, 2018)。

8. Miriam Peskowitz, *The Truth Behind the Mommy Wars: Who Decides What Makes a Good Mother?* (Berkeley, CA: Seal Press, 2005), quoted in Janet McCabe and Kim Akass, eds., *Reading 'Desperate Housewives' : Beyond the White Picket Fence* (London: I. B. Tauris, 2006), 99. 另见 Imelda Whelehan, *Modern Feminist Thought: From the Second Wave to Post-Feminism* (New York: NYU Press, 1995)。

9. Shelley Budgeon, "Individualized Femininity and Feminist Politics of Choice," *European Journal of Women's Studies* 22, no. 3 (2015): 303–318.

10. Budgeon, "Individualized Femininity," 304.

11. Rosalind Gill, "Postfeminist Media Culture: Elements of a Sensibility," *European Journal of Cultural Studies* 10, no. 2 (2007): 147–166.

12. Gill, "Postfeminist Media Culture."

13. Hannah Gavron, *The Captive Wife: Conflicts of Housebound Mothers* (London: Routledge & Kegan Paul, 1966).

14. Catherine Hakim, *Work-Lifestyle Choices in the 21st Century: Preference Theory* (Oxford: Oxford University Press, 2000).

15. Susan Faludi, *Backlash: The Undeclared War against Women* (London: Chatto & Windus, 1992); Arielle Kuperberg and Pamela Stone, "The Media Depiction of Women Who Opt Out," *Gender & Society* 22, no. 4 (2008): 497–517; Joan Williams, *Unbending Gender: Why Family and Work Conflict and What to Do About It* (Oxford: Oxford University Press, 2000).

16. Kuperberg and Stone, "Media Depiction of Women," 512.

17. Hochschild with Machung, *Second Shift*, 59–60.

18. Betty Friedan, *The Feminine Mystique* (London: Penguin, 2000 [1963]), 29.

252

19. Sheryl Sandberg, *Lean In: Women, Work, and the Will to Lead* (London: WH Allen, 2013), 8

20. Sandberg, *Lean In*, 100.

21. Sandberg, *Lean In*, 49.

22. 对桑德伯格的批评，参见 Rosalind Gill and Shani Orgad, "The Confidence Cult(ure)," *Australian Feminist Studies* 30, no. 86 (2015): 324–344; Angela McRobbie, "Feminism, the Family and the New 'Mediated' Materialism," *New Formations* 80 (2013): 119–137; Catherine Rottenberg, "The Rise of Neoliberal Feminism,"

Cultural Studies 28, no. 3 (2014).

23. Sandberg, *Lean In*, 33.

24. Sandberg, *Lean In*, 8.

25. Katty Kay and Claire Shipman, *The Confidence Code: The Science and Art of Self-Assurance— What Women Should Know* (New York: Harper Collins, 2014), xv.

26. Anne-Marie Slaughter, *Unfinished Business: Women, Men, Work, Family* (London: Oneworld, 2015), 148.

27. Gill and Orgad, "The Confidence Cult(ure)"；Rosalind Gill and Shani Orgad, "Confidence Culture and the Remaking of Feminism," *New Formations* 91 (2017): 16–34; Shani Orgad and Rosalind Gill, *Confidence Culture* (Durham, NC: Duke University Press, forthcoming).

28. Gill and Orgad, "Confidence Culture and the Remaking of Feminism."

29. Gill and Orgad, "The Confidence Cult(ure)."

30. Quoted in David Hochman, "Amy Cuddy Takes a Stand," *New York Times*, September 21, 2014, http://www.nytimes.com/2014/09/21/fashion/amy-cuddy-takes-a-stand-TED-talk.html.

31. Ervin Goffman, *Gender Advertisements* (New York: Harper & Row, 1979).

32. Hochman, "Amy Cuddy Takes a Stand."

33. 关于剧集《傲骨贤妻》的详细分析，参见 Shani Orgad, "The Cruel Optimism of *The Good Wife*: The Fantastic Working Mother on the Fantastical Treadmill," *Television and New Media* 18, no. 2 (2017): 165–183。

34. 感谢罗莎琳德·吉尔敏锐地指出这一点。

35. Orgad, "Cruel Optimism of *The Good Wife*."

36. 谈到毕马威会计师事务所在性别多元化方面带头作用的资料，可参见诸如 Slaughter, *Unfinished Business*; Sandberg, *Lean In*; Pamela Stone, *Opting Out? Why Women Really Quit Careers and Head Home* (Berkeley: University of California Press, 2007)。

37. Klynveld Peat Marwick Goerdeler (KPMG), "KPMG Women's Leadership Study: Moving Women Forward into Leadership Roles," http://womensleadership.kpmg.us/content/dam/kpmg-womens-leadership-golf/womensleadershippressrelease/FINAL%20Womens%20Leadership%20v19.pdf, p. 12.

38. "KPMG Women's Leadership Study," 12.

39. Joanna Barsh and Lareina Yee, "Unlocking the Full Potential of Women at Work," McKinsey & Company, 2012, 17; 着重为作者所加。

40. Katie McCracken, Sergio Marquez, Caleb Kwong, Ute Stephan, Adriana Castagnoli,

and Marie Dlouhá, "Women's Entrepreneurship: Closing the Gender Gap in Access to Financial and Other Services and in Social Entrepreneurship," European Parliament: Policy Department C: Citizen's Rights and Constitutional Affairs, 2015, http://www.europarl.europa.eu/RegData/etudes/STUD/2015/519230/IPOL_STU(2015)519230_EN.pdf, p. 3.

41. Charted Management Institute, "Women in Management: The Power of Role Models," 2014, https://www.managers.org.uk/~/media/Research%20Report%20Downloads/The%20Power%20of%20Role%20Models%20-%20May%202014.pdf.

42. Heather Sarsons and Guo Xu, "Confidence Gap? Women Economists Tend to Be Less Confident than Men When Speaking Outside Their Area of Expertise," *LSE Impact Blog*, July 2, 2015, http://blogs.lse.ac.uk/impactofsocialscienc es/2015/07/02/confidence-gap-women-economists-less-confident-than-men/; 着重为作者所加。

43. Carmen Nobel, "Men Want Powerful Jobs More than Women Do," H*arvard Business School Working Knowledge*, September 23, 2015, http://hbswk.hbs.edu/ item/men-want-powerful-jobs-more-about-women-do; Ines Wichert, "What Does Success Look Like for Women Today?" *Guardian*, October 28, 2015, http://www. theguardian.com/women-in-leadership/2015/oct/28/what-does-success-look-like-for-you.

44. Wichert, "What Does Success Look Like," bullet point 5.

45. 该研究的作者之一艾莉森·伍德·布鲁克斯（Alison Wood Brooks）在一次采访中补充："有人会说本文的研究发现有反女权的倾向，但也可以说它体现了真正的女权理念……女人的目标比男人多，这很有意思。在西方文化中，这一点说明女人追求的更多。有一长串目标，并努力一个个去实现，就是赋权。希望我们的研究发现能帮助男人和女人更好地认识自己的目标和偏好，同时也尊重他人的目标和偏好。" Nobel, "Men Want Powerful Jobs More Than Women Do."

46. Susan Douglas and Meredith W. Michaels, *The Mommy Myth: The Idealization of Motherhoodand How It Has Undermined All Women* (New York: Free Press, 2004), 205.

47. 贝蒂·弗里丹 1963 年的见地如今一样适用："因为这不仅仅是每个女性的私人问题。女性的奥秘有些地方必须从国家［或社会］的层面上解决。" Friedan, *Feminine Mystique*, 296.

48. 埃玛·卡休萨克（Emma Cahusac）和席琳·坎吉（Shireen Kanji）的研究显示，她们采访的伦敦专业类和管理类工作的母亲有类似的工作模式和习惯。参见 Cahusac and Kanji, "Giving Up: How Gendered Organizational Cultures Push Mothers Out," *Gender, Work & Organization* 21, no. 1 (2013): 57–70。

49. Slaughter, *Unfinished Business*, 218, 58.

50. 好几位妇女承认，她们在就业期间和 / 或离职后也患过抑郁症。

51. Slaughter, *Unfinished Business*, 218, 58, 转引自 Joan Williams, *Unbending Gender*.

52. Shelley J. Correll, Stephen Benard, and In Paik, "Getting a Job: Is There a Motherhood Penalty?" *American Journal of Sociology* 112, no. 5 (2007): 1297–1339; Clair Cain Miller, "The Gender Pay Gap Is Largely Because of Motherhood," *New York Times*, May 13, 2017, https://www.nytimes.com/2017/05/13/upshot/the-gender-pay-gap-is-largely-because-of-motherhood.html; Slaughter, *Unfinished Business*, 54; Sean Coughlan, "'Motherhood Penalty' in Worse Pay at Work," BBC, April 11, 2017, http://www.bbc.com/news/education-39566746.

53. Joeli Brearley, "Pregnant but Screwed: The Truth about Workplace Discrimination," Guardian, May 12, 2015, http://www.theguardian.com/women-in-leadership/2015/may/12/pregnant-but-screwed-the-truth-about-workplace-discrimination.

54. Stone, *Opting Out?*

55. Slaughter, *Unfinished Business*, 15.

第2章　平衡型女人 vs. 不平等的家庭

1. Betty Friedan, *The Feminine Mystique* (London: Penguin, 2000 [1963]), 185.

2. Sean Nixon, "Cultural Intermediaries or Market Device? The Case of Advertising" in *The Cultural Intermediaries Reader*, ed. J. Smith Maguire and J. Matthews (London: Sage, 2013), 24.

3. Friedan, *Feminine Mystique*, 167.

4. Friedan, *Feminine Mystique*, 168.

5. Ernest Dichter, *The Strategy of Desire* (London/New York: Boardman, 1960), 185.

6. Friedan, *Feminine Mystique*, 169, 168; 另 见 Ernest Dichter Papers, Accession 2407 (Wilmington, DE: Hagley Museum and Library), http://findingaids.hagley.org/xtf/view?docId=ead/2407.xml.

7. Dichter, *Strategy of Desire*, 185.

8. Friedan, *Feminine Mystique*, 169.

9. Dichter, *Strategy of Desire*, 187.

10. Dichter, *Strategy of Desire*, 强调为原文所加。

11. Dichter, *Strategy of Desire*, 188.

12. Dichter, *Strategy of Desire*.

13. Cited in Friedan, *Feminine Mystique*, 169. 原始引文未给出参考书目的细节。弗里丹只提到，她得到纽约州哈得孙河畔克罗顿（Croton-on-Hudson）动机研究院的批准，见到了迪希特的研究资料。

14. Friedan, *Feminine Mystique*, 185.

15. 关于快乐主妇持久影响力的讨论，参见 Sara Ahmed, *The Promise of Happiness* (Durham, NC: Duke University Press, 2010)。

16. Arlie Hochschild with Anne Machung, *The Second Shift: Working Families and the Revolution at Home* (New York: Penguin, 1989), 1.

17. 注意 2017 年英国国家统计局数据是指 16—64 岁妇女，而 2015 年美国劳工部数据指的是 16 岁以上的妇女。Office for National Statistics, Statistical Bulletin: UK Labour Market: August 2017, http://www.ons.gov.uk/employmentandlabourmarket/peopleinwork/employmentandemployeetypes/bulletins/uklabourmarket/latest (accessed 9 July, 2018); US Department of Labor, "Women in the Labor Force", 2017, http://www.dol.gov/wb/stats/stats_data.htm (accessed 9 July, 2018); US Bureau of Labor Statistics, *Women in the Labor Force: A Databook* (Washington, DC: United States Department of Labor, 2017), https://www.bls.gov/opub/reports/womens-databook/2016/pdf/home.pdf (accessed 9 July, 2018).

18. 数据源于吉利恩·波尔为本研究对 1996—2017 年劳动力调查数据所做的分析。劳动人口指所有有偿工作者，包括职工和自营职业者。就业率仅指 16—64 岁的母亲和父亲。

19. US Bureau of Labor Statistics, "Employment Characteristics of Families Summary," 2017, https://www.bls.gov/news.release/famee.nr0.htm.

20. Hochschild with Machung, *The Second Shift*, 4.

21. Catherine Rottenberg, "The Rise of Neoliberal Feminism," *Cultural Studies* 28, no. 3 (2014): 151.

22. Sheryl Sandberg, *Lean In: Women, Work, and the Will to Lead* (London: WH Allen, 2013), 49.

255

23. 工人阶级的单身妈妈在 20 世纪八九十年代的美国流行文化中则被描绘成完全不同的形象，通常是反叛式的。例如，广受欢迎的情景喜剧《罗斯安家庭生活》就讲述了一位工人阶级母亲别无选择，只能一边工作一边抚养孩子，"日复一日地沉湎于当母亲的浪漫幻想中"(Susan Douglas and Meredith W. Michaels, *The Mommy Myth: The Idealization of Motherhood and How It Has Undermined All Women*, New York: Free Press, 2004, 206)。类似地，情景喜剧《墨菲·布朗》讲述了一位革命性职业妇女的故事，她决定生下私生子并独自养大，同时重回以前的调查记者和新闻主播工作。该剧 1992 年受到了副总统丹·奎尔（Dan Quayle）的著名批评，他说墨菲·布朗这个角色"通过一个人养孩子，还说不过是另一种'生活方式的选择'，嘲讽了父亲的重要性"。参见 Jacey Fortin, "That Time 'Murphy Brown' and Dan Quayle Topped the Front Page," *New York Times*, January 26, 2018, https://www.nytimes.com/2018/01/26/arts/television/murphy-

brown-dan-quayle.html。

24. Helena Morrissey, *A Good Time to Be a Girl: Don't Lean In, Change the System* (London: William Collins, 2018).

25. Rottenberg, "Rise of Neoliberal Feminism," 156. 另见 Catherine Rottenberg, "Happiness and the Liberal Imagination: How Superwoman Became Balanced," *Feminist Studies* 40, no. 1 (2014): 144–168。

26. Rottenberg, "Happiness and the Liberal Imagination," 156.

27. Abigail Gregory and Susan Milner, "Editorial: Work–Life Balance: A Matter of Choice?" *Gender, Work & Organization* 16, no. 1 (2009): 1–13.

28. Gregory and Milner, "Work-Life Balance," 4.

29. Gregory and Milner, "Work-Life Balance," 2.

30. Kathryn A. Cady, "Flexible Labor: A Feminist Response to Late Twentieth-century Capitalism?" *Feminist Media Studies* 13, no. 3 (2013): 395–414; Melissa Gregg, "The Normalisation of Flexible Female Labour in the Information Economy," *Feminist Media Studies* 8, no. 3 (2008): 285–299.

31. Gregg, "The Normalisation," 287.

32. "Interview: Rebecca Asher, Producer and Writer," *The Scotsman*, April 3, 2011, http:// www.scotsman.com/lifestyle/culture/books/interview-rebecca-asher-producer-and-writer-1-1572297; 另见 Rebecca Asher, *Shattered: Modern Motherhood and the Illusion of Equality* (New York: Vintage, 2011), 6。

33. Gregg, "The Normalisation," 287.

34. Gregory and Milner, "Work-Life Balance."

35. Office for National Statistics, "Annual Survey of Hours and Earnings: 2016 Provisional Results, Labour Force Survey, Quarter 2 (April to June) 2016, Table EMP04, https://www.ons.gov.uk/employmentandlabourmarket/peopleinwork/ earningsandworkinghours/bulletins/annualsurveyofhoursandearnings/2016provisio nalresults.

36. Amna Silim and Alfie Stirling, *Women and Flexible Working: Improving Female Employment Outcomes in Europe*, Institute for Public Policy Research, 2014, http://www.ippr.org/files/publications/pdf/women-and-flexible-working_ Dec2014.pdf.

37. US Bureau of Labor Statistics, "Labor Force Statistics from the Current Population Survey," https://www.bls.gov/web/empsit/cpseea06.htm; figures are for July 2017.

38. Hochschild with Machung, *The Second Shift*, 1.

39. 例如，这位博主就列出了很多帮职场妈妈更好地平衡工作与生活的应用软件：Cindy Goodman, "Working Mothers Share Best Apps for Work Life Balance,"

256

Miami Herald, July 5, 2014, http://miamiherald.typepad.com/worklife balancingact/2014/05/working-mothers-share-best-apps-for-work-life-balance.html; 另见 Elena Prokopets, "14 Smart Apps to Improve Your Work/Life Balance," Lifehack, http://www.lifehack.org/275194/14-smart-apps-improve-your-worklife-balance (accessed June 13, 2018)。

40. Kelli Orrella, "6 Top Apps to Help Make Work Life Balance a Reality (Not Just a Fantasy)," *Working Mother*, January 27, 2016, http://www.workingmother.com/6-top-apps-to-help-make-work-life-balance-reality-not-just-fantasy.

41. Shani Orgad, "The Cruel Optimism of *The Good Wife*: The Fantastic Working Mother on the Fantastical Treadmill," *Television and New Media* 18, no. 2 (2017): 165-183.

42. Orgad, "Cruel Optimism."

43. Sandberg, *Lean In*, 113.

44. 这类说法基本上都建立在异性恋标准上，因此这里女人的伴侣指男人。

45. Jonathan Scourfield and Mark Drakeford, "New Labour and the 'Problem of Men,'" *Critical Social Policy* 22, no. 4 (2002): 619–640.

46. Ad Council, US Department of Health and Human Services, and National Responsible Fatherhood Clearinghouse, "A Message to Fathers across America: Take Time to Be a Dad Today," *PR Newswire*, June 18, 2015, http://www.multivu. com/players/English/7552651-ad-council-fatherhood-psa/; Gaby Hinsliff, "I Don't Know How He Does It! Meet the New Superdads," *Guardian*, July 18, 2015, http://www.theguardian.com/lifeandstyle/2015/jul/18/do-it-all-dads-men-career-family-friends; Jane Levere, "Ads Urge Fathers to 'Take Time' to Be a Dad," *New York Times*, October 18, 2010, http://www.nytimes.com/2010/10/19/business/media/19adnewsletter1.html.

47. 碧浪洗衣粉（Ariel）2016 年在印度发布的一则广告中——该广告因谢丽尔·桑德伯格而得到疯狂点赞和转发——一位父亲为自己没给女儿树立分担家务的好爸爸榜样而向女儿道歉。因为他看到作为年轻职业妇女的女儿，在婚姻关系中重现了类似的家庭不平等——女婿完全不分担家务。然而，即便是在这则较为进步地审视了家务分工不平等问题的广告中，那名男士也只是向女儿道歉，而不是妻子。此外，在"老式"的"东方"家庭背景下审视这一问题,貌似"稳妥"一些。尚未出现以美国或英国白人中产阶级家庭为背景的类似广告。Sophie Haslett, "Share the Load, Men!" *Daily Mail*, March 2, 2016, http://www.dailymail. co.uk/femail/article-3472171/Ariel-India-advert-encourgaing-men-Share-Load-goes-viral.html.

48. Office for National Statistics, "Women Shoulder the Responsibility of 'Unpaid Work,'" November 10, 2016, https://www.ons.gov.uk/employmentandlabourmarket/

peopleinwork/earningsandworkinghours/articles/womenshouldertheresponsibilityof
unpaid work/2016-11-10.

49. US Bureau of Labor Statistics, "American Time Use Survey: Household Activities,"
2016, https://www.bls.gov/tus/charts/household.htm.

50. 很显然，这类话语都建立在主流的异性恋规范框架上。

51. Anne-Marie Slaughter, *Unfinished Business: Women, Men, Work, Family* (London:
Oneworld, 2015), 161, 169.

52. Slaughter, *Unfinished Business*, 155.

53. Catherine Hakim, *Work-Lifestyle Choices in the 21st Century: Preference Theory*
(Oxford: Oxford University Press, 2000).

54. Rottenberg, "The Rise of Neoliberal Feminism," 152–153; 强调为原文所加。

55. *The Modern Families Index 2018*, Working Families, 5, https://www.workingfamilies.
org.uk/publications/mfindex2018/.

56. 例如斯劳特指出，即使公司支持弹性工作制，员工往往也不会去申请，因为在
职场文化和规范的约束下，"申请弹性办公以调和工作与生活，无异于宣称自己
没有同事那么在乎工作。"——好几位受访者都证实了这一点，尤其是那些在企
业的法务和财务部门工作的。Slaughter, *Unfinished Business*, 62.

57. 2018 年一项英国在职父母的调查发现，家长们认为、同时也发现母亲离职或请
假去处理育儿问题比父亲更合适，而且他们相信，自己的雇主也是这样期望的。
Modern Families Index 2018, 19.

58. Angela McRobbie, *The Aftermath of Feminism: Gender, Culture and Social Change*
(London: Sage, 2009), 80-81.

59. 英国和美国的公共政策都深化了妇女为儿童照护主力的观念。Sandberg, *Lean In*,
107.

60. 例如，Heather L. Hundley and Sara Hayden, *Mediated Moms: Contemporary Challenges to
the Motherhood Myth* (New York: Peter Lang, 2016). 米歇尔·福柯正常化的概念
就尤为有力地解释了通过规定何为正常、何为异常来进行管制的力量。正如罗
莎琳德·吉尔在《性别与传媒》(*Gender and the Media*) 中指出的："这一步步
的正常化，影响到我们私人生活的方方面面。" Gill, *Gender and the Media*, 64.

61. Sarah Macharia, *Who Makes the News? Global Media Monitoring Project 2015*,
World Association for Christian Communication, http://cdn.agilitycms.com/who-
makes-the-news/Imported/reports_2015/global/gmmp_global_report_en.pdf, p. 8.

62. Macharia, *Who Makes the News?* 9.

63. Cristal Williams Chancellor, Diahann Hill, Katti Gray, Cindy Royal, and Barbara
Findlen,*The Status of Women in the US Media 2017*, Women's Media Center,
http://wmc.3cdn.net/10c550d19ef9f3688f_mlbres2jd.pdf.

64. Cécile Guillaume and Sophie Pochic, "What Would You Sacrifice? Access to Top Man-agement and the Work–Life Balance," *Gender, Work & Organization* 16, no. 1 (2009): 14-36.

65. Lauren G. Berlant, *Cruel Optimism* (Durham, NC/London: Duke University Press, 2011).

66. Berlant, *Cruel Optimism*, 166.

第3章　甜心妈咪 vs. 家庭CEO

1. 罗伯托只称"我妻子"而不呼其名，呼应了戈夫曼的观点："只用某人的妻子来称呼一个女人，是把她放在了一个类别里。虽然那个类别眼下只指她一个人，但总归是个群体，而她只是其中一员……类别的核心在于，我们对于她作为'妻子'群体一员的行为和本性，有一系列社会标准的期望。" Ervin Goffman, *Stigma: Notes on the Management of Spoiled Identity* (London: Penguin, 1990 [1963]), 70.

2. Wednesday Martin, "Poor Little Rich Women," *New York Times*, May 16, 2015, http:// www.nytimes.com/2015/05/17/opinion/sunday/poor-little-rich-women.html.

3. Susan Faludi, *Backlash: The Undeclared War against Women* (London: Chatto & Windus, 1992), 70–71. 关于维多利亚时代对妇女当全职太太和妈妈的美化，参见 Eli Zaretsky, *Capitalism, the Family and Personal Life* (London: Pluto, 1976)。

4. Faludi, *Backlash*, 106; 讨论施瓦茨文章发表后的媒体热潮，以及《三十而立》(*Thirtysomething*) 等热门电视剧对全职妈妈的描绘，另见 Susan Douglas and Meredith W. Michaels, *The Mommy Myth: The Idealization of Motherhood and How It Has Undermined All Women* (New York: Free Press, 2004)。

5. Felice Schwartz, "Management Women and the New Facts of Life," *Harvard Business Review* (January-February 1989), https://hbr.org/1989/01/management-women-and-the-new-facts-of-life.

6. Douglas and Michaels, *Mommy Myth*, 207; Kathryn A. Cady, "Flexible Labor: A Femi-nist Response to Late Twentieth-century Capitalism?" *Feminist Media* 13, no. 3 (2013): 395–414.

7. Catherine Hakim *Work-Lifestyle Choices in the 21st Century: Preference Theory*, (Oxford: Oxford University Press, 2000).

8. Hakim, *Work-Lifestyle Choice*, 161. 对哈基姆理论的详细批判，参见 Mary Leahy and James Doughney, "Women, Work and Preference Formation: A Critique of Catherine Hakim's Preference Theory," *Journal of Business Systems, Governance and Ethics* 1, no. 1 (2014): 37–48; Patricia Lewis and Ruth Simpson, "Hakim Revisited: Preference, Choice and the Postfeminist Gender Regime," *Gender, Work & Organization* 24, no. 2 (2017): 115–133; Susan McRae, "Constraints and Choices

in Mothers' Employment Careers: A Consideration of Hakim's Preference Theory." *British Journal of Sociology* 54, no. 3 (2003): 317–338。

9. Lisa Belkin, "The Opt-Out Revolution," *New York Times Magazine*, October 26, 2003, 42–47, http://www.nytimes.com/2003/10/26/magazine/the-opt-out-revolution.html.

10. Pamela Stone, *Opting Out? Why Women Really Quit Careers and Head Home* (Berkeley: University of California Press, 2007), 4.

11. Arielle Kuperberg and Pamela Stone, "The Media Depiction of Women Who Opt Out," *Gender & Society* 22, no. 4 (2008): 503.

12. Kuperberg and Stone, "Media Depiction," 506.

13. Kuperberg and Stone, "Media Depiction," 512.

14. Daisy Sands, "The Impact of Austerity on Women," (London: Fawcett Society, 2012). 2017 年英国下议院图书馆（UK House of Commons Library）实施的一项研究显示，自 2010 年来，妇女承担了 86% 的财政紧缩负担。参见 Heather Stewart, "Women Bearing 86 percent of Austerity Burden, Commons Figures Reveal," *Guardian*, March 9, 2017。

15. Shani Orgad and Sara De Benedictis, "The 'Stay-At-Home' Mother, Postfeminism and Neoliberalism: Content Analysis of UK News Coverage," *European Journal of Communication* 30, no. 4 (2015): 418–436.

16. Orgad and De Benedictis, "The 'Stay-At-Home' Mother."

17. 参见 Peter Dominiczak, "We Have Done Enough for 'Admirable' Stay-at-Home Parents, Insists Clegg," *Daily Telegraph*, March 29, 2013.

18. 例如，参见 Kim Akass, "Motherhood and Myth-Making: Dispatches from the Frontline of the US Mommy Wars," *Feminist Media Studies* 12, no. 1 (2012): 137–141. 阿卡斯认为，经济衰退时期英国和美国的新闻报道和大众媒体再现推动了性别歧视的反弹，恢复了旧式男人养家糊口 / 女人照顾家小的家庭模式，还强调女人是"自愿回归'传统'家庭角色的"。另见 Kim Akass, "Gendered Politics of a Global Recession: A News Media Analysis," *Studies in the Maternal* 4, no. 2 (2012): 2。

19. Diane Negra and Yvonne Tasker, *Gendering the Recession: Media and Culture in an Age of Austerity* (Durham, NC: Duke University Press, 2014). 另见 Rebecca Bramall, *The Cultural Politics of Austerity: Past and Present in Austere Times* (Hampshire, UK: Palgrave Macmillan Memory Studies, 2013) 中对"怀念艰苦岁月"（austerity nostalgia）的讨论。

20. 关于把工人阶级母亲悲惨化的论述，参见 Angela McRobbie, "Feminism, the Family and the New 'Mediated' Maternalism," *New Formations* 80 (2013): 119–137; Jessica Ringrose and Valerie Walkerdine, "Regulating the Abject," *Feminist Media Studies* 8, no. 3 (2008): 227–246。

21. Orgad and De Benedictis, "The 'Stay-at-Home Mother.' "

22. Kim Allen and Yvette Taylor, "Placing Parenting, Locating Unrest: Failed Femininities, Troubled Mothers and Rioting Subjects," *Studies in the Maternal* 4, no. 2 (2012): 1–25; Carolyn Bronstein and Linda Steiner, "Weighing Mothers Down: Diets, Daughters, and Maternal Obligation," *Feminist Media Studies* 15, no. 4 (2015): 608–625; Douglas and Michaels, *Mommy Myth*; McRobbie, "Feminism, the Family," 135.

23. Jo Littler, "The Rise of the 'Yummy Mummy' : Popular Conservatism and the Neoliberal Maternal in Contemporary British Culture," *Communication, Culture & Critique* 6, no. 2 (2013): 233.

24. Steve Doughty, "Working Mothers Risk Damaging Their Child's Prospects," *Daily Mail*, http://www.dailymail.co.uk/news/article-30342/Working-mothers-risk-damaging-childs-prospects.html (accessed June 13, 2018).

25. Anne-Marie Slaughter, *Unfinished Business: Women, Men, Work, Family* (London: Oneworld, 2015), xii.

26. McRobbie, "Feminism, the Family," 121.

27. Donald J. Trump, "Remarks at Aston Community Center in Aston, Pennsylvania," September 13, 2016.

28. Ivanka Trump, Twitter, September 23, 2016, https://twitter.com/ivankatrump/status/779304354817773569.

29. David Cameron, "Prime Minister's Speech on Life Chances," January 11, 2016, https:// www.gov.uk/government/speeches/prime-ministers-speech-on-life-chances.

30. Paula Cocozza, "Is David Cameron Right to Praise the 'Tiger Mother' ?" *Guardian*, January 12, 2016, http://www.theguardian.com/lifeandstyle/2016/jan/12/david-cameron-amy-chua-battle-hymn-of-the-tiger-mother-parenting-abuse.

31. Douglas and Michaels, *The Mommy Myth*; Michael J. Lee and Leigh Moscowitz, "The 'Rich Bitch' : Class and Gender on the *Real Housewives of New York City*," *Feminist Media Studies* 13, no. 1 (2013): 64–82; Littler, "Rise of the 'Yummy Mummy'" ; Shani Orgad, "Incongruous Encounters: Media Representations and Lived Experiences of Stay-at-Home Mothers," *Feminist Media Studies* 16, no. 3 (2016): 478–494; Mary Vavrus, "Opting Out Moms in the News," *Feminist Media Studies* 7, no. 1 (2007): 47–63.

32. 例如，Spencer Thompson and Dalia Ben-Galim, *Childmind the Gap: Reforming Childcare to Support Mothers into Work* (London: Institute for Public Policy Research, 2014) 中引用的研究；另见 Lisa Belkin, "(Yet Another) Study Finds Working Moms Are Happier and Healthier," *Huffington Post*, October 22, 2012, http://

260

www.huffingtonpost.com/lisa-belkin/working-mothers-happier_b_1823347.html; Stephanie Coontz, "The Triumph of the Working Mother," *New York Times*, June 1, 2013, http://www.nytimes.com/2013/06/02/opinion/sunday/coontz-the-triumph-of-the-working-mother.html; 与弗里丹对 20 世纪 50 年代惊人数字的探讨形成反差，当时大量儿童由于母亲要工作而无人照料、饱受排挤；Friedan, *Feminine Mystique*, 156。

33. 梗图是用户发布的有趣媒体作品。

34. "I Have So Much Housework…" digital image,https://uk.pinterest.com/pin/14566398778723544; "Taking Naps…" digital image, https://uk.pinterest.com/pin/512636370061977284/.

35. Lee and Moscowitz, "The 'Rich Bitch.'"

36. Helen Fielding, *Bridget Jones: Mad About the Boy* (New York: Knopf, 2013), 4–5.

37. Fielding, *Mad About the Boy*, 354.

38. 对于《BJ 单身日记》(*Bridget Jones*) 中全职妈妈形象的详细分析，参见 Sara De Benedictis and Shani Orgad, "The Escalating Price of Motherhood: Aesthetic Labour in Popular Representations of 'Stay-at-Home' Mothers," in *Aesthetic Labour: Rethinking Beauty Politics in Neoliberalism*, ed. A. Elias, R. Gill, and C. Scharff (London: Palgrave Macmillan, 2017), 101–116。

39. 奥巴马政府就一贯推行具体的政策，为职场妇女，尤其是母亲提供针对性的支持。

40. Barack Obama, "Remarks by the President on Women and the Economy," October 31, 2014, https://obamawhitehouse.archives.gov/the-press-office/2014/10/31/remarks-president-women-and-economy-providence-ri.

41. Department of Education and Employment 1998, cited in Gillian Paull, "Can Government Intervention in Childcare Be Justified?" *Economic Affairs* 34, no. 1 (2014): 18.

42. Jonathan Scourfield and Mark Drakeford, "New Labour and the 'Problem of Men,'" *Critical Social Policy* 22, no. 4 (2002): 619–640.

43. Jill Rubery and Anthony Rafferty, "Gender, Recession and Austerity in the UK," in *Women and Austerity: The Economic Crisis and the Future for Gender Equality*, ed. M. Karamessini and J. Rubery (London: Routledge, Taylor & Francis, 2014), 123–143.

44. Emily Gosden and Steven Swinford, "David Cameron's 30-Hour Free Childcare Plan 'Underfunded,'" *Telegraph*, June 1, 2015, http://www.telegraph.co.uk/news/politics/conservative/11642734/David-Camerons-30-hour-free-childcare-plan-underfunded.html.

261   45. Philip Hammond and Theresa May, "Spring Budget 2017: Support for Women

Unveiled by Chancellor," March 8, 2017, https://www.gov.uk/government/news/spring-budget-2017-support-for-women-unveiled-by-chancellor.

46. Katherine Rake, "Gender and New Labour's Social Policies," *Journal of Social Policy* 30, no. 2 (2001): 209–231.

47. Steven Swinford, "George Osborn Accused of 'Patronising' Stay-at-Home Mothers," *Telegraph*, August 5, 2013, http://www.telegraph.co.uk/news/politics/10223383/Fury-over-George-Osbornes-snub-to-stay-at-home-mums.html, emphasis added.

48. Peter Dominiczak and Rowena Mason, "David Cameron's 'Slur' on Stay-at-Home Mothers," *Telegraph*, March 19, 2013, http://www.telegraph.co.uk/news/politics/9941492/David-Camerons-slur-on-stay-at-home-mothers.html.

49. Dominiczak and Mason, "David Cameron's 'Slur.' "

50. 例如，参见 Dominiczak and Mason, "David Cameron's 'Slur' " ; James Mildred, "PM Has Devalued Stay-at-Home Mothers," *Christian Action Research & Education*, December 9, 2015, http://www.care.org.uk/news/latest-news/pm-has-devalued-stay-home-mothers; Laura Perrins, "The Government Is 'Discriminating' Against Stay-at-Home Mothers," *Telegraph*, April 17, 2013, http://www.telegraph.co.uk/women/mother-tongue/10001069/Laura-Perrins-The-Government-is-discriminating-against-stay-at-home-mothers.html。

51. Nancy Fraser, "Contradictions of Capital and Care," *New Left Review* (July-August 2016): 99–117.

52. McRobbie, "Feminism, the Family," 121.

53. 伦敦的邦德街以奢侈品商店闻名于世，出售独家品牌、时尚设计、奢侈品、华贵珠宝、艺术品和古董等。

54. 这里反驳了认为退出职场的妇女都是"以家庭为中心"的看法，也呼应了帕梅拉·斯通对美国的研究发现，她证实妇女退出职场不是因为怀念 20 世纪 50 年代那种主妇角色。Stone, *Opting Out?*

55. 2015 年，英国保守党政府推出了共享产假制度，让父亲和母亲能在孩子出生的第一年共同照顾幼儿。

56. Judy Wajcman, *Pressed for Time: The Acceleration of Life in Digital Capitalism* (Chicago: University of Chicago Press, 2016).

57. Friedan, *Feminine Mystique*, 201.

58. Friedan, *Feminine Mystique*, 196.

59. Judith Warner, *Perfect Madness: Motherhood in the Age of Anxiety* (London: Vermilion, 2006).

60. 当然，这是对弗里丹提出的"职业：家庭主妇"（'Occupation: Housewife,' 27）

的刻意戏仿。

61. "Interview: Rebecca Asher, Producer and Writer," *The Scotsman*, April 3, 2011, http:// www.scotsman.com/lifestyle/culture/books/interview-rebecca-asher-producer-and-writer-1-1572297; 另见 Rebecca Asher, *Shattered: Modern Motherhood and the Illusion of Equality* (New York: Vintage, 2011), 6; 帕梅拉·斯通对她调查的妇女提出了类似的看法:"妇女们往往忽略了最普遍的性别规范的影响,没有意识到它们正在自己的家中上演。" Stone, *Opting Out?* 71.

62. Ann Crittenden, *The Price of Motherhood: Why the Most Important Job in the World Is Still the Least Valued* (New York: Picador, 2010); Douglas and Michaels, *Mommy Myth*; Heather L. Hundley and Sara Hayden, *Mediated Moms: Contemporary Challenges to the Motherhood Myth* (New York: Peter Lang, 2016).

63. Friedan, *Feminine Mystique*.

64. Friedan, *Feminine Mystique*.

65. 伏尾区是伦敦北部一个中产阶级社区。

66. Annette Lareau, *Unequal Childhoods: Class, Race, and Family Life*, 2nd ed., (Berkeley: University of California Press, 2011).

67. Melissa Milkie and Catharine Warner, "Status Safeguarding: Mothers' Work to Secure Children's Place in the Status Hierarchy," in *Intensive Mothering: The Cultural Contradic-tions of Modern Motherhood*, ed. L. Ennis (Bradford, ON: Demeter Press), 66–85. 另见 Frank Furedi, *Paranoid Parenting: Why Ignoring the Experts May Be Best for Your Child.* 3rd ed. (London: Continuum, 2008); Sharon Hays, *The Cultural Contradictions of Motherhood* (New Haven, CT: Yale University Press, 1996); Lareau, *Unequal Childhoods*; Warner, *Perfect Madness*。

68. George Monbiot, "Aspirational Parents Condemn Their Children to a Desperate, Joyless Life," *Guardian*, June 9, 2015. http://www.theguardian.com/commentisfree/2015/jun/09/aspirational-parents-children-elite.

69. Larry Elliott, "Each Generation Should Be Better Off than Their Parents? Think Again," *Guardian*, February 14, 2016, http://www.theguardian.com/business/2016/feb/14/economics-viewpoint-baby-boomers-generation-x-generation-rent-gig-economy; John H. Goldthorpe, "Social Class Mobility In Modern Britain: Changing Structure, Constant Process," *Journal of the British Academy* 4, (2016): 89-111.

70. 从这点来说,它仍然延续了 20 世纪 50 年代的女性奥秘,鼓励女性放弃自己的梦想和教育,活在孩子身上:中产妈妈"占据"了孩子的人格。Friedan, *Feminine Mystique*, 232.

71. Arlie Hochschild with Anne Machung, *The Second Shift: Working Families and the Revolution at Home* (New York: Penguin, 1989), 93.

72. Hays, *Cultural Contradictions of Motherhood*.

262

73. 感谢凯瑟琳·罗滕贝格发现这一点。另见 Catherine Rottenberg,*The Rise of Neoliberal Feminism* (Oxford: Oxford University Press, 2018)。

第4章　偏离常规的母亲 vs. 被禁锢的妻子

1. Tiziana Barghini, "Educated Women Quit Work as Spouses Earn More," *Reuters*, March 8, 2012, http://www.reuters.com/article/us-economy-women-idUSBRE8270AC20120308.

2. Arlie Hochschild with Anne Machung, *The Second Shift: Working Families and the Revolution at Home* (New York: Penguin, 1989), 32.

3. Hochschild with Machung, *Second Shift*, 32–33.

4. Heather Addison, Mary Kate Goodwin-Kelly, and Elaine Roth, *Motherhood Misconceived: Representing the Maternal in US Films* (Albany: State University of New York Press, 2009), 5.

5. Imogen Tyler, "Pregnant Beauty: Maternal Femininities under Neoliberalism" in *New Femininities: Postfeminism, Neoliberalism and Subjectivity*, ed. R. Gill and C. Scharff (Hamp-shire, UK/New York: Palgrave MacMillan, 2011), 22.

6. Addison, Goodwin-Kelly, and Roth, *Motherhood Misconceived*; Melissa Gregg, "The Normalisation of Flexible Female Labour in the Information Economy," *Feminist Media Studies* 8, no. 3 (2008): 285–299; Heather L. Hundley and Sara Hayden, eds., *Mediated Moms: Contemporary Challenges to the Motherhood Myth* (New York: Peter Lang, 2016); Jo Littler, "The Rise of the 'Yummy Mummy': Popular Conservatism and the Neoliberal Maternal in Contemporary British Culture," *Communication, Culture & Critique* 6, no. 2 (2013): 227–243; Robyn Longhurst, "YouTube: A New Space for Birth?" *Feminist Review* 93, no. 1 (2009): 46–63; Angela McRobbie, "Feminism, the Family and the New 'Mediated' Maternalism," *New Formations* 80 (2013): 119–137; Shani Orgad and Sara De Benedictis, "The 'Stay-at-Home' Mother, Postfeminism and Neoliberalism: Content Analysis of UK News Coverage," *European Journal of Communication* 30, no. 4 (2015): 418–436; Valerie Palmer-Mehta and Sherianne Shuler, "'Devil Mammas' of Social Media: Resistant Maternal Discourses in Sanctimommy" in *Mediated Moms*, ed. Hundley and Hayden, 221–245; Pamela Thoma, "What Julia Knew: Domestic Labor in the Recession-Era Chick Flick," in *Gendering the Recession: Media and Culture in an Age of Austerity*, ed. D. Negra and Y. Tasker (Durham, NC/London: Duke University Press, 2014), 107–135; Suzanna D. Walters and Laura Harrison, "Not Ready to Make Nice: Aberrant Mothers in Contemporary Culture," *Feminist Media Studies* 14, no. 1 (2014): 38–55.

7. Rebecca Collins, "Content Analysis of Gender Roles in Media: Where Are We Now

263

and Where Should We Go?" *Sex Roles* 64, no. 3 (2011): 290–298; Iñaki Garcia-Blanco and Karin Wahl-Jorgensen, "The Discursive Construction of Women Politicians in the European Press," *Feminist Media Studies* 12, no. 3 (2012): 422–442; Erving Goffman, *Gender Advertisements* (New York: Harper & Row, 1979); Gaye Tuchman, "The Symbolic Annihilation of Women in the Media," in *Hearth and Home: Images of Women in the Mass Media*, ed. G. Tuchman, A. Daniels, and J. Benet (Oxford: Oxford University Press, 1978), 3–38 .

8. Arielle Kuperberg and Pamela Stone, "The Media Depiction of Women Who Opt Out," *Gender & Society* 22, no. 4 (2008): 497–517; Joan Williams, *Unbending Gender: Why Family and Work Conflict and What to Do About It* (Oxford/ New York: Oxford University Press, 2000).

9. Orgad and De Benedictis, "The 'Stay-at-Home' Mother."

10. Susan Douglas and Meredith W. Michaels, *The Mommy Myth: The Idealization of Motherhood and How It Has Undermined All Women* (New York: Free Press, 2004).

11. 萨拉·德·贝内迪克蒂斯在分析英国"紧缩期育儿"的政治言论时，揭示了2010—2015年联合政府如何借助撒切尔式病态化单亲家长的做法，继新工党之后继续强调单亲家长找工作的个体责任，将单亲妈妈塑造为"野妈妈"——不受控制、不负责任、专搞破坏、"吸"社会的血，而且管教不了自己的孩子。Sara De Benedictis, "'Feral' Parents: Austerity Parenting under Neoliberalism," *Studies in the Maternal* 4, no. 2 (2012): 1–21.

12. 例如埃米莉·哈默对英国竞选报道中政客妻子形象的分析。Emily Harmer, "Public to Private and Back Again: The Role of Politicians' Wives in British Election Campaign Coverage," *Feminist Media Studies* 16, no. 5 (2015): 1–17.

13. Rachel Thomson, Mary Jane Kehily, Lucy Hadfield, and Sue Sharpe, *Making Modern Mothers* (Bristol, UK: Policy, 2011), 6.

14. 例如，参见 Palmer-Mehta and Shuler, "'Devil Mammas.'"

15. Alicia Blum-Ross and Sonia Livingstone, "Sharenting: Parent Blogging and the Boundaries of the Digital Self," *Popular Communication* 15, no. 2 (2017): 110–125.

16. "母亲挑战"借用了 ALS 冰桶挑战（ALS Ice Bucket Challenge）、"素颜自拍助癌研究"运动（No Make-Up Selfie for Cancer Research）和挣脱胶带挑战（Duct Tape Challenge）等疯狂挑战的形式，邀请妇女们通过发布一系列表现"当妈快乐"的照片，并附上她们心目中其他"伟大妈妈"的姓名标签来参与。但和其他明显目标更有价值的疯狂挑战——例如为慈善机构筹款或加强疾病意识——不同，"母亲挑战"旨在让妇女们秀出当母亲的"自然"成功，并点名表扬其他她们认为同样称职的妈妈。毫不意外，Facebook 上该项挑战被很多人批评为是对幸福自负又傲慢的炫耀，其有害影响在于将长期以来对母职的盲目崇拜和过度美誉正当化，并加深了这一误导。例如，Alice Judge-Talbot, "Why Are Women Falling for the Facebook Motherhood Challenge?" *Telegraph*, February 4, 2016, http://www.telegraph.co.uk/women/family/why-are-women-falling-for-the-facebook-motherhood-challenge/; Flic Everett, "Facebook's Motherhood Challenge Makes Me Want to Punch My Computer Screen," *Guardian*, February 2, 2016, https://www.theguardian.com/commentisfree/2016/feb/02/facebook-motherhood-challenge. "母亲挑战"不仅增加了粉饰、颂扬、美化母职的文化压力，而且加大了对妈妈们的监察力度，给她们贴上"好""坏"的标签，加强了她们迫于压力而实施的自我监督——时时用拔高了的标准来评判自己。Angela McRobbie, "Notes on the Perfect," *Australian Feminist Studies* 30, no. 83 (2015): 3–20. 类似地，一项关于伦敦妈妈聚会应用软件 Mush 的调查发现，80% 以上的受访妈妈说，那些在 Instagram 和 Facebook 等平台上发布"完美"生活照的"妈咪博主们""增加了当完美妈妈的压力"，令她们非常焦虑。Mark Blunden, "'Perfect' Lives of Instamums Are Making London Mothers Feel Inadequate," *Evening Standard*, February 16, 2017, http://www.standard.co.uk/lifestyle/london-life/perfect-lives-of-instamums-are-making-london-mothers-feel-inadaquate-a3468426.html.

17. Richard Hayton, "Conservative Party Modernisation and David Cameron's Politics of the Family," *Political Quarterly* 81, no. 4 (2010): 497.

18. David Cameron, "David Cameron on Families," August 18, 2014, https://www.gov.uk/government/speeches/david-cameron-on-families.

19. 卡梅伦首相在 2016 年"人生机遇"的演讲中，谈到所有家长在养育子女方面都需要帮助，并介绍了显著加大育儿辅助力度的政府计划，包括推行育儿课程。David Cameron, "Prime Minister's Speech on Life Chances," January 11, 2016, https://www.gov.uk/government/speeches/prime-ministers-speech-on-life-chances.

20. Hayton, "Conservative Party Modernisation," 492.

21. 本书撰写之际，英国政府尚未发布共享产假利用率的官方数据。据小规模调查估计，利用率为 1%—3%。https://www.ft.com/content/2c4e539c-9a0d-11e7-a652-cde3f882dd7b.

22. Amy Chua, *Battle Hymn of the Tiger Mother* (London: Penguin, 2011).

23. 理查德·海顿（Richard Hayton）指出，首相卡梅伦"把［传统］家庭放在政策议程和公共形象建设的核心位置"，曾多次重申家庭是补救"破败的英国社会"、重建社会结构的根本机制。在一些核心方面，卡梅伦（和特雷莎·梅）的政策和言辞明显沿袭了其前任邓肯·史密斯（Duncan Smith）和迈克尔·霍华德（Michael Howard）的做法。（史密斯和霍华德均为英国保守党领袖，卡梅伦于 2005 年接任。——译者注）Hayton, "Conservative Party Modernisation," 497.

24. Gillian Pascall, "Women and the Family in the British Welfare State: The Thatcher/Major Legacy," *Social Policy & Administration* 31, no. 3 (1997): 294.

265

25. Pascall, "Women and the Family," 295.

26. Thomson et al., *Making Modern Mothers*.

27. Thomson et al., *Making Modern Mothers*. 另见 De Benedictis, "'Feral' Parents."。

28. "Interview: Rebecca Asher, producer and writer," April 3, 2011, http://www.scotsman.com/lifestyle/culture/books/interview-rebecca-asher-producer-and-writer-1-1572297; 另见 Rebecca Asher, *Shattered: Modern Motherhood and the Illusion of Equality* (New York: Vintage, 2011), 90。

29. 2013 年，杰奎琳·斯科特（Jacqueline Scott）和伊丽莎白·克利里（Elizabeth Clery）为英国国家社会研究中心（NatCen）所做的英国社会态度调查显示，认为主妇和职工一样获得自我实现的人数比例变化不大（从 1989 年的 41% 增长到 2012 年的 45%）。由此推测，关于妇女对现实中承担照护角色的看法和经历，公众认知的改变更加有限。Scott and Clery, "Gender Roles: An Incomplete Revolution?" NatCen Social Research, 2013, http://www.bsa.natcen.ac.uk/media/38457/bsa30_gender_roles_final.pdf. 2014 年，舆观调查网（YouGov）为庆祝国际妇女节而做的一项国际综合调查发现，全世界妇女中绝大多数都把生儿育女排在事业追求前面，虽然也有不少人，尤其是年轻妇女，希望两者兼得。英国妇女中约五分之四认为生儿育女比事业追求更重要，而美国妇女则有 71% 赞同"母职优先"的观点。William Jordan, "Most Women Put Motherhood Ahead of Career," YouGov.UK, March 7, 2014, https://yougov.co.uk/news/2014/03/07/mult-country-survey-most-women-put-motherhood-ahea/.

30. Thomson et al., *Making Modern Mothers*, 4, 5.

31. Douglas and Michaels, *The Mommy Myth*, 4; 关于当代新的媒体再现的讨论，参见 Rebecca Feasey, *From Happy Homemaker to Desperate Housewives: Motherhood and Popular Television* (London: Anthem, 2012); Hundley and Hayden, *Mediated Moms*; Emily Nussbaum, "Shedding Her Skin: *The Good Wife*'s Thrilling Transformation," *New Yorker*, October 13, 2014, http://www.newyorker.com/magazine/2014/10/13/shedding-skin; Kathleen Rowe Karlyn, "Feminist Dialectics and Unrepentant Mothers: What I Didn't Say, and Why," keynote lecture at the University of Warwick, UK, Television for Women Conference, 2013; Shani Orgad, "The Cruel Optimism of *The Good Wife*: The Fantastic Working Mother on the Fantastical Treadmill," *Television and New Media* 18, no. 2 (2017): 165–183; Walters and Harrison, "Not Ready to Make Nice."。

32. 这几部电视剧在 Douglas and Michaels, *The Mommy Myth*, 215 中有讨论。

33. Walters and Harrison, "Not Ready to Make Nice," 38.

34. 艾丽西亚·弗洛里克成熟、自信，"大方地展示自我，有着清爽的职业范儿" (Walters and Harrison, "Not Ready to Make Nice," 47)。我在另一篇文章里 (Orgad, "The Cruel Optimism") 谈到，剧中经常出现她在家或办公室工作而孩子们在吃晚饭，或者她接电话谈公务时没能顾得上孩子需求的镜头，哪怕孩子们直接凑到了她跟前。工作严苛以及与老板的婚外情占据她的心神，致使她错过了孩子们的成长，包括一些严重的问题，比如儿子女友流产，她直到几个月后才发现。但与此同时，该剧又把艾丽西亚描绘成一个慈爱的母亲，她和孩子们感情深厚，陪他们度过了许多亲密时光。

35. 贝蒂·德雷珀完全不在乎她的孩子；她对孩子的养育"顶多算马马虎虎，常常直接对孩子寻求关心的举动视而不见"(Walters and Harrison, "Not Ready to Make Nice," 41)。但这并不是单纯想展示她当妈妈的失职；相反，可以部分理解为她对于 20 世纪 50 年代不得不顺应的压迫性"女性奥秘"的反抗。(Walters and Harrison, "Not Ready to Make Nice," 42)。

36. 《丽塔老师》讲述了一位当副校长的单亲妈妈的故事。她完全背离了"高强度母职"的准则，甚至对此毫不在意。她心直口快，生活乱糟糟，见色忘义，常常不顾他人感受，以至于忽视了自己的孩子；但她被塑造成一个不守规矩和矛盾的人，而不是一个"坏妈妈"。关于其他媒介再现的类似讨论，参见 Sharon R. Mazzarella, "It Is What It Is: *Here Comes Honey Boo Boo*'s 'Mama' June Shannon as Unruly Mother," in *Mediated Moms*, ed. Hundley and Hayden, 123–142。

37. Walters and Harrison, "Not Ready to Make Nice," 39; 另见 Hundley and Hayden, *Mediated Moms*; Karlyn, "Feminist Dialectics."。

38. FiatUK, "'The Motherhood' Feat.Fiat 500L," YouTube, December 13, 2012, https://www.youtube.com/watch?v=eNVde5HPhYo; Dove US, "Baby Dove | #RealMoms," YouTube, April 5, 2017, https://www.youtube.com/watch?v=9dE9AnU3MaI.

39. Palmer-Mehta and Shuler, "'Devil Mammas.'" 在另一项对与酒精摄入相关的妈咪博客和妈咪书籍的研究中，塔莎·杜布里尼（Tasha Dubriwny）发现，这些博文有一个重要特点，那就是发泄对照顾孩子的不满。"妈妈们揭露照料孩子的失落感这点，"杜布里尼写道，"至少驳倒了一条母职机制赖以运作的基本原则，那就是，女人天生就适合做养儿养女的琐事，而且乐在其中。"Tasha Dubriwny, "Mommy Blogs and a Disruptive Possibilities of Transgressive Drinking," in *Mediated Moms*, ed. Hundley and Hayden, 214. 另见 Leslie Husbands, "Blogging the Maternal: Self-Representations of the Pregnant and Postpartum Body," *Atlantis*, 32, no. 2 (2008): 68–79; Julie A. Wilson and Emily Chivers Yochim, *Mothering through Precarity: Women's Work and Digital Media* (Durham, NC/London: Duke University Press, 2017); Sarah Pedersen, "The Good, the Bad and the 'Good Enough' Mother on the UK Parenting Forum Mumsnet," *Women's Studies International Forum*, 59 (2016): 32–38.

40. 另见 Lisa Baraitser, *Maternal Encounters: The Ethics of Interruption*, Women and Psychology series (New York: Routledge, 2008).

41. Kuperberg and Stone, *Media Depiction*, 512.

42. Eli Zaretsky, *Capitalism, the Family and Personal Life* (London: Pluto, 1976).

43. Rosemary Crompton, "Employment, Flexible Working, and the Family," *British Journal of Sociology* 53, no. 4 (2002): 537–558. 关于克朗普顿作品的讨论，另见 Angela McRobbie, *The Aftermath of Feminism*, 79。

44. Nancy Fraser, "Contradictions of Capital and Care," *New Left Review* 100 (2016): 102.

45. Helier Cheung, "Why Did People Assume an Asian Woman in BBC Viral Video Was the Nanny?" BBC, March 11, 2017, http://www.bbc.co.uk/news/world-asia-39244325.

46. "BBC Interview with Robert Kelly Interrupted by Children Live on Air," BBC, March 10, 2107, https://www.bbc.com/news/av/world-39232538/bbc-interview-with-robert-kelly-interrupted-by-children-live-on-air. 对原视频的一则恶搞作品设想了如果受访专家是那位妻子，事态又会如何发展。它认为，妻子不会无视或力图轰走孩子，而是会一边继续采访，一边喂孩子、打扫卫生间、做饭和拆卸炸弹！对她来说，工作和家庭领域是合二为一的。

47. John Gray, *Men Are from Mars, Women Are from Venus* (London: Harper Collins, 1992).

48. Rachel O'Neill, "Feminist Encounters with Evolutionary Psychology," *Australian Feminist Studies* 30, no. 86 (2015): 345–350; Anne Perkins, "It's Official—Women Are Nicer than Men. Is This Really Science?" *Guardian*, October 10, 2017, https://www.theguardian.com/commentisfree/2017/oct/10/official-women-nicer-men-really-science.

49. 朱莉 A. 威尔逊（Julie A. Wilson）和埃米莉·奇弗斯·约奇姆（Emily Chivers Yochim）对美国全职妈妈的研究发现了类似的现象：当"男人'放松休闲'时，女人仍觉得必须干活，为家庭操劳。"Wilson and Yochim, *Mothering through Precarity*, 23–24.

50. 关于性别差异论对后女性主义话语的影响，参见 Rosalind Gill, "Postfeminist Media Culture: Elements of a Sensibility," *European Journal of Cultural Studies* 10, no. 2 (2007): 147–166。

51. McRobbie, "Feminism, the Family," 130.

52. Margaret Wetherell, Hilda Stiven, and Jonathan Potter, "Unequal Egalitarianism: A Preliminary Study of Discourses Concerning Gender and Employment Opportunities," *British Journal of Social Psychology* 26, no. 1 (1987): 59–71.

53. Wetherell, Stiven, and Potter, "Unequal Egalitarianism," 64.

54. Hochschild, *The Second Shift*, 44.

55. Betty Friedan, *The Feminine Mystique* (London: Penguin, 2000 [1963]).

56. 例如，"I Have So Much Housework ..." https://uk.pinterest.com/pin/14566398778723544/; "Taking Naps ..." https://uk.pinterest.com/pin/5126363700619 77284/。

57. Pamela Stone, *Opting Out? Why Women Really Quit Careers and Head Home* (Berkeley: University of California Press, 2007).

58. 凯蒂的叙述在我另一篇文章中也有讨论：Shani Orgad, "Incongruous Encounters: Media Representations and Lived Experiences of Stay-at-Home mothers," *Feminist Media Studies* 16, no. 3 (2016): 478–494。

59. Hochschild and Machung, *Second Shift*, 53 中也有相关讨论。

60. 关于后女权时代父职发展更新的讨论，参见 Hannah Hamad, *Postfeminism and Paternity in Contemporary US Film: Framing Fatherhood* (New York/London: Routledge, 2014)。

61. 霍克希尔德和马畅提到她们的受访者杰茜卡也有类似的看法，她"赞同［丈夫］是其职业和神经质人格无助的俘虏"，Hochschild and Machung, *Second Shift*, 120。

62. Stone, *Opting Out?* 156–157.

63. 参见朱迪·瓦克曼对生产力导向文化的批判。在这种文化中，忙碌和刺激的生活成了价值所在。Judy Wajcman, *Pressed for Time: The Acceleration of Life in Digital Capitalism* (Chicago: University of Chicago Press, 2016).

64. Walters and Harrison, "Not Ready to Make Nice," 47.

65. Friedan, *Feminine Mystique*, 10.

第5章　妈妈企业家 vs. 模糊的渴望

1. Betty Friedan, *The Feminine Mystique* (London: Penguin, 2000 [1963]), 44.

2. Friedan, *Feminine* Mystique, 44.

3. Sophie Boutillier, "The Theory of the Entrepreneur: From Heroic to Socialised Entrepre-neurship," *Journal of Innovation Economics & Management* 2, no. 14 (2014): 9–40.

4. Joanne Duberley and Marylyn Carrigan, "The Career Identities of 'Mumpreneurs': Women's Experiences of Combining Enterprise and Motherhood," *International Small Business Journal* 31, no. 6 (2013): 633.

5. Duberley and Carrigan, "Career Identities," 644. 杜伯利和卡里根引用了 Alistair Anderson and Lorriane Warren, "The Entrepreneur as Hero and Jester: Enacting the Entrepreneurial Discourse," *International Small Business Journal* 29, no. 1 (2011): 1–21。

6. Margaret Tally, "She Doesn't Let Age Define Her: Sexuality and Motherhood in Recent 'Middle-aged Chick Flicks,'" *Sexuality & Culture* 2, no. 10 (2006): 33-55.

7. Jo Littler, *Against Meritocracy: Culture, Power and Myths of Mobility* (London: Routledge, 2018), 179.

8. Janet Newman, "Enterprising Women: Images of Success," in *Off-Centre: Feminism and Cultural Studies*, ed. S. Franklin, C. Lury, and J. Stacey (London: Routledge, 1991), 241, cited in Littler, *Against Meritocracy*, 195.

9. Littler, *Against Meritocracy*.

10. Littler, *Against Meritocracy*, 187.

11. Duberley and Carrigan, "Career Identifiers"; Carol Ekinsmyth, "Challenging the Boundaries of Entrepreneurship: The Spatialities and Practices of UK 'Mumpreneurs,'" *Geoforum* 42, no. 1 (2011): 105; Littler, *Against Meritocracy*.

12. Candice Harris, Rachel Morrison, Marcus Ho, and Kate Lewis, "Mumpreneurs: Mothers in the Business of Babies," in *Proceedings of the 22nd Annual Australian and New Zealand Academy of Management Conference (ANZAM)* (2008): 1-17.

13. 在 Ekinsmyth, "Challenging the Boundaries," 105 中有讨论。

14. Ekinsmyth, "Challenging the Boundaries," 111.

15. David Cameron, "PM Transcript: Start-up Britain Speech in Leeds," January 23, 2012, https://www.gov.uk/government/speeches/pm-transcript-start-up-britain-speech-in-leeds.

16. Department for Digital, Culture, Media & Sport, "Female Entrepreneurs Set to Benefit from Superfast Broadband," May 13, 2014, https://www.gov.uk/government/news/Female-entrepreneurs-set-to-benefit-from-superfast-broadband; 另见 Department for Business, Innovation & Skills, "The Burt Report: Inclusive Support for Women in Enterprise," February 2015, https://assets.publishing.service.gov.uk/government/uploads/system/uploads/attachment_data/file/403004/BIS-15-90_Inclusive_support_for_women_in_enterprise_The_Burt_report_final.pdf.

17. Cited in MacLellan Lila, "The Canada-US task force of women CEOs in a photo op with Trump and Trudeau seems to have 'vaporized,'" *Quartz*, April 26, 2017, https://qz.com/966970/trump-and-trudeaus-canada-us-task-force-of-women-ceos-seems-to-have-disappeared-two-months-after-its-photo-opp/.

18. 乔·利特勒举了 2008 年畅销书《餐桌大亨》（*Kitchen Table Tycoon*）的例子，其封底的宣传语写道："许多妈妈辞掉正职，开始自己创业，希望能省下托儿费用，并多陪陪孩子。" Littler, *Against Meritocracy*, 180.

19. Kate V. Lewis, "Public Narratives of Female Entrepreneurship: Fairy Tale or Fact?" *Labour & Industry: A Journal of the Social and Economic Relations of*

269

Work 24, no. 4 (2014): 336.

20. Littler, *Against Meritocracy*; Stephanie Taylor, "A New Mystique? Working for Yourself in the Neoliberal Economy," *Sociological Review* 63 (2015): 175. 如今，英国自营职业者占总人口的七分之一，美国 2015 年时，自营职业者占总就业人口的 10.1%。美国劳工部（Bureau of Labor）数据，"Self-employment in the United States," March 2016, https://www.bls.gov/spotlight/2016/self-employment-in-the-united-states/pdf/self-employment-in-the-united-states.pdf。

21. Taylor, "A New Mystique?" 181.

22. Cited in Felicity Hannah, "80% of Self-employed People in Britain Live in Poverty: Freelance Perks Mask Growing Fears of Financial Ruin for Millions," *Independent*, June 8, 2016, http://www.independent.co.uk/money/spend-save/80-of-self-employed-people-in-britain-live-in-poverty-a7070561.html.

23. Nathan Heller, "Is the Gig Economy Working? Many Liberals Have Embraced the Sharing Economy. But Can They Survive It?" *New Yorker*, May 15, 2017, http://www.newyorker.com/magazine/2017/05/15/is-the-gig-economy-working.

24. Claire Miller, "A Darker Theme in Obama's Farewell: Automation Can Divide Us," *New York Times*, January 12, 2017, https://www.nytimes.com/2017/01/12/upshot/in-obamas-farewell-a-warning-on-automations-perils.html.

25. Jon Card, "What Entrepreneurs Want from the 'Self-employment Revolution,'" *Guardian*, October 6, 2016, http://www.theguardian.com/small-business-network/2016/oct/06/what-entrepreneurs-want-from-self-employment-revolution.

26. Duberley and Carrigan, "Career Identities," 631.

27. Ekinsmyth, "Challenging the Boundaries"; Taylor, "A New Mystique?"

28. Lisa Adkins and Maryanne Dever, "Gender and Labour in New Times: An Introduction," *Australian Feminist Studies* 29, no. 79 (2014): 5.

29. Issie Lapowseky, "Want More Women Working in Tech? Let Them Stay Home," *Wired*, June 4, 2015, http://www.wired.com/2015/04/powertofly/.

30. Melissa Gregg, "The Normalisation of Flexible Female Labour in the Information Economy," *Feminist Media Studies* 8, no. 3 (2008): 291-292.

31. Kerry Close, "Moms in the Midwest Are More Likely to Work Outside the Home than Anywhere Else in the US," *Time*, May 6, 2016, http://time.com/money/4320772/midwest-highest-rate-working-moms/.

32. Heller, "Is the Gig Economy Working?"

33. Aaron Smith, "Gig Work, Online Sharing and Home Sharing," Pew Research Center, November 17, 2016, http://www.pewinternet.org/2016/11/17/gig-work-online-selling-and-home-sharing/.

270   34. Brhmie Balaram, Josie Warden, and Fabian Wallace-Stephens, "Good Gigs: a Fairer Future for the UK's Gig Economy," Royal Society for the Encouragement of Arts, Manufactures and Commerce, April 2017, https://www.thersa.org/globalassets/pdfs/reports/rsa_good-gigs-fairer-gig-economy-report.pdf; Sarah O'Connor, "Gig Economy Is a Man's World, Data Show; Labour market," *Financial Times*, April 27, 2017, https://www.ft.com/content/5b74dd26-2a96-11e7-bc4b-5528796fe35c.

35. Douglas Holtz-Eakin, Ben Gitis, and Will Rinehart, "The Gig Economy Research and Policy Implications of Regional, Economic, and Demographic Trends," Aspen Institute, January 2017, https://assets.aspeninstitute.org/content/uploads/2017/02/Regional-and-Industry-Gig-Trends-2017.pdf.

36. Hyperwallet, "The Future of Gig Work Is Female: A Study on the Behaviors and Career Aspirations of Women in the Gig Economy," April 10, 2017, https://www.hyperwallet.com/app/uploads/HW_The_Future_of_Gig_Work_is_Female.pdf; Trebor Scholz, *Uberworked and Underpaid: How Workers Are Disrupting the Digital Economy* (Cambridge/Malden: Polity, 2017); Anna Sussman and Josh Zumbrun, "Contract Workforce Outpaces Growth in Silicon-Valley Style 'Gig' Jobs," *Wall Street Journal*, March 25, 2016, https://www.wsj.com/articles/contract-workforce-outpaces-growth-in-silicon-valley-style-gig-jobs-1458948608.

37. Brooke Duffy, "Gendering the Labor of Social Media Production," *Feminist Media Studies* 15, no. 4 (2015): 710; Erin Duffy and Emily Hund, " 'Having It All' on Social Media: Entrepreneurial Femininity and Self-Branding Among Fashion Bloggers," *Social Media + Society* 1, no. 2 (2015): 2.

38. Smith, "Gig Work, Online."

39. Mina Haq, "The Face of 'Gig' Work is Increasingly Female—and Empowered, Survey Finds," *USA Today*, April 4, 2017, https://www.usatoday.com/story/money/2017/04/04/women-gig-work-equal-pay-day-side-gigs-uber/99878986/.

40. 例如，Manon DeFelice, "Why Women Can—and Should—Cash In on the Gig Economy," *Forbes*, March 15, 2017, https://www.forbes.com/sites/manondefelice/2017/03/15/why-women-can-and-should-cash-in-on-the-gig-economy/#2b9a6f341fb3; Jenny Galluzzo, "How the Gig Economy Is Changing Work for Women," *Entrepreneur*, October 12, 2016, https://www.entrepreneur.com/article/282693; Amanda Schneider "GigaMom: How the 'Gig Economy' Is Opening Up Opportunities for Women Who Love Work and Life," *Huffington Post*, April 15, 2017, http://www.huffingtonpost.com/amanda-schneider/gigamom-how-the-gig-econo_b_9691588.html; Michelle Wright, "The Gig Economy—A Helpful Spur for Female Entrepreneurs?" *Huffington Post*, February 15, 2016, http://www.huffingtonpost.co.uk/michellewright/the-gig-economy-_b_9235512.html.

41. Kate Lewis, Candice Harris, Rachel Morrison, and Marcus Ho, "The Entrepreneur-

ship-Motherhood Nexus: A Longitudinal Investigation from a Boundaryless Career Perspective," *Career Development International* 20, no. 1 (2015): 23.

42. CNN Money, cited in Ursula Huws, "Logged Labour: A New Paradigm of Work Organisation?" *Work Organisation, Labour and Globalisation* 10 (2016): 12-13.

43. Jason Malinak, *Etsy-preneurship: Everything You Need to Know to Turn Your Handmade Hobby into a Thriving Business* (Hoboken, NJ: Jon Wiley, 2013).

44. Sheryl Nance-Nash, "How I (Successfully!)Started an Etsy Store," *Muse*, https:// 271 www.themuse.com/advice/how-i-successfully-started-an-etsy-store (accessed June 13, 2018). "美国运通开放论坛"（American Express Open Forum）上一篇文章也以类似的鼓励口吻，叫女人"从成功的'妈妈企业家'身上⋯⋯汲取灵感和建议"。Samantha Cortez, "How 3 Stay-at-Home Moms Balance Business and Family," American Express, August 12, 2012, http://www.americanexpress.com/us/small-business/openforum/articles/how-3-stay-at-home-moms-balance-business-and-family/.

45. Brittany Frey, *Handcrafted Brunette* blog, February 17, 2017, https://www.truthinkapparel.com/single-post/2017/02/17/Handcrafted-Brunette. Last accessed October 24, 2017.

46. Duffy and Hund, "'Having It All' on Social Media," 8.

47. Susan Luckman, "Women's Micro-entrepreneurial Homeworking: A 'Magical Solution to the Work–Life Relationship?" *Australian Feminist Studies* 30, no. 84 (2015): 154, 148. 另见 Michele White, "Working eBay and Etsy: Selling Stay-at-Home Mothers," *Producing Women: The Internet, Traditional Femininity, Queerness, and Creativity* (Abingdon/New York: Taylor & Francis, 2015), 33–64; Julie A. Wilson and Emily Chivers Yochim, *Mothering through Precarity: Women's Work and Digital Media* (Durham, NC/London: Duke University Press, 2017).

48. White, "Working eBay and Etsy."

49. Duffy and Hund, "'Having It All.'"

50. Angela McRobbie, *Be Creative: Making a Living in the New Culture Industries*, (Cambridge: Polity, 2016), 89.

51. Duffy and Hund, "'Having It All,'" 4.

52. "'Having It All,'" 5.

53. Brooke Duffy, "The Romance of Work: Gender and Aspirational Labour in the Digital Culture Industries," *International Journal of Cultural Studies* 19, no. 4 (2016): 454.

54. Elizabeth Nathanson, "Dressed for Economic Distress: Blogging and the 'New' Pleasures of Fashion," in *Gendering the Recession: Media and Culture in an Age*

of Austerity, ed. D. Negra and Y. Tasker (Durham, NC/London: Duke University Press, 2014), 39. 另见Doris Ruth Eikhof, Juliette Summers, and Sara Carter, "Women Doing Their Own Thing: Media Representations of Female Entrepreneurship," *International Journal of Entrepreneurial Behaviour & Research* 19 (2013): 547-564. 这则对于英国女性杂志上女企业家介绍的评论认为，这类再现既反映也延续了创业活动中存在的性别不平等。

55. Anne-Marie Slaughter, *Unfinished Business: Women, Men, Work, Family* (London: Oneworld, 2015), 210.

56. Slaughter, *Unfinished Business*, 211.

57. 伦敦校区入学的160名家长中，85% 是母亲。Lucy Tobin, "How the Google Campus Creche Is Revolutionising Workplace Childcare," *Evening Standard*, October 20, 2016, https://www.standard.co.uk/lifestyle/london-life/how-google-campus-creche-is-revolutionising-workplace-childcare-a3374221.html.

58. Tobin, "Google Campus Creche."

59. Lucy Tobin, "Bringing Up Baby (While Launching an Online Empire)," *Evening Standard*, October 20, 2016, 38.

60. Friedan, *Feminine Mystique*, 345.

61. Taylor, "A New Mystique?" 175.

62. Taylor, "A New Mystique?" 174.

63. Anthony Giddens, *Modernity and Self Identity: Self and Society in the Late Modern Age* (Cambridge: Polity Press in association with Basil Blackwell, 1991), 32; 另见 Eva Illouz, *Saving the Modern Soul: Therapy, Emotions, and the Culture of Self-help* (Berkeley: University of California Press, 2008).

64. Illouz, *Saving the Modern Soul*, 184.

65. Friedan, *Feminine Mystique*, 284.

66. "Interview: Rebecca Asher, Producer and Writer," *The Scotsman*, April 3, 2011, http:// www.scotsman.com/lifestyle/culture/books/interview-rebecca-asher-producer-and-writer-1-1572297; 另见 Rebecca Asher, *Shattered: Modern Motherhood and the Illusion of Equality* (New York: Vintage, 2011), 6。

67. Littler, *Against Meritocracy*.

68. Friedan, *Feminine Mystique*, 192.

69. Littler, *Against Meritocracy*, 187.

70. Stephanie Taylor and Susan Luckman, *The New Normal of Working Lives: Critical Studies in Contemporary Work and Employment* (London: Palgrave Macmillan, 2018).

71. Rosalind Gill, "'Life Is a Pitch': Managing the Self in New Media Work," in *Managing Media Work*, ed. M. Deuze (Thousand Oaks, California: Sage, 2010), 249–262; Wilson and Yochim, *Mothering through Precarity*, 176.

72. Friedan, *Feminine Mystique*, 280.

73. Friedan, *Feminine Mystique*, 281.

74. Littler, *Against Meritocracy*, 187.

第6章 自然的改变 vs. 无形的枷锁

1. 格林汉姆公地妇女和平营成立于1981年，目的是抵制在英格兰伯克郡英国皇家空军格林汉姆公地（Royal Airforce Greenham Common）部署美国巡航导弹。

2. Greg Philo, *Seeing and Believing: The Influence of Television* (London: Routledge, 1990).

3. Mary Douglas Vavrus, "Opting Out Moms in the News," *Feminist Media Studies* 7, no. 1 (2007): 47-63.

4. 瓦莱丽·沃克丁在研究工人阶级妇女的经历时发现，她们通常不知道如何把幻想付诸实践，怎么才能把愿望变成行动，从而做些不同的事。在我的研究中，我发现这既适用于以前的工人阶级妇女，也适用于如今的中产阶级妇女。参见 Valerie Walkerdine, "Neoliberalism, Working-Class Subjects and Higher Education," *Contemporary Social Science* 6, no. 2 (2011): 259。

5. 参见本书第4章引用的海伦的话。

6. Sarah Banet-Weiser, *Empowered: Popular Feminism and Popular Misogyny* (Durham, NC: Duke University Press, 2018).

7. Everyday Sexism Project, http://everydaysexism.com; Hollaback Project, http://www.ihollaback.org; #MeToo, https://twitter.com/hashtag/metoo; #TimesUp, https://twitter.com/hashtag/timesup.

8. Rosalind Gill, "Post-postfeminism? New Feminist Visibilities in Postfeminist Times," *Feminist Media Studies* 16, no. 4 (2016): 610-630.

9. Banet-Weiser, *Empowered* (book proposal copy), 4.

10. Banet-Weiser, *Empowered* (book proposal copy), 4.

11. Sheryl Sandberg, *Lean In: Women, Work, and the Will to Lead* (London: WH Allen, 2013), 172.

12. Anne-Marie Slaughter, *Unfinished Business: Women, Men, Work, Family* (London: Oneworld, 2015), 217.

13. 分别是 Ivanka Trump, *Women Who Work: Rewriting the Rules for Success* (New York: Penguin, 2017) 第2章和第3章的标题。

14. Richard Sennett and Jonathan Cobb, *The Hidden Injuries of Class* (Cambridge: Cambridge University Press, 1972), 152.

15. Catherine Rottenberg, "The Rise of Neoliberal Feminism," *Cultural Studies* 28, no. 3 (2014): 418–447.

16. BBC, "Facebook's Sheryl Sandberg in Call to Help Working Mothers," BBC Business, May 14, 2017, http://www.bbc.co.uk/news/business-39917277.

17. Slaughter, *Unfinished Business*.

18. Maggie Haberman, "Ivanka Trump Swayed the President on Family Leave. Congress is a Tougher Sell," *New York Times*, May 21, 2017, https://www.nytimes.com/2017/05/21/us/politics/ivanka-trump-parental-leave-plan.html; Jennifer Steinhauer, "Even Child Care Divides Parties. Ivanka Trump Tries Building a Bridge," *New York Times*, March 11, 2017, https://www.nytimes.com/2017/03/11/us/politics/ivanka-trump-women-policy.html.

19. Rosalind Gill and Shani Orgad, "Confidence Culture and the Remaking of Feminism," *New Formations* 91 (2017): 16–34; Rosalind Gill and Shani Orgad, "The Confidence Cult(ure)," *Australian Feminist Studies* 30, no. 86 (2015): 324-344.

20. Katty Kay and Claire Shipman, *The Confidence Code* (New York: Harper Business, 2014), xix.

21. Gill and Orgad, "The Confidence Cult(ure)."

22. Kay and Shipman, *The Confidence Code*, 101.

23. Sandberg, *Lean In*, 28.

24. 例如，Cara Moore, "How to Be Confident at Work and Get Over Imposter Syndrome in 6 Steps," *Telegraph*, March 23, 2016, http://www.telegraph.co.uk/women/work/how-to-be-confident-at-work-and-get-over-imposter-syndrome-in-6/; Noopur Shukla, "The Hidden Power of Imposter Syndrome," MIT Management, March 19, 2017, https://emba.mit.edu/the-experience/executive-insights-blog/the-hidden-power-of-imposter-syndrome/; Westminster Briefing, "Supporting Women in the Workplace," event agenda, Manchester, UK, June 14, 2017, http://www.westminster-briefing.com/fileadmin/westminster-briefing/Agendas/supporting_women.pdf.

25. Samantha Simmons, "The Election—Is Imposter Syndrome to Blame?" *Huffington Post*, June 12, 2017, http://www.huffingtonpost.co.uk/samantha-simmonds/the-election-is-imposter-_b_17017264.html.

26. Luc Boltanski and Eve Chiapello, *The New Spirit of Capitalism* (London: Verso, 2007), 10.

27. Jill Treanor, "Gender Pay Gap Could Take 170 Years to Close, Says World Economic Forum," *Guardian*, October 25, 2016, https://www.theguardian.com/

business/2016/oct/25/gender-pay-gap-170-years-to-close-world-economic-forum-equality.

28. Al Jazeera, "WEF: Gender Wage Gap Will not Close for 170 Years," *Al Jazeera*, October 26, 2016, http://www.aljazeera.com/news/2016/10/index-gender-wage-gap-close-170-years-161026071909666.html.

29. Associated Press, "Report: Women Won't Earn as Much as Men for 170 Years," October 26, 2016, https://apnews.com/114bfd7fb7f94d3085d353b94db689ab.

30. Lauren Davidson, "Gender Equality Will Happen—but Not Until 2095," *Telegraph*, October 24, 2014, http://www.telegraph.co.uk/finance/economics/11191348/Gender-equality-will-happen-but-not-until-2095.html.

31. Barbra Cruikshank, "Revolutions Within: Self-Government and Self-Esteem," *Economy and Society* 22, no. 3 (1993); Nikolas Rose, *Inventing Ourselves: Psychology, Power, Personhood* (Cambridge, Cambridge University Press, 1998); William Davies, *The Happiness Industry: How the Government and Big Business Sold Us Well-Being* (London: Verso, 2015).

32. Gill and Orgad, "Confidence Culture and the Remaking."

33. Catherine Rottenberg, "Happiness and the Liberal Imagination: How Superwoman Became Balanced," *Feminist Studies* 40, no. 1 (2014): 156.

34. Black Career Women's Network, https://bcwnetwork.com/; cited in Gill and Orgad, "Confidence Culture and the Remaking," 21.

35. Gill and Orgad, "Confidence Culture and the Remaking."

36. Trump, *Women Who Work*, 131.

37. 例如，Angela Ahrendts, "Apple's Angela Ahrendts: Always Be Present," *Leaders and Daughters*, March 6, 2017, http://leadersanddaughters.com/2017/03/06/always-be-present-read-the-signs-stay-in-your-lane-and-never-back-up-more-than-you-have-too/; Dana Smithers, "Enjoy the Present Moment," *Law of Attraction Blog*, March 12, 2014, http://www.empoweredwomeninbusiness.com/enjoy-the-present-moment/.

38. Catherine Rottenberg, *The Rise of Neoliberal Feminism* (Oxford: Oxford University Press, 2018), 130, 132.

39. Rachel Aroesti, "Take That, Patriarchy! The Horrific, Cack-Handed 'Feminism' of Netflix's Girlboss," *Guardian*, May 10, 2017, https://www.theguardian.com/tv-and-radio/2017/may/10/girlboss-netflix-horrific-cack-handed-feminism-sophia-amoruso. 对主导当代大众女性主义的进步论的相关批判，参见 Clare Hemmings, "Resisting Popular Feminisms: Gender, Sexuality And The Lure of The Modern," *Gender, Place & Culture*,1–15 (2018)。

40. McKinsey & Company, "Women Matter 2: Female Leadership, a Competitive Edge

274

for the Future," 2008, 17.

41. Jessica Mairs, "Women Are the Salt of Our Lives. They Give it Flavour," *De Zeen*, February 17, 2017, https://www.dezeen.com/2017/02/17/women-salt-lives-architecture-gender-discrimination-santiago-calatrava/.

42. Erika Rackley, "So, Lord Sumption Says to Be Patient—We'll Have a Diverse Bench ... in 2062," *Guardian*, November 20, 2012, https://www.theguardian.com/law/2012/nov/20/judiciary-uk-supreme-court.

43. 参见 Banet-Weiser, *Empowered* 对与大众女性主义同时流行并作为回应的大众厌女倾向的讨论。

44. Mirra Komarovsky, *Women in the Modern World, Their Education and Their Dilemmas.* (Boston: Altamira Press, 1953), 66, cited in Betty Friedan, *The Feminine Mystique* (London: Penguin, 2000 [1963]), 104, 105.

45. Julie A. Wilson and Emily Chivers Yochim, *Mothering through Precarity: Women's Work and Digital Media* (Durham, NC/London: Duke University Press, 2017), 41.

46. Wilson and Yochim, *Mothering through Precarity*.

47. 在英国，所有 3—4 岁的儿童每年享有 570 小时的免费早教或托儿福利。一般按每周 15 小时、一年 38 周执行。从 2017 年 9 月起，英国政府将免费早教和托儿福利提升至每周 30 小时。GOV.UK, "Help Paying for Childcare," http://www.gov.uk/help-with-childcare-costs/free-childcare-and-education-for-2-to-4-year-olds (accessed June 13, 2018).

48. Catherine Rottenberg, "Back from the Future: Turning to the 'Here and Now,'" conference paper, May 9, 2017, Goldsmiths, University of London.

49. Angela McRobbie, *The Aftermath of Feminism: Gender, Culture and Social Change* (Los Angeles/London: Sage, 2009), drawing on Judith Butler, *The Psychic Life of Power* (Stanford, CA: Stanford University Press, 1997).

50. NationBuilder, "Women's Equality Party," http://www.womensequality.org.uk/about (accessed June 13, 2018).

结论：拒绝耐心等待

1. "复古型主妇"一说在引言中有讨论，出自 Lisa Miller, "The Retro Wife," *New York* magazine, March 25, 2013, http://nymag.com/news/features/retro-wife-2013-3/;"新传统主义者"见第 3 章的讨论，以及 Susan Faludi, *Backlash: The Undeclared War against Women* (London: Chatto & Windus, 1992), 70–71。

2. 参见叶利·扎列茨基关于全职主妇和妈妈们在强化公共的商品生产领域与家庭的社会生育领域之间的分化上扮演的关键作用，以及家庭主妇的责任从 19 世纪那些扩展至涵盖了保护家庭情感领域的讨论。Eli Zaretsky, *Capitalism, the Family and*

Personal Life (London: Pluto, 1976).

3. Betty Friedan, *The Feminine Mystique* (London: Penguin, 2000 [1963]), 44. 参见本书第 5 章。

4. Nancy Fraser, "Contradictions of Capital and Care," *New Left Review* 100 (2016): 114.

5. Sheryl Sandberg, *Lean In: Women, Work, and the Will to Lead* (London: WH Allen, 2013).

6. Katty Kay and Claire Shipman, *The Confidence Code: The Science and Art of Self-Assurance—What Women Should Know* (New York: Harper Collins, 2014).

7. Arlie Hochschild with Anne Machung, *The Second Shift: Working Families and the Revolution at Home* (New York: Penguin, 1989), 1. 参见第 2 章中的讨论。

8. Tiffany Dufy, *Drop the Ball: Achieving More by Doing Less* (London: Flatiron, 2017).

9. Sara Ahmed, *The Promise of Happiness* (Durham, NC: Duke University Press, 2010).

10. 此处采用了前文提到的南希·弗雷泽的区分。Fraser, "Contradictions."

11. Rosalind Gill and Shani Orgad, "The Confidence Cult(ure)," *Australian Feminist Studies* 30, no. 86 (2015): 324–344; Rosalind Gill and Shani Orgad, "Confidence Culture and the Remaking of Feminism," *New Formations* 91 (2017): 16–34; Shani Orgad and Rosalind Gill, *Confidence Culture* (Durham, NC: Duke University Press, forthcoming).

12. Catherine Rottenberg, "Happiness and the Liberal Imagination: How Superwoman Became Balanced," *Feminist Studies* 40, no. 1 (2014): 156.

276

13. "Interview: Rebecca Asher, Producer and Writer," *The Scotsman*, April 3, 2011, http:// www.scotsman.com/lifestyle/culture/books/interview-rebecca-asher-producer-and-writer-1-1572297; 另见 Rebecca Asher, *Shattered: Modern Motherhood and the Illusion of Equality* (New York: Vintage, 2011), 6。

14. Friedan, *Feminine Mystique*, 15.

15. 这一说法受到桑内特和科布对工人研究的启发，使工人们低声下气，这种做法"立刻变得不那么残暴，但更加有害了"。Richard Sennett and Jonathan Cobb, *The Hidden Injuries of Class* (New York: Knopf, 1972), 248.

16. 关于这类矛盾话语的类似讨论，参见 Valerie Walkerdine, Helen Lucey, and June Melody, *Growing Up Girl: Psychosocial Explorations of Gender and Class* (Basingstoke, UK: Palgrave, 2001), 81。

17. CNN, "Read Oprah Winfrey's Rousing Golden Globes speech," CNN, January 10, 2018, https://edition.cnn.com/2018/01/08/entertainment/oprah-globes-speech-transcript/.

18. 这个词出自 Emma Goldman, "The Tragedy of Women's Emancipation," in *Red*

Emma Speaks, ed. Alix Kates Shulman (New York, 1972), 176.

19. Lauren Berlant, *Cruel Optimism* (Durham, NC/London: Duke University Press, 2011).

20. 例如，Sheryl Sandberg and Adam Grant, *Option B: Facing Adversity, Building Resilience and Finding Joy* (London: WH Allen, 2017), 103.

21. Kristen Domonell, "Why Endorphins (and Exercise) Make You Happy," CNN, January 13, 2016, http://edition.cnn.com/2016/01/13/health/endorphins-exercise-cause-happiness/.

22. Zaretsky, *Capitalism*.

23. Todd Gitlin, afterword, in Charles Wright Mills, *The Sociological Imagination* (Oxford: Oxford University Press, 2000 [1959]), 230.

24. Gitlin, in Mills, *The Sociological Imagination*.

25. 此处部分借鉴了弗里丹的观点，她曾呼吁 20 世纪 60 年代的妇女拒绝"女性的奥秘"，拒绝实现丈夫的幻想。Friedan, *Feminine Mystique*, 288.

26. Friedan, *Feminine Mystique*, 288.

27. 对于眼下 #MeToo 运动引发的性别薪酬差距争论之局限性的批判看法，参见 Tania Branigan, "Sorry, Chaps, but Denial Won't Fix the Gender Pay Gap," *Guardian*, March 24, 2018, https://www.theguardian.com/commentisfree/2018/mar/24/gender-pay-gap-figures-inequality。

28. 这一模式得到了其他研究的证实，显示异性恋家庭中的育儿分工一直存在着性别不平等。*The Modern Families Index 2018* (London: Working Families, 2018), 27, https://www.workingfamilies.org.uk/publications/mfindex2018/.

29. 例如，David Pedulla and Sarah Thébaud, "Can We Finish the Revolution? Gender, Work-Family Ideals, and Institutional Constraint," *American Sociological Review*, 80, no. 1 (2015): 116–139; Scott Schieman, Leah Ruppanner, and Melissa A. Milkie, "Who Helps with Homework? Parenting Inequality and Relationship Quality among Employed Mothers and Fathers," *Journal of Family and Economic Issues* 39, no. 1 (2018): 49–65; Ruti Galia Levtov, Gary Barker, Manuel Contreras-Urbina, Brian Heilman, and Ravi Verma, "Pathways to Gender-Equitable Men: Findings from the International Men and Gender Equality Survey (IMAGES)," *Men and Masculinities* 17, no. 5 (2014): 1-35.

30. Charlotte Faircloth, "Intensive Fatherhood? The (Un)Involved Dad," in *Parenting Culture Studies*, ed. E. Lee, J. Bristow, C. Faircloth, and J. Macvarish (London: Palgrave Macmillan, 2014).

31. Tina Miller, "Falling Back into Gender? Men's Narratives and Practices around First-Time Fatherhood," *Sociology* 45, no. 6 (2011): 1094, cited in Faircloth, "Intensive

277

Fatherhood?" 196.

32. Schieman, Ruppanner, and Milkie, "Who Helps"; *The Modern Families Index 2018*.

33. *The Modern Families Index 2018*; Fatherhood Institute, "UK Mums and Dads Are Worst in Developed World at Sharing Childcare," June 12, 2016, http://www.fatherhoodinstitute.org/2016/uk-mums-and-dads-are-worst-in-developed-world-at-sharing-childcare/.

34. *The Modern Families Index 2018*, 19.

35. Kim Parker and Gretchen Livingston, "7 Facts about American Fathers," June 15, 2017, Pew Research, http://www.pewresearch.org/fact-tank/2017/06/15/fathers-day-facts/.

36. Jack O'sullivan, "The 'Dad Factor' —a Major Ingredient for Children's Successful Learning," *Bold: Blog on Learning and Development*, July 27, 2016, http://bold.expert/supporting-dads-is-key-to-improving-childrens-learning/.

37. Sarah Gordon, "Few Families Opt for Shared Parental Leave," *Financial Times*, September 17, 2017, https://www.ft.com/content/2c4e539c-9a0d-11e7-a652-cde3f882dd7b.

38. Zaretsky, *Capitalism*, 52, citing Kate Millett, *Sexual Politics* (New York: Doubleday, 1970), 105.

39. Fraser, "Contradictions of Capital," 117.

40. 参见汉娜·哈马德对后女权时代父职发展变化的探讨：Hannah Hamad, *Postfeminism and Paternity in Contemporary US Film: Framing Fatherhood* (New York/London: Routledge, 2014); 另见 Jan Moir, "Why Does TV Portray Every Dad as a Dimwit?" *Daily Mail*, June 13, 2013, http://www.dailymail.co.uk/femail/article-2340677/Why-does-TV-portray-dad-dimwit.html。

41. 感谢阿斯特丽德·桑德斯（Astrid Sanders）就这一问题的法律层面给出参考意见。另见 Xpcrt HR, "Is There Anything to Prevent an Employer Making Informal Enquiries of an Employee on Maternity Leave about Whether or Not She Intends to Return to Work?" n.d., http://www.xperthr.co.uk/faq/is-there-anything-to-prevent-an-employer-making-informal-enquiries-of-an-employee-on-maternity-leave-about-whether-or-not-she-intends-to-return-to-work/68326/ (accessed June 13, 2018)。

42. Goldman, "The Tragedy of Women's Emancipation," 176.

43. 《卫报》刊登的一封挑衅性的匿名信表达了某位丈夫类似的强烈不满，"他自己工作累得要死"，而妻子却"不肯找份工作"。值得注意的是，他对于自认为极度不平等的家庭关系和妻子安逸生活的怨恨和不满，是匿名后才表达出来的，而且只能匿名。这些强烈情绪是不能公开表露的。"A Letter to My Wife Who Won't Get a Job While I Work Myself to Death," *Guardian*, July 2, 2016, http://www.theguardian.com/lifeandstyle/2016/jul/02/a-letter-to-my-wife-who-wont-get-

a-job-while-i-work-myself-to-death.

44. 第5章讨论过的埃米莉，也提到了类似的权衡，说自己"放弃工作，保全婚姻"。

45. Hochschild with Machung, *The Second Shift*, 18.

46. Viv Groskop, "Do Young Women Really Crave the 1950s?" *Guardian*, April 8, 2014, https://www.theguardian.com/commentisfree/2017/apr/08/do-young-women-really-crave-1950s.

47. Stephanie Coontz, "Do Millennial Men Want Stay-at-Home Wives?" *New York Times*, March 31, 2017, https://www.nytimes.com/2017/03/31/opinion/sunday/do-millennial-men-want-stay-at-home-wives.html.

48. Sarah Macharia, *Who Makes the News? Global Media Monitoring Project 2015* (London: World Association for Christian Communication, 2015), 8, http://cdn.agilitycms.com/who-makes-the-news/Imported/reports_2015/global/gmmp_global_report_en.pdf.

49. Lauren Berlant, "The Female Complaint," *Social Text*, no. 19/20 (1988): 243.

50. Lauren Berlant, *The Female Complaint: The Unfinished Business of Sentimentality in American Culture* (Durham, NC/London: Duke University Press, 2008), 19.

51. Berlant, *Female Complaint: Unfinished Business*, 245.

52. Berlant, *Female Complaint: Unfinished Business*, 248–249.

53. 参见 Gill and Orgad, "The Amazing Bounce-back-able Woman: Resilience the Psychological Turn in Neoliberalism," *Sociological Research Online* 23, no. 2 (2018): 477-495. Gill and Orgad, *Confidence Culture*.

54. 朱莉·威尔逊和埃米莉·奇弗斯·约奇姆在研究幸福如何在情感上令母亲们不堪重负时，提出了类似的看法。参见 *Mothering through Precarity: Women's Work and Digital Media* (Durham, NC/London: Duke University Press, 2017)。

55. Owen Hatherley, "Keep Calm and Carry On—the Sinister Message Behind the Slogan that Seduced the Nation," *Guardian*, January 6, 2016, http://www.theguardian.com/books/2016/jan/08/keep-calm-and-carry-on-posters-austerity-ubiquity-sinister-implications.

56. Angela McRobbie, *The Aftermath of Feminism: Gender, Culture and Social Change* (London: Sage, 2009), 78.

57. 参见引言。

58. 对受访者诉求的提炼受桑内特和科布《阶级的隐性伤害》(*The Hidden Injuries of Class*)一书结论的启发和影响。

59. 美国著名演说家、废奴主义者、妇女参政论者、女权运动宣传者和组织者露西·斯通(Lucy Stone)曾在1855年说过(弗里丹1963年引述)："加深每个女人心中的不满，直至她不再向它屈服，将是我毕生的使命。" Elinor Rice Hays, *Morning*

Star: A Biography of Lucy Stone (New York: Harcourt, Brace & World, 1961), 83, cited in Friedan, *Feminine Mystique*, 69.

附录三：研究方法

1. Ted Palys, "Purposive Sampling," in *The SAGE Encyclopedia of Qualitative Research Methods*, ed. L. M. Given (Los Angeles: Sage, 2008), 697-698.

2. Pamela Stone, *Opting Out? Why Women Really Quit Careers and Head Home* (Berkeley: University of California Press, 2007), 242.

3. Mike Savage, Fiona Devine, Niall Cunningham, Mark Taylor, Yaojun Li, Johs Hjellbrekke, Brigitte Le Roux, Sam Friedman, and, Andrew Miles, "A New Model of Social Class? Findings from the BBC's Great British Class Survey Experiment," *Sociology* 47, no. 2 (2013): 219-250.

4. Yvonne Tasker and Diane Negra, *Interrogating Postfeminism: Gender and the Politics of Popular Culture* (Durham, NC: Duke University Press, 2007), 13. 279

5. 此处借鉴了瓦莱丽·沃克丁及其同事调查工人阶级和中产阶级年轻妇女时的采访技巧。Valerie Walkerdine, Helen Lucey, and June Melody, *Growing Up Girl: Psychosocial Explorations of Gender and Class* (Basingstoke, UK: Palgrave, 2001), 93–94.

6. Betty Friedan, *The Feminine Mystique* (London: Penguin, 2000 [1963]).

7. Walkerdine, Lucey, and Melody, *Growing Up Girl*, 94–107. 我分析的第一和第三层次对应了瓦莱丽等人研究的第一和第二层次。

8. 这种对公共政策的话语研究法在 Frank Fischer, *Reframing Public Policy: Discursive Politics and Deliberative Practices* (Oxford: Oxford University Press, 2003) 中有概述。

9. 乔·莫兰–埃利斯（Jo Moran-Ellis）及其同事曾用与此类似的"追踪线索"策略分析多个数据集，寻找其中的关联，后来拉腊·德卡尔特（Lara Descartes）和康拉德·P. 科塔克（Conrad P. Kottak）在研究美国中产阶级妈妈的意象与现实时也循用了这种方法。Lara Descartes and Conrad P. Kottak, *Media and Middle Class Moms: Images and Realities of Work and Family* (New York: Routledge, 2009); Jo Moran-Ellis, Victoria Alexander, Ann Cronin, Mary Dickinson, Jane Fielding, Judith Sleney, and Hilary Thomas, "Triangulation and Integration: Processes, Claims and Implications," *Qualitative Research* 6 (2006): 45-59.

10. George Marcus, *Ethnography Through Thick and Thin* (Princeton, NJ: Princeton University Press, 1998), 80.

11. Marcus, *Ethnography Through Thick and Thin*, 90.

12. Marcus, *Ethnography Through Thick and Thin*, 92–93.

13. Shani Orgad, "The Survivor in Contemporary Culture and Public Discourse: A

Genealogy," *Communication Review* 12, no. 2 (2009): 132-161.

14. Orgad, "The Survivor in Contemporary Culture," 93–94.

15. Shani Orgad and Sara De Benedictis, "The 'Stay-at-Home' Mother, Postfeminism and Neoliberalism: Content Analysis of UK News Coverage," *European Journal of Communication* 30, no. 4 (2015): 418-436.

16. Ronald Barthes, *Mythologies* (London: Paladin, 1973).

索 引

专业人士（as profession）97；媒体中的再现（representations, media of）258n4；自责（self-blame）93；刻板印象（stereotypes of）84，88；21世纪高学历的（twenty-first century educated）94–95；价值与（value and）96–97；工人阶级的（working-class）82，110

R

S

Women Still Can't Have It All")
31–32

用语（terminology）22

有偿（paid）：家务劳动（domestic labor）98–99，107；从事或不从事有偿工作的妈妈（employment, women in and outside）22；联邦带薪产假计划（federal paid leave program）175；产假（maternity leave）33，106

有害的工作文化（toxic work culture）38–47，69–70

育儿（childcare）3，41，57，63，81，100；雇主提供的（employer-based）33；其中的性别不平等（gender inequalities in）63，112，204–205；和父亲（fathers and）67，69，111；谷歌妈妈校园（Google Campus for Moms）151–152，*152*；政府政策（government policy）83，85，86，87，275*n*47；非母亲的（nonmaternal）85；有偿保姆（paid）106

约翰·格雷（John Gray）123

《阅读浪漫小说》（拉德威著）（*Reading the Romance*）13

Z

在家工作（working from home）121–122；男性（men）205；再现（representations of）147–148

责备（blame）196；自我责备（self-）93

丈夫（husbands）44；能力（agency of）133；愤怒（anger of）209；事

业（careers）107–108；烹饪（cooking by）132–133；幻想（fantasy of）202，276*n*25；性别角色与（gender roles and）66；家中的（in the home）62–63；身份与（identity and）135；受访者（interviewees）219–222；对妈妈企业家的看法（on mompreneur）159–160；大男子主义（sexism of）191；全职妈妈们的（of stay-at-home mothers）18–19，91–93；"行情"（"the going rate" of）132

照护工作（caregiving）：受贬低（devaluing of）206；伴随的失落（frustration with）266*n*39；和性别角色（gender roles and）108，257*n*59

珍妮特·纽曼（Janet Newman）142

"真实妈妈"运动（#RealMoms campaign）113

真正的主妇（心理倾向）（true housewife）50

正常化（normalization）257*n*60

政策（policy）：儿童保育（childcare）83，275*n*47；提升自信（confidence-boosting）37；性别平等（gender equality）37；针对伴侣的（partner-aimed）59；福利（welfare）112；中的妇女再现（women represented in）10；与工作生活之平衡（work-life balance and）51–61

政策话语（policy discourse）36；公共政策的研究方法（approach to public）279*n*8；关于母育的（on mothering）86；中的全职妈妈（stay-